主　编　邵　平
副主编　余佳浩　启　航

Preparation and
Application of Typical
Natural Pigments

典型天然色素的制备及应用

中国轻工业出版社

图书在版编目（CIP）数据

典型天然色素的制备及应用/邵平主编. —北京：中国轻工业出版社，2024.1

ISBN 978-7-5184-4388-8

Ⅰ. ①典… Ⅱ. ①邵… Ⅲ. ①食用天然色素—制备 Ⅳ. ①TS264.4

中国国家版本馆CIP数据核字（2023）第044635号

责任编辑：罗晓航　　责任终审：劳国强　　整体设计：锋尚设计
策划编辑：罗晓航　　责任校对：晋　洁　　责任监印：张京华

出版发行：中国轻工业出版社（北京鲁谷东街5号，邮编：100040）
印　　刷：三河市国英印务有限公司
经　　销：各地新华书店
版　　次：2024年1月第1版第1次印刷
开　　本：710×1000　1/16　印张：14.25
字　　数：312千字　插页：1
书　　号：ISBN 978-7-5184-4388-8　　定价：128.00元
邮购电话：010-85119873
发行电话：010-85119832　　010-85119912
网　　址：http://www.chlip.com.cn
Email：club@chlip.com.cn
如发现图书残缺请与我社邮购联系调换
221591K1X101ZBW

本书编写人员

主　编：邵　平（浙江工业大学）

副主编：余佳浩（浙江工业大学）

　　　　启　航（大连工业大学）

参　编：林　杨（浙江工业大学）

　　　　冯思敏（浙江工业大学）

　　　　李慧良（浙江宜格美妆集团有限公司）

　　　　游丽君（华南理工大学）

　　　　孙淑蓉（珀莱雅化妆品股份有限公司）

前言

天然色素主要来源于植物、动物和微生物的次生代谢产物，大多对人体健康有积极作用，作为食品添加剂，能起到着色剂、营养补充剂的重要功能。食品添加剂是现代食品工业的重要组成部分，天然色素作为其中的一大类已成为食品工业技术进步和科技创新的重要推动力之一。

近年来，随着消费者对食品天然性和安全性的日益关注，天然色素也取得迅猛发展，主要包括天然色素的提取技术、高效分离纯化技术的开发、稳态化技术的应用、功能活性的深入挖掘和机制研究等方面。此外，不断发展的食品工业和国内外先进技术也对天然色素的最新理论知识有了更高的要求，本书正是在此背景下编写的。

本书较为深入地介绍了常用的典型天然色素，包括花色苷、类胡萝卜素、酮类衍生物、甜菜色素和叶绿素。全书共分为七章，除第一章绪论外，每章围绕一类典型色素展开介绍，可归纳为六个部分：①介绍天然色素的食物来源、天然分布、化学结构和理化性质；②详细介绍天然色素抗氧化、预防心血管疾病和降低癌症发病风险等有益功效；③系统介绍不同天然色素传统和最新的提取和纯化制备技术；④围绕天然色素稳定性较差的问题，详细介绍其在加工过程中的变化及稳定化手段；⑤介绍影响天然色素消化、吸收和代谢的因素和机制；⑥介绍天然色素作为着色剂和营养补充剂等在食品和其他健康产品中的应用。

本书由浙江工业大学邵平教授主持编写完成，编者结合自身多年的科研经历，并参考国内外发表的相关科研论文和报告。由于编者知识所限，书中难免存在错误和不足之处，敬请批评指正。

本书可作为相关企事业单位研发、技术人员的参考用书，也可作为高等院校食品科学与工程、化学工程和生物工程等相关专业的教学参考书。

编者

2023 年 8 月

目录

第一章 绪论

第一节　天然色素概况
第二节　天然色素的来源
第三节　天然色素的化学分类
第四节　天然色素的应用
第五节　总结和展望

第一节 天然色素概况

由于各种各样颜色的存在，五彩缤纷的世界在视觉上令人赞叹。色素，可以作为食品添加剂赋予食品诱人的颜色，也可以作为染料为纺织品提供美丽的色彩。天然色素的开发利用经历了漫长的历史发展。在铁器时代初期，古埃及人用茜草为纺织品染色。在中国黄帝时代（公元前2697—公元前2599年），人们用杂草和枝叶的提取物染衣服或绘制各种图案。1856年，人类发明了第一种合成有机色素——苯胺紫（mauveine）。此后，世界上又相继开发出各种合成色素。由于不能满足工业生产的需求，天然色素在工业生产中逐渐被合成色素所取代。然而，随着时间的推移，合成色素的毒性和环境危害性等诸多缺点逐渐暴露，天然色素又凭借其安全、无污染的特性重新回到人们的视野。天然色素具有多种营养和药理作用，并且能够自然地模仿自然物体的颜色。2017年年初，天然色素的全球市场价值已达11.8亿美元，预计到2023年将增至162亿美元[1]。因此，天然色素在世界范围内具有巨大的应用前景。

在欧美，欧洲食品安全局（EFSA）和美国食品与药物管理局（FDA）是两个主要的食用色素监管机构。天然色素是从天然来源中选择提取得到的色素，在欧盟，天然色素广泛用于食品着色。一般来说，无遗传毒性和致癌性等毒性的合成色素也允许用于食品的着色。但是，EFSA和FDA对于合成和天然色素的应用有不同的立法。例如，在美国，苋菜因可能致癌而被禁止使用，但欧盟却批准使用苋菜因。此外，在美国立法没有对合成生产的色素和从天然来源提取的色素进行区分[2]。

近年来，随着消费者对食品天然性和安全性的日益关注，在食品添加剂、印染行业越来越多地应用天然色素。目前，天然色素主要来源于植物、动物和微生物的次生代谢产物。常见的天然色素来源于姜黄、胭脂树、红辣椒、焦糖和胭脂虫提取物。这些天然色素大多对人体健康有积极作用。天然色素根据化学结构进行分类，可分为花色苷、类胡萝卜素、酮类衍生物、叶绿素等。大多数天然色素存在于动植物细胞内。色素提取使色素通过多孔膜壁扩散到溶液，从细胞中释放出来。目前，提取和分离方法的工作原理都是使色素从基质向提取溶剂扩散。所以，提取方法的选择对提高提取率尤为重要。溶剂提取法是提取天然色素的常用方法，但该方法能耗高、溶剂用量大、提取率低，限制了其进一步应用。近年来，微波辅助提取、超高压辅助提取、超临界流体提取、酶辅助提取等提取方法广泛地用于天然色素的提取。与传统方法相比，这些现代提取方法具有提取过程简单、效率高、能耗低、环保等优点。酶辅助提取是一种工作条件温和、选择性好、高效和可持续的提取方法。此外，为了获得高纯度的色素，可以基于柱层析、膜分离、超滤等工业常用方法进一步分离纯化粗提物。在本书中，我们总结了天然色素的提取和分离方法[3,4]，并且对常见天然色素的资源、化学分类、提取分离方法及应用进行了综述。本书将系统总结已发表的有关天然色素的报道，并对天然色素的未来研究进行展望。

第二节 天然色素的来源

天然色素主要来源于植物、动物、微生物等。其中以植物来源的色素研究和应用最多。红甜菜根（主要含甜菜碱，14.20mg/100g）[5]、紫甘蓝（主要含花青素，1g/100g）[6]、胡萝卜（主要含类胡萝卜素，800mg/100g）[7]、菠菜（主要含类胡萝卜素，22.1mg/100g；叶绿素，77.7mg/100g）、紫苏（主要含类胡萝卜素，3g/100g；叶绿素，200mg/100g）[8]、栀子花（主要含栀子苷，3g/100g）、姜黄（主要含姜黄素，2.6mg/100g）[9]、大黄（主要含蒽醌，11.6g/100g）[10]、黄色和红色仙人掌（主要含甜菜红素，分别为3.7mg/100g、4.5mg/100g）[11]含有丰富的色素。此外，桑葚、醋栗、黄菊、樟脑树木以及高粱皮、花生内皮等农副产品也含有大量色素[12,13]。可食用的蓝藻含有大量色素，特别是螺旋藻，含有藻蓝蛋白（0.172g/100g）、叶绿素（0.012g/100g）和β-胡萝卜素（0.211g/100g）等[14]。

动物源性天然色素主要是从哺乳动物（家畜）中提取的胆红素和血红素，含量相对较少。在昆虫中也发现了天然色素，如瓢虫和胭脂虫，从这些昆虫中提取的色素已经得到了很好的开发和应用[15]。蚕粪中含有叶绿素铜钠盐，是一种很好的天然色素来源。虾青素主要来自虾、蟹等海洋生物，作为天然抗氧化剂被添加到功能食品中。不仅如此，从微生物中也发现了天然色素，其中研究和应用最多的是来源于红曲霉的红曲霉色素。红曲霉色素已在世界范围内广泛用作食品添加剂（表1-1）。

表1-1 天然色素资源

分类	植物	动物	微生物
种类	紫苏、葡萄、高粱、红花、胡萝卜、辣椒、栀子花、番茄、菠菜、姜黄、甜菜	紫胶虫、牡蛎、贻贝、蛤蜊、红棘石藻	木耳、乳酸菌、红曲霉属、小球藻、节旋藻、念珠菌、枯草杆菌
色素	紫苏红素、葡萄紫素、高粱红素、红花黄、胡萝卜素、辣椒红素、栀子黄、番茄红素、姜黄素、甜菜红	紫胶红素、黑色素、岩藻黄素、β-胡萝卜素、角黄素、虾青素	黑色素、安卡黄素、虾青素、β-胡萝卜素、叶黄素、藻蓝素

第三节 天然色素的化学分类

天然色素的分类方法有三种（表1-2）。首先，根据溶解度不同，可以将天然色素分为水溶性色素（花青素、栀子蓝等）、脂溶性色素（类胡萝卜素、叶绿素等）和醇溶性色素（醇溶性红曲霉、醇溶性栀子蓝等）。其次，根据色调不同，可以将天然色素分为暖色调（番茄红素、姜黄素等)、冷色调(叶绿素、靛蓝等)和其他颜色(黑色素、可可色素等)。最后,根据它们的化学结构(表1-2)不同,可以将它们分为花色苷、类胡萝卜素(胡萝卜素和含氧类胡萝卜素)、酮类衍生物(姜黄素和红曲色素)、甜菜色素(甜菜黄素和甜菜红素)和叶绿素。

表1-2　天然色素的三种分类方法

分类方法	分类
溶解性	水溶性色素、脂溶性色素、醇溶性色素
颜色（色轮图）	暖色调、冷色调、其他颜色
化学结构	（1）异黄酮、类黄酮、黄酮醇、黄烷-3-醇、黄烷酮类、花青素 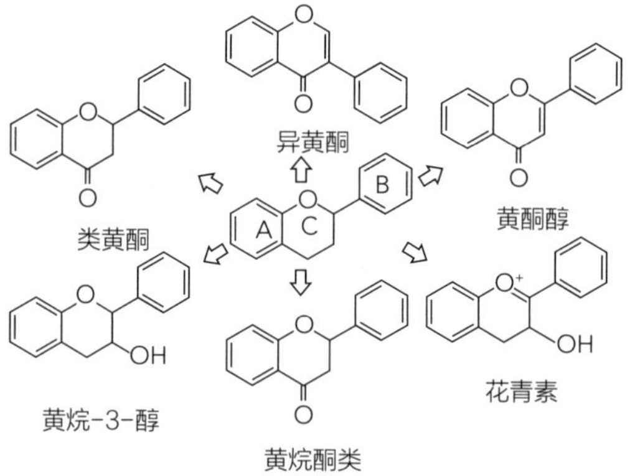 （2）姜黄素、茶黄素 （3）叶黄素、番茄红素、β-胡萝卜素

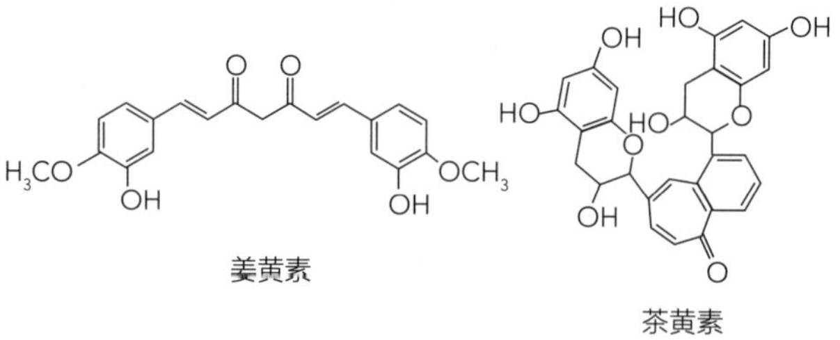

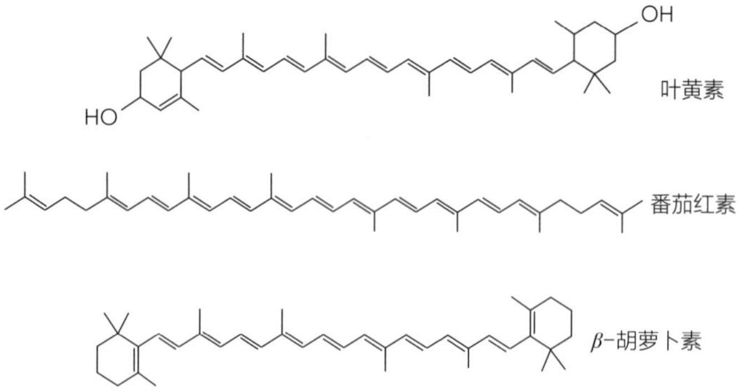

续表

分类方法	分类
	（4）甜菜酸　甜菜黄素　甜菜红素 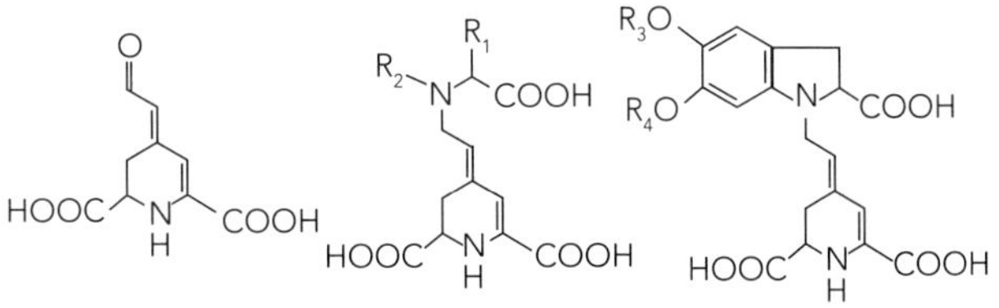
化学结构	（5）叶绿素 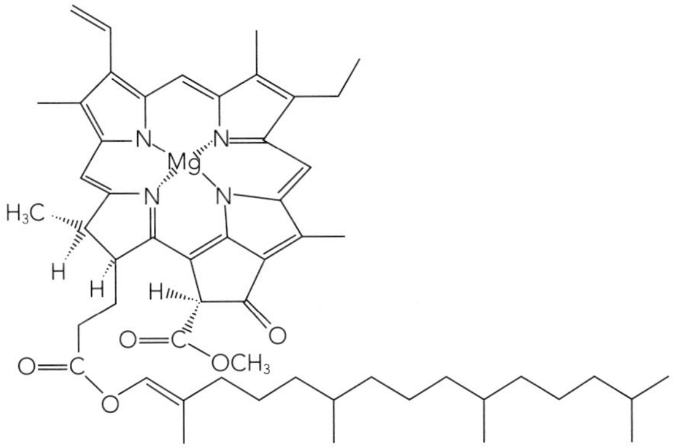

注：表 1-2 中色轮图见书后彩色插页。

一、花色苷

黄酮类化合物根据其化学结构可分为花色苷、类黄酮、黄烷酮、异黄酮、黄酮醇和黄烷 -3- 醇［表 1-2 中（1）］。这些化合物通常以结合糖苷或游离形式存在于植物中，具有良好的自由基清除能力和抗氧化能力。黄酮类化合物一般为淡黄色，少数呈明亮的橙黄色。大多数黄酮类化合物的水溶性相对较低，但是，花色苷具有很好的水溶性。然而，花色苷的稳定性受 pH、光照、温度和金属离子的影响较大，颜色会随环境变化从紫色变为无色[16]。

花青素是高等植物中的主要呈色物质，在植物界中分布广泛、种类繁多，但花青素结构非常不稳定，在自然界中很少以游离状态存在，通常与糖苷结合成花色苷（图 1-1）。

迄今为止，许多文献试图解释影响花青素稳定性的可能机制。目前公认，花青素的降解和代谢可能发生在 A 环或 B 环[17]。研究表明，—OCH_3 基团取代花色苷 B 环的—OH 基团，能够增加花色苷的稳定性。在不同的 pH 条件下，花色苷发生水化反应，生成丁香酸、原儿茶酸和香草酸等化合物，导致花色苷脱色。同时，通过金属离子络合、花色苷与类黄酮共色素①、自我缔合、分子间辅色等方法能够提高花色苷的稳定性。

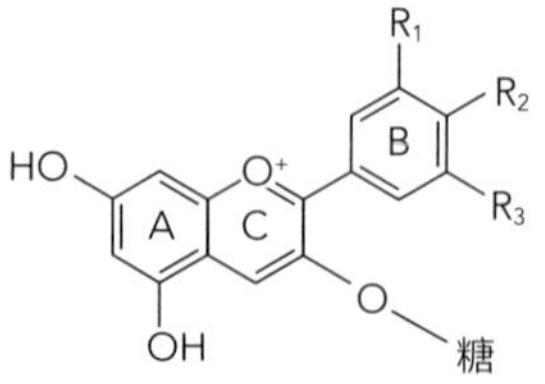

图 1-1　花色苷的结构式

二、类胡萝卜素

类胡萝卜素又称多烯色素，是一类由异戊二烯残基通过共轭双键连接而成的萜类化合物，其颜色通常为红色、橙色或黄色。类胡萝卜素是应用最广泛的亲脂性天然食品色素。到目前为止，在水果和蔬菜中已经发现了 700 多种类胡萝卜素。根据化学结构中是否存在氧键，可将类胡萝卜素分为两大类：一类是不含氧的类胡萝卜素，即胡萝卜素，包括 α-、β-、γ- 胡萝卜素和番茄红素；另一类是含氧类胡萝卜素，即共轭多烯类胡萝卜素的含氧衍生物，包括叶黄素、辣椒素、玉米黄素、虾青素角黄素等[18]［表 1-2 中（3）］。类胡萝卜素的不同颜色取决于其不同的化学成分组成。例如，番茄红素和 β- 胡萝卜素是呈红色的两种主要类胡萝卜素色素。

三、姜黄素

姜黄素［表 1-2 中（2）］是从姜科植物姜黄的根茎中提取的黄色色素，具有辛辣的味道和明亮的黄色。姜黄素由于其广泛的生物学作用而受到广泛关注，但其同时也存在光降二解、化学不稳定、代谢和清除快、口服生物利用率低、吸收差等缺点。近年来，为解决上述缺点，采用纳米乳等纳米载体负载脂溶性姜黄素，以提高其稳定性和生物利用率，具有令人满意的效果[19]。

四、甜菜色素

甜菜色素是常见的代表性吡啶色素，包括甜菜黄素和甜菜红素两种［表 1-2 中（4）］。甜菜色素的主要来源是甜菜和火龙果。研究表明，除玉米草科和石竹科以积累花青素为主外，石竹科 13 个科的其余植物都能积累甜菜色素，而且一些高等真菌也可以积累甜菜色素。甜菜色素一般存在于植物的花、果实和一些无性生殖器官中。

① 共色素：是无色或颜色很浅的物质，存在于植物细胞中，很多物质被发现具有共色素的功能。其中，常见的、与花色苷不同种类的物质是类黄酮，以及多酚、生物碱、氨基酸和有机酸。——编者注

五、叶绿素

叶绿素是典型的吡咯色素［表 1-2 中（5）］，是由一个镁原子和四个卟啉环组成的五元环化合物，包括叶绿素 a、b、c、d、f，叶绿素原和细菌叶绿素。叶绿素的稳定性较差，可被光、酸、碱、氧、氧化剂等分解。在光合作用过程中，叶片通过产生叶绿素来捕获红光和蓝光，并产生独有的绿色。叶绿素还具有造血、解毒、抗病等作用。此外，由于具有芳香大环结构，叶绿素具备光物理性质，如荧光、磷光、光热性质和光动力学等，可用于生物医学；但由于叶绿素的疏水性，限制了其进一步的应用。采用自组装技术将疏水性化合物组装成纳米结构，克服了水溶性差、光毒性暗、光漂白、体内保留时间差等局限性，并大大提高了细胞内吞作用、膜融合作用等生物学效应。

六、红曲色素

将红曲霉属的丝状真菌用于生产发酵食品，在亚洲国家已经被广泛研究了几个世纪之久。红曲色素是由红曲霉属的丝状真菌经发酵而合成的天然色素，是红曲霉的次级代谢产物。红曲色素常被用作色素类添加到食品中，改变食品的颜色。

第四节 天然色素的应用

合成色素在用于食品时往往具有一定程度的毒性，因此天然色素在食品领域更受青睐。目前，食品加工中已使用多种天然色素。姜黄素在食品领域应用超过 100 年，并且经常用于烹饪和食品着色[20]。栀子蓝色素是一种水溶性天然色素，常添加到食品中。研究表明，栀子蓝色素具有光不稳定性，科学家们试图通过结构修饰来克服这一问题[21]。叶绿素和类胡萝卜素也可以用于食品着色，类胡萝卜素常用在饮料和糖果的加工中。花色苷是应用最广泛的天然色素，通常在食品着色中用作合成色素的替代品[22]。然而，花青素在 pH 高于 3 时不稳定，通常在加工中被甜菜色素取代。甜菜色素在 pH3~7 范围内保持稳定，因此可用于低酸和中性的食品或饮料加工[23]。甜菜色素用于食品或饮料着色可以追溯到 19 世纪，但是除甜菜、仙人掌和火龙果之外，自然界中的其他可食用植物几乎都不含有甜菜色素[24]。因此，近年来，利用植物和微生物的代谢工程提升甜菜中的甜菜色素产量。

消费者认为含有天然成分的产品能够改善健康，倾向选择应用天然色素来增强、改善和提供食品颜色；近年来，由于合成染料可能对人类健康造成损害，其应用受到争议。天然色素应用于食品时，会受到食品加工和贮藏的影响，其性质也会因食品成分、pH、水分活度、包装材料等变化而变化[25]。但作为不耐热的化合物，天然色素容易受到物理化学因素的影响，其应用仍然受到限制。因此，为天然色素提供保护作用和增强稳定性的技术能够延长食品着色剂的保质期。这些技术通常被称为包封技术，在固体和液体物质中形成物理保护屏障以抵御破坏天然色素生物活性的外部因素[26]。根据天然色素的理化性质选择包封的材料和方法，可以得到大小和形状不同的微粒。可以采用基于物理、化学和物理化学方法的技术进行包封，例如，喷雾干燥，即通过电阻加热空气从液体或悬浮液中获得干粉的方法；冻干是一种保存方法，通过冷冻使样品脱水，对生物活性物质是一种优势方法，但是价格最昂贵；凝聚作用涉及两个电荷相反的生物聚合物之间的静电吸引，这是一种简单且低成本的方法，获得的微胶囊具有耐高温特性；离子凝胶化通过喷嘴挤压产生包含壁材和芯材的混合小液滴，液滴落入钙离子中形成凝胶胶囊。

对天然色素应用的文献总结发现，酸乳是在研究中天然色素应用最多的产品形式之一。Carvalho 等[27]采用海藻酸钠离子凝胶包封技术制备了花青素胶囊，并将花青素胶囊（0.2g/mL）应用于牛乳和乳粉制成的酸乳中。类似地，Dias 等[28]使用纳米微胶囊技术，以大豆卵磷脂为壁材，包封甜菜甜菜素、仙人球甜菜素、芙蓉花青素和萝卜花青素提取物，获得了 90%~99% 的包封率，并将提取物及纳米微胶囊应用于商业大豆酸乳中，与未包封的萝卜花青素相比，通过纳米包封的仙人球甜菜素可以改善酸乳色泽并对健康有益。Rutz 等[29]以壳聚糖和黄原胶为包封材料，微胶囊化棕榈油类胡萝卜素，经过雾化和冷冻干燥后，将制备的微胶囊应用于酸乳和面包中，并进行了这两种食物系统的胃肠模拟研究。结果表明，包封能够避免类胡萝卜素损失，微胶囊在酸乳制备的应用中表现更好。Utpott 等[30]从红火龙果果肉中提取甜菜素，经过凝聚包封将其应用于商业酸乳中。结果表明，与未经过包封的甜菜素提取物相比，胶囊化改善了甜菜素的理化性质，证明了其作为天然色素使用的潜力。酸乳作为低温贮藏的食品基质，有益于保持天然色素特性。另一种被广泛研究的添加天然色素的产品是冰激凌，Mihalcea 等[31]将经过包封的类胡萝卜素（以 β- 胡萝卜素为主）应用到冰激凌中，制备的冰激凌产品感官上可接受，并且类胡萝卜素提高了产品的抗氧化活性。

糖果的消费量很高，尤其是对于儿童来说，开发含有天然成分的糖果产品非常重要。De Moura 等[32]通过离子凝胶法包封玫瑰茄（*Hibiscus sabdariffa* L.）花青素，用果胶、砂糖、葡萄糖、水包封花青素提取物制成果冻糖，研究 25℃、55% 湿度下贮藏 62d 后花青素的保留率，结果表明，微胶囊对花青素起到了较好的保护作用，花青素保留率高达 73%。另一种应用于糖果开发的技术是纳米脂质体包封，Sravan 等[33]利用该技术包封落葵甜菜碱，获得了 74%~76% 的包封率①。将包封的甜菜碱加入橡皮糖中，分析甜菜碱的保留率、颜色特性和抗氧化活性，结果表明甜菜碱是一种良好的天然着色剂。

尽管天然色素对高温敏感，但有研究表明其在某些食品生产的高温条件下仍能产生颜色，如烘焙产品。Albuquerque 等[34]将花色素提取物应用于法国马卡龙，使用商业着色剂 E-163 作为对照，6d 后得出结论，添加天然提取物的马卡龙颜色更稳定。Ursache 等[35]采用凝聚包封法制备了沙棘类胡萝卜素微胶囊，类胡萝卜素的包封率为

① 包封率：指被包裹在脂质体中的物质占脂质体混悬液中该物质总量的比例（单位：%）。——编者注

56%，并将其应用在松饼中，其不仅能改善松饼表皮的色泽，还能提高抗氧化活性和抗菌性能。Dias 等[36]对玫瑰茄的花青素和甜菜根（*Beta vulgaris* L.）的甜菜素提取物进行了研究，以大豆麦芽糊精和卵磷脂为包封剂，冻干制备纳米胶囊并应用于 4℃贮藏的熟火腿，结果表明，该技术具有良好的包封率，并且对火腿具有很好的显色效果，故所制备的着色剂可用于未来肉制品的加工。

天然色素在食品中另一项重要的应用是饮料加工着色。Sampaio 等[37]使用从红色和紫色马铃薯中提取的花青素为软饮料提供颜色，并与商业配色剂 E-163 的效果进行比较，在 30 d 的贮藏过程中，添加花青素的软饮料具有适宜的感官品质和较高的色泽稳定性。Pal 和 Bhattacharjee[38]应用超临界流体从非洲金盏花中提取叶黄素，采用喷雾干燥进行包封，包封率在 49%~73%，并用其制作了一种即食饮料，该饮料具有抗氧化性能和均匀的颜色；包封的叶黄素所表现出的感官和理化特性表明其可以作为我们日常摄入叶黄素的饮食来源。

除了在食品中的应用，天然色素还用于其他领域，如化妆品。花青素具有良好的抗氧化活性和 pH 敏感性，可以用作食品包装中的 pH 敏感指示剂[39]。姜黄素可用于制造可生物降解的聚合物基薄膜等[40]；同时，姜黄素还可以用于制作肥皂、洗发水等日用品，以及用于液体粉底、面膜、口红等化妆品的加工[20]。姜黄素的护肤功效也被逐步证实，在化妆品中可以实现嫩肤美白、抗衰修护的作用。此外，天然色素除了可用于着色，还具有良好的生物活性，可以用于疾病预防。研究表明，类胡萝卜素可以通过调节体内血红蛋白的浓度来降低贫血的发生率，对遗传性疾病有一定的治疗作用[41]。花青素具有明显的抗氧化活性，具有预防神经元疾病、心血管疾病和炎症等疾病的潜力[42]。叶绿素具有抗炎活性，可在一定程度上降低患骨癌的风险。姜黄素具有抗氧化、抗炎、抗凝剂等生物活性，如今，由姜黄素制成的缓释可生物降解颗粒已用于炎症的治疗[43]。

第五节 总结和展望

天然色素具有安全性高、毒性低、能够提供营养和发挥药理作用等优点，近年来备受关注。但它们也存在稳定性低、溶解性差、保色性差、易褪色等缺点。同时，天然色素对环境要求高，应用范围有限，提取难度较大，成本较高，限制了其在工业上的应用。本书对天然色素的来源、理化性质、提取分离方法及应用进行了综述，对典型色素进行了介绍，为天然色素的工业化应用提供参考数据。

天然色素以其独特的生物可降解性和安全性受到广泛关注。然而，天然色素的原料供应已不能满足日益增长的市场需求，而有效的色素分离纯化方法也是天然色素产业化发展必须面对和亟待解决的问题。目前，植物组织培养（plant tissue culture，PTC）技术已被用于提供天然色素的原料，这种方法可以缩短植物的生长周期，在短时间内高效地产生次级代谢产物，并获得所需的植物原料，从而增加天然色素产量[44]。利用 PTC 技术培育出的紫草、茜草等植物，其色素含量通常高于天然植物。此外，可以通过植物和微生物工程获得天然色素。最近的研究集中在寻找有前途的无毒真菌。Silva 等[45]从葡萄中分离出能够产生天然黄色色素的金色毛壳菌（*Arcopilus aureus*），其随温度的变化保持稳定，随 pH 的降低而增加。金色毛壳菌有望成为工业化生产的天然着色剂。Fonseca 等[46]发现短密青霉（*P. brevicompactum*）可以合成具有高稳定性、无毒和抗氧化活性的色素。这样就可以有效解决天然色素的原料供应问题。

根据天然色素不同的物理化学性质，亟待开发针对不同色素的最佳提取分离方法。大多数天然色素不稳定，受酸碱度、光照、温度和金属离子等影响很大[16]。传统提取方法具有依赖有机溶剂、需要长时间热处理等局限性。与传统方法相比，酶辅助提取法等现代提取方法具有巨大的应用潜力[47]。然而，酶的针对性选择和酶的最佳混合是酶辅助提取方法应用过程中的关键问题。当然，酶辅助提取法也不是万能的，如用酶辅助提取黑木耳中的黑色素，即使确定了合适的混合酶，产率仍然很低。这表明未来应进一步研究不同天然色素的最佳提取和分离方法。

参考文献

[1] MARKETWARCH. Global natural pigment market 2020 top manufacturers records, size, market share & trends analysis showing impressive growth by 2026 [Z]. 2020.

[2] BENUCCI I, LOMBARDELLI C, MAZZOCCHI C, et al. Natural colorants from vegetable food waste: Recovery, regulatory aspects, and stability-A review [J]. Comprehensive Reviews in Food Science and Food Safety, 2022, 21（3）: 2715-2737.

[3] 袁源，阎熠晗，吴福泉，等．复合酶提取黑木耳黑色素的工艺优化及其抗氧化活性分析 [J]. 2022, 50（6）: 121-130.

[4] 郭晓伟，胡利强，王军伟，等．西瓜中类胡萝卜素的分离与分析 [J]. 2011, 40（9）: 150-156.

[5] HADIPOUR E, TALEGHANI A, TAYARANI-NAJARAN N, et al. Biological effects of red beetroot and betalains: A review [J]. Phytotherapy Research, 2020, 34（8）: 1847-1867.

[6] GHAREAGHAJLOU N, HALLAJ-NEZHADI S, GHASEMPOUR Z. Red cabbage anthocyanins: Stability, extraction, biological activities and applications in food systems [J]. Food Chemistry, 2021, 365: 130482.

[7] PERRIN F, BRAHEM M, DUBOIS-LAURENT C, et al. Differential pigment accumulation in carrot leaves and roots during two growing periods [J]. Journal of Agricultural and Food Chemistry, 2016, 64（4）: 906-912.

[8] SALACHNA P, GRZESZCZUK M, MELLER E, et al. Effects of gellan oligosaccharide and NaCl stress on growth, photosynthetic pigments, mineral composition, antioxidant capacity and antimicrobial activity in red perilla [J]. Molecules, 2019, 24（21）: 24213925.

[9] JIANG T, GHOSH R, CHARCOSSET C. Extraction, purification and applications of curcumin from plant materials-A comprehensive review [J]. Trends in Food Science & Technology, 2021, 112: 419-430.

[10] EPIFANO F, GENOVESE S, MARCHETTI L, et al. Solid phase adsorption of anthraquinones from plant extracts by lamellar solids [J]. Journal of Pharmaceutical and Biomedical Analysis, 2020, 190: 113515.

[11] KHATABI O, HANINE H, ELOTHMANI D, et al. Extraction and determination of polyphenols and betalain pigments in the Moroccan prickly pear fruits（*Opuntia ficus indica*）[J]. Arabian Journal of Chemistry, 2016, 9: S278-S281.

[12] 缪少霞，王鹏，徐渊金，等．植物源天然食用色素及其开发利用研究进展 [J]. 2012, 33（7）: 211-216.

[13] 邹志飞，蒲民，李建军，等．各国（地区）食用色素的使用现况与比对分析 [J]. 2010, 22（2）: 112-121.

[14] GOGNA S, KAUR J, SHARMA K, et al. Spirulina-An edible cyanobacterium with potential therapeutic health benefits and toxicological consequences [J]. Journal of the American Nutrition Association. 2022, 1-14.

[15] 汤沈杨，陈梦瑶，肖花美，等．胭脂虫及胭脂虫红色素的应用研究进展 [J]. 2019, 56（5）: 965-981.

[16] HUANG Y X, ZHOU S Y, ZHAO G H, et al. Destabilisation and stabilisation of anthocyanins in purple-fleshed sweet potatoes: A review [J]. Trends in Food Science & Technology, 2021, 116: 1141-1154.

[17] FLESCHHUT J, KRATZER F, RECHKEMMER G, et al. Stability and

biotransformation of various dietary anthocyanins *in vitro* [J]. European Journal of Nutrition，2006，45（1）：7-18.

[18] JIANG T，LIAO W，CHARCOSSET C. Recent advances in encapsulation of curcumin in nanoemulsions：A review of encapsulation technologies，bioaccessibility and applications [J]. Food Research International，2020，132：109035.

[19] JIANG L，ZHU C F，YU T T，et al. Research progress of carotenoids [J]. Biological Chemical Engineering，2020，6（6）：136-139.

[20] SHARIFI-RAD J，RAYESS Y E，RIZK A A，et al. Turmeric and its major compound curcumin on health：Bioactive effects and safety profiles for food，pharmaceutical，biotechnological and medicinal applications [J]. Frontiers in Pharmacology，2020，11：1021.

[21] 高铭，王晴，雷蕾，等. 5种红曲发酵食物的电子感官评价与对比 [J]. 中国果菜，2021，41（9）：6-12.

[22] YOUSUF B，GUL K，WANI A A，et al. Health benefits of anthocyanins and their encapsulation for potential use in food systems：A review [J]. Critical Reviews in Food Science and Nutrition，2016，56（13）：2223-2230.

[23] AZEREDO H M C. Betalains：Properties，sources，applications，and stability-A review [J]. International Journal of Food Science & Technology，2009，44（12）：2365-2376.

[24] POLTURAK G，AHARONI A. “La Vie en Rose”：Biosynthesis，sources，and applications of betalain pigments [J]. Molecular Plant，2018，11（1）：7-22.

[25] JURIĆ S，JURIĆ M，KRÓL-KILIŃSKA Ż，et al. Sources，stability，encapsulation and application of natural pigments in foods[J]. Food Reviews International，2022，38（8）：1735-1790.

[26] JURIĆ S，JURIĆ M，SIDDIQUE M A B，et al. Vegetable oils rich in polyunsaturated fatty acids：Nanoencapsulation methods and stability enhancement[J]. Food Reviews International，2022，38（1）：32-69.

[27] CARVALHO C，PAGANI A，TELES A，et al. Jamelão capsules containing bioactive compounds and its aplication in yoghurt[J]. Acta Scientiarum Polonorum Technologia Alimentaria，2020，19（1）：47-56.

[28] RODRÍGUEZ-MENA A，OCHOA-MARTÍNEZ L A，GONZÁLEZ-HERRERA S M，et al. Natural pigments of plant origin：Classification，extraction and application in foods[J]. Food Chemistry，2023，398：133908.

[29] RUTZ J K，BORGES C D，ZAMBIAZI R C，et al. Microencapsulation of palm oil by complex coacervation for application in food systems[J]. Food Chemistry，2017，220：59-66.

[30] UTPOTT M，ASSIS R Q，PAGNO C H，et al. Evaluation of the use of industrial wastes on the encapsulation of betalains extracted from red pitaya pulp（*Hylocereus polyrhizus*）by spray drying：powder stability and application[J]. Food and Bioprocess Technology，2020，13（11）：1940-1953.

[31] MIHALCEA L，TURTURICĂ M，BARBU V，et al. Transglutaminase mediated microencapsulation of sea buckthorn supercritical CO_2 extract in whey protein isolate and valorization in highly value added food products[J]. Food Chemistry，2018，262：30-38.

[32] DE MOURA S C S R，BERLING C L，GARCIA A O，et al. Release of anthocyanins from the hibiscus extract encapsulated by ionic gelation and application of microparticles in jelly candy[J]. Food Research International，2019，121：542-552.

[33] SRAVAN KUMAR S，SINGH CHAUHAN A，GIRIDHAR P. Nanoliposomal encapsulation mediated enhancement of betalain stability：Characterisation，storage stability and antioxidant activity of *Basella rubra* L. fruits for its applications in vegan gummy candies[J]. Food Chemistry，2020，333：127442.
[34] ALBUQUERQUE B R，PINELA J，BARROS L，et al. Anthocyanin-rich extract of jabuticaba epicarp as a natural colorant：Optimization of heat- and ultrasound-assisted extractions and application in a bakery product[J]. Food Chemistry，2020，316：126364.
[35] URSACHE F M，ANDRONOIU D G，GHINEA I O，et al. Valorizations of carotenoids from sea buckthorn extract by microencapsulation and formulation of value-added food products[J]. Journal of Food Engineering，2018，219：16-24.
[36] DIAS S，CASTANHEIRA E M S，FORTES A G，et al. Application of natural pigments in ordinary cooked ham[J]. Molecules，2020，25（9）：2241.
[37] SAMPAIO S L，LONCHAMP J，DIAS M I，et al. Anthocyanin-rich extracts from purple and red potatoes as natural colourants：Bioactive properties，application in a soft drink formulation and sensory analysis[J]. Food Chemistry，2021，342：128526.
[38] PAL S，BHATTACHARJEE P. Spray dried powder of lutein-rich supercritical carbon dioxide extract of gamma-irradiated marigold flowers：Process optimization，characterization and food application[J]. Powder Technology，2018，327：512-523.
[39] GARAVAND F J P. Application of red cabbage anthocyanins as pH-sensitive pigments in smart food packaging and sensors [J]. 2022，14：14081629.
[40] DE OLIVEIRA J G，BERTOLO M R V，RODRIGUES M A V，et al. Curcumin：A multifunctional molecule for the development of smart and active biodegradable polymer-based films [J]. Trends in Food Science & Technology，2021，118：840-849.
[41] KIRTI K，AMITA S，PRITI S，et al. Colorful world of microbes：Carotenoids and their applications [J]. Advances in Biology，2014，2014：1-13.
[42] YOUSUF B，GUL K，WANI A A，et al. Health benefits of anthocyanins and their encapsulation for potential use in food systems：A review [J]. Critical Reviews in Food Science and Nutrition，2016，56（13）：2223-2230.
[43] CHATTOPADHYAY I，BISWAS K，BANDYOPADHYAY U，et al. Turmeric and curcumin：Biological actions and medicinal applications [J]. Current Science，2004，87（10）：1325-1325.
[44] CHANDRAN H，MEENA M，BARUPAL T，et al. Plant tissue culture as a perpetual source for production of industrially important bioactive compounds [J]. Biotechnology Reports，2020，26：e00450.
[45] AMARAL DE FARIA SILVA L，FERREIRA ALVES M，FLORêNCIO FILHO D，et al. Pigment produced from *Arcopilus aureus* isolated from grapevines：Promising natural yellow colorants for the food industry [J]. Food Chemistry，2022，389：132967.
[46] FONSECA C S，DA SILVA N R，BALLESTEROS L F，et al. *Penicillium brevicompactum* as a novel source of natural pigments with potential for food applications [J]. Food and Bioproducts Processing，2022，132：188-199.
[47] LOMBARDELLI C，BENUCCI I，MAZZOCCHI C，et al. Betalain extracts from beetroot as food colorants：Effect of temperature and UV-light on storability [J]. Plant Foods for Human Nutrition，2021，76（3）：347-353.

第二章 花色苷的制备及应用

第一节 概述

花色苷是自然界最重要的一种水溶性色素，在植物中广泛存在，其中在葡萄、阿龙尼亚苦味果、黑醋栗、草莓、树莓、越橘等果实中含量尤为丰富。存在于植物的花、果实、茎、叶和根器官的细胞液中的花色苷可使植物器官呈现由红、紫红到蓝等不同颜色。

花色苷的结构是由花青素（母核为2-苯基苯并吡喃环）与糖类以糖苷键结合而成，属于黄酮类化合物，母核结构式如图1-1所示。2-苯基苯并吡喃环上的氢可以被—OH或—OCH_3取代，从而形成各种颜色不同的花色苷。一般在花色苷结构中随着—OH数目增加，颜色逐渐向蓝色、紫色方向移动；随着—OCH_3数目增加，颜色趋向红色。自然界中已知的花色苷有22大类，在食品中主要有6类，分别是矢车菊色素、天竺葵色素、飞燕草色素、芍药色素、牵牛色素和锦葵色素。

花色苷由A环3，5，7位上的羟基以糖苷键与糖结合时，糖结合的方式（结合糖的种类、数量、位置）不同，花色苷的种类则不相同。花色苷分子上的糖一般为葡萄糖、阿拉伯糖、鼠李糖、半乳糖和木糖。只结合一个糖时一般结合于骨架的3位上，结合两个糖时一般分别结合于3位和5位的羟基处，有时也结合在3位和7位的羟基上。一般在5位上成苷，颜色加深。结合的糖若为单糖称为单糖苷，若为二糖或三糖，则相应称为二糖苷或三糖苷。

花色苷被肉桂酸、4-香豆酸、咖啡酸、阿魏酸等有机酸酰化后的衍生物为酰化的花色苷，参与酰化的有机酸以4-香豆酸为主。这些有机酸一般结合在花色苷的3位糖上，也有的在3位和5位糖上同时结合2个酸。

花色苷通常存在于水果、蔬菜和有色谷物中；总体来说，它们在果实中最丰富。花色苷含量较高的常见食物包括葡萄、蓝莓、黑莓、黑枸杞、桑葚、杨梅、紫甘蓝、紫薯、紫玉米、黑米和野生稻。目前，市场上的花色苷主要来源于葡萄和葡萄籽，而黑枸杞和蓝莓是花青素含量较高的两种水果，因此，葡萄和葡萄籽、黑枸杞、蓝莓将作为花色苷常见来源进行介绍。

一、葡萄和葡萄籽

葡萄是花色苷的丰富来源，其中葡萄籽中花色苷的含量也很丰富。葡萄营养丰富，含有人体所需的各种果酸、维生素、矿物质、类黄酮和必需氨基酸。这些活性成分既能有效清除自由基，预防衰老和心脑血管疾病，还能缓解疲劳，促进消化与血液循环，抗感染，改善神经虚弱。葡萄中的花色苷和白藜芦醇组分赋予葡萄衍生产品有益健康的功能，如抗氧化、增强血管弹性和改善皮肤光泽[1]。

葡萄籽含有更高水平的、更丰富的花色苷种类，葡萄籽花色苷由不同含量的表儿茶素或儿茶素（通常以糖苷的形式）形成的低聚物组成。大量体外和体内研究也表明，葡萄籽花色苷可以发挥抗氧化、抗菌、抗肥胖、抗糖尿病、抗神经退行性、抗骨关节炎、抗癌、对心脏和眼睛的保护作用，以及其他药理作用[2]。目前市场上的大多数花色苷产品都来自葡萄籽，葡萄籽具有巨大的市场价值。随着人们对健康的关注度越来越高，葡萄酒、葡萄籽油等富含花色苷和花青素的葡萄产品也越来越受到人们的青睐。

二、蓝莓

蓝莓是甜美多汁的深蓝色浆果，是联合国粮食及农业组织（FAO）推荐的五种健康水果之一；它们通常被称为“浆果之王”。蓝莓果实独特的深蓝色果皮富含黄酮类化合物，如黄烷醇、花色苷和木质素，以及酚类化合物，如酚酸和单宁。蓝莓果皮中含有维生素A、维生素E、矿物质、烟酸和微量元素，可以发挥抗氧化，抗心血管疾病，缓解视力疲劳，抗衰老以及皮肤护理、促进等功能。蓝莓中的花色苷含量较高，达3.87~4.87mg/g，相比之下草莓为0.35mg/g、覆盆子为1.16mg/g、黑莓为2.45mg/g[3]。蓝莓还富含抗氧化活性成分，如花色苷，被认为是抗氧化活性水平最高的水果之一。蓝莓中的花色苷主要分布在果皮中，含量几乎是果肉的200倍。迄今为止，在蓝莓中已经检测到25种类型的花色苷，其中大多数以葡萄糖、半乳糖和阿拉伯糖苷的形式存在[4]。比较蓝莓中不同类型花色苷的含量、成分和抗氧化能力将有助于提高我们对这种水果抗氧化活性的理解。总体而言，蓝莓不仅营养价值高，适合各年龄段人群，深受消费者青睐，而且具有很高的经济价值和广阔的发展前景。蓝莓不仅可以直接食用，还可以加工成果酱、果汁、葡萄酒和其他营养功能食品。

三、黑枸杞

从黑枸杞中共分离出46种黄酮类化合物，包括37种花色苷[5]。黑枸杞含有1.60~6.25mg/g花色苷，而覆盆子和葡萄分别含有0.3~0.6mg/g和0.40~0.70mg/g花色苷，这为黑枸杞被称为“黑软金”提供了依据[6]。此外，Tian等[7]报道黑枸杞干果中含有8种花色苷，以天竺葵素、矮牵牛素、锦葵素和飞燕草素为母核，矮牵牛素为主要成分。尽管花色苷存在于大多数植物中，据报道，天然野生黑枸杞浆果含有已知含量最高的花色苷。此外，黑枸杞还富含维生素和有机酸等营养成分，具有很强的抗氧化特性，在功能食品和药品的研发中可作为抗氧化剂使用。

第二节 花色苷的有益功效

大量研究表明，花色苷对人类具有多种生理保健功能，在抗糖尿病、抗肥胖、抗炎、预防癌症、保护心血管和神经等方面具有积极作用。同时，无毒、不致敏、不致畸、不致癌等特性也是花色苷优势所在。花色苷的有益功效如图 2-1 所示。

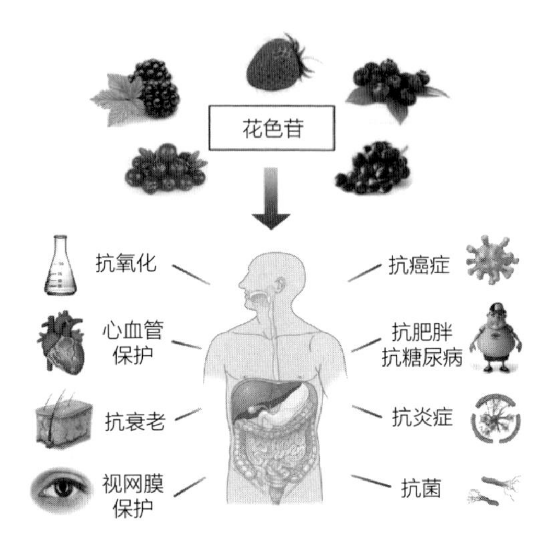

图 2-1 花色苷的有益功效

一、抗氧化作用

花色苷的抗氧化潜力取决于分子化学结构，酚类结构赋予其抗氧化特性。该性质还受以下因素的影响：①羟基的数量；② B 环中的儿茶酚部分；③ C 环中的氧离子；④羟基化和甲基化模式；⑤酰化；⑥糖基化。与苷元相比，花色苷的糖基化降低了花色苷自由基使电子离域的能力，因此降低了自由基清除活性。B 环取代物对抗氧化活性效率的贡献为—OH>—OCH_3>—H，因此抗氧化活性顺序为飞燕草色素 > 牵牛色素 > 锦葵色素 = 矢车菊色素 > 芍药色素 > 天竺葵色素 [8]。此外，花色苷分子中带正电荷的氧原子可以使其成为更有效的供氢抗氧化剂。植物中的其他化学物质或维生素也会影响花色苷的抗氧化活性，它们可能与花色苷发生协同或对抗的相互作用。例如，常见的膳食黄烷醇与普通花色苷具有协同增强抗氧化作用 [9]；锦葵 -3- 糖苷与儿茶素共存时具有更高的抗氧化潜力，而槲皮素会抑制花色苷的摄入和吸收 [10]。

花色苷发挥其抗氧化作用的可能机制包括直接和间接途径。由于类黄酮分子的供氢（电子）能力，花色苷具有直接的自由基清除能力，它可以与活性氧（RO）结合，如超氧化物（O_2^-）、单线态氧（$^1O_2$）、过氧化物（ROO^-）、过氧化氢（H_2O_2）和羟基自由基（OH）。RO 的过量产生会损害细胞，这可能导致和加速心血管疾病、癌症和其他退行性疾病发生。花色苷通过多种机制间接增强内源性抗氧化防御能力，例如，①恢复或增加抗氧化酶如超氧化物歧化酶（SOD）和谷胱甘肽过氧化物酶（GSH-Px）

的活性，从而增加谷胱甘肽含量[10]；②激活编码这些酶的基因[11]；③减少脱氧核糖核酸（DNA）中氧化外展的形成，通过抑制烟酰胺腺嘌呤二核苷酸磷酸（NADPH）氧化酶和黄嘌呤氧化酶或通过改变线粒体呼吸和花生四烯酸代谢来减少内源性RO的形成[12]。

可以使用不同的方法测量花色苷的抗氧化活性。铁还原能力测定结果表明，飞燕草素、矮牵牛素和锦葵素的3-糖苷比抗坏血酸抗氧化剂高2~2.5倍；Trolox等效抗氧化能力或氧自由基吸收能力测定结果表明，花色苷的抗氧化能力是标准Trolox（水溶性维生素E类似物）的3~6倍。鉴于这些，花色苷似乎比丁基化羟基甲苯、丁基化羟基苯甲醚和α生育酚等传统抗氧化剂具有更好的抗氧化效果。这种强大的抗氧化作用与环B中羟基的存在有关。Noda等[13]通过使用电子自旋共振技术研究了3种主要花色苷（飞燕草素、矢车菊素、天竺葵素）的抗氧化作用。Rossetto等[9]使用胶束亚油酸过氧化法测定抗氧化能力时，天竺葵素-3-葡萄糖苷的自由基清除效率远低于其他花色苷。

花色苷的抗氧化特性也已在动物模型体内得到证实。与对照组相比，饮食中富含花色苷提取物的大鼠具有更高的血浆抗氧化能力和较低的肝8-羟基-2-脱氧鸟苷[14]。Tsuda等[15]通过氧化应激肝缺血再灌注大鼠模型发现，矢车菊素-3-糖苷处理有效减弱了动物组织肝损伤中的生物标志物变化。流行病学研究表明，食用花色苷可能会降低氧化损伤。Cao等[16]观察到食用草莓或红酒后血清抗氧化能力增加，而Mazza等[17]使用氧化自由基吸收能力（oxygen radical absorbance capacity，ORAC）测试观察到餐后血清中花色苷含量与抗氧化状态呈正相关。

二、保护心血管作用

心血管疾病的发展是由血小板聚集、高血压、高血浆低密度脂蛋白胆固醇和血管内皮功能障碍引起的。流行病学研究表明，红葡萄酒的摄入可能具有心脏保护的作用。而葡萄和葡萄酒酚类化合物对冠心病的作用主要归因于红葡萄酒中花色苷的存在。花色苷的心脏保护作用可能与增加血清抗氧化能力，防止低密度脂蛋白（LDL）氧化以及抗炎和抗血小板活性有关。花色苷还可以改善内皮功能，除了可以减少血管内皮中的氧化应激，还可以在缺血再灌注条件下发挥心脏保护作用。研究表明，花色苷可以进入血管内皮细胞膜和细胞质基质中，这对氧化损伤、保持内皮功能和预防血管疾病具有显著的保护作用。Ziberna等[18]研究了越橘花色苷对缺血再灌注大鼠心脏急性损伤的影响，结果表明，低浓度越橘花色苷（0.01~1mg/L）灌注可显著减轻缺血再灌注损伤，降低乳糖酶脱氢酶率，增加缺血后冠状动脉流量，减少再灌注心律失常的发生率和持续时间。相反，高浓度的花色苷（5~50mg/L）具有心脏毒性和促氧化作用，会增加破坏性RO的形成[19]。在再灌注条件下，无氧代谢可能导致细胞内pH降低，这会进一步影响花色苷的自由基清除特性[20]。该研究还表明，越橘花色苷在低浓度范围内（<0.5mg/L）具有很强的抗氧

化作用。尽管花色苷生物利用率低，其仍具有显著的心脏保护特性[18]。早期研究表明，越橘花色苷在仓鼠缺血再灌注的体内模型，可以通过保留内皮减少微血管损伤并改善毛细血管灌注[21]。Toufektsian 等[22]研究了植物来源花色苷的长期（8 周）饮食对大鼠心脏保护的影响，观察到花色苷的摄入使心肌在体外和体内条件下对缺血再灌注损伤的敏感性都降低。因此，保护机制可能与改善心脏的内源性抗氧化防御、增加心肌谷胱甘肽浓度有关。

食用含花色苷的食物（黑加仑、越橘和蓝莓）的人体临床研究结果显示，花色苷具有降低 LDL– 胆固醇浓度和增加血浆抗氧化能力的生物活性[23]。Freedman 等[24]向健康受试者喂食 300~500mL/d 含花色苷的葡萄汁 7~28d，观察到对血小板聚集的抑制，而另一项关于透析患者红葡萄汁补充剂的研究表明，氧化 LDL 的浓度和 NADPH 活性均降低[25]。研究表明，饮用 300mL 含花色苷的红葡萄酒 1h 和 2h 后，血清抗氧化能力分别增加 18% 和 11%[26]，而随餐食用 300mL 富含花色苷的红葡萄酒（含 304μmol/L 花色苷）可以防止餐后血浆脂质过氧化氢和氧胆固醇的增加[27]。花色苷对心脏的保护作用归因于花色苷代谢物[28]。花色苷结肠代谢物（原儿茶酸）可以改善动脉粥样硬化的进展，抑制炎症，并且还显示出抗血小板活性[29]。

三、抗癌作用

花色苷的抗癌特性主要基于体外研究证据，并可能归因于多种附加机制。这些机制包括：①花色苷通过阻滞或阻断 G1/G0 和 G2/M 期来阻滞细胞周期；②花色苷诱导细胞凋亡和抗血管生成；③花色苷抑制氧化性 DNA 损伤；④花色苷通过诱导Ⅱ期酶进行排毒；⑤花色苷具有抗诱变作用并抑制致癌物；⑥花色苷抑制环氧化酶（COX）。它们通过细胞周期调节蛋白质上的效应器阻断细胞周期的各个阶段，并选择性地抑制癌细胞的生长，对正常细胞的生长影响相对较小或没有影响。

从草莓中分离的花色苷在 100μg/mL 剂量水平下就可降低人体口腔癌、结肠癌和前列腺癌细胞的活力，但每种化合物的敏感性不同。花色苷化合物的化学结构决定了其抗增殖效果，如糖苷、糖基化和酰化。事实上，花青素是比花色苷更好的细胞增殖抑制剂，其主要是通过阻断丝裂原活化蛋白激酶（MAPK）途径的激活发挥作用。由于花青素分子环 B 上存在羟基，飞燕草素具有最佳的生长抑制作用。矢车菊素和飞燕草素通过谷胱甘肽抗氧化系统的失活和促进氧化应激而在转移性人结直肠癌细胞系（LoVo 和 LoVo/ADR）中发挥作用。Jing 等[30]还观察到花色苷和其他酚类化合物的协同作用，其中对所有癌细胞系最活跃的是花色苷和花青素。

细胞凋亡在消除受损肿瘤细胞中发挥重要作用，并由化学预防剂诱导。花色苷引起癌细胞的凋亡，而它们在体外的多个细胞中具有促凋亡作用，通过内在途径（如增加线粒体膜电位细胞色素 c 释放和调节促凋亡蛋白）和外在途径（调节肿瘤细胞中 FAS 和 FAS 配体的表达）导致细胞凋亡。它们可能作为促氧化剂并导致活性氧（ROS）在肿瘤细胞中的积累。

花色苷还具有抗侵袭性，因此可以抑制肿瘤转移。当肿瘤细胞在穿透血管后侵入周围组织和远处组织时，就会发生这种情况。这种机制包括趋化运动。例如，肿瘤细胞分泌蛋白水解酶以促进细胞外基质屏障的降解，从而成功侵袭肿瘤。花色苷抑制多种类型肿瘤细胞的侵袭，减少调节基底膜降解的基质金属蛋白酶（MMP）的表达并刺激 MMP 抑制剂。

Hou 等[31]用 6 种花色苷处理 12-*O*-十四烷酰抗坏血酸 -13- 醋酸酯（TPA）诱导的 JB6 小鼠细胞，浓度范围为 0~20μmol/L。结果表明，TPA 诱导的细胞转化和 AP-1 反式活化受飞燕草色素、矮牵牛素和矢车菊素抑制，但不受天竺葵素、芍药色素和锦葵色素的抑制，这表明花色苷 B 环上的邻位二羟基苯基结构可能是必需的。花草素通过抑制 TPA 诱导的 MAPK 激酶信号通路的磷酸化，对 AP-1 活化具有最强的抑制作用。此外，这种花色苷在抑制 AP-1 活性方面显示出与 SOD 的协同作用。事实上，超氧阴离子促进 AP-1 活化和肿瘤转化。

膳食花色苷在胃肠道中发挥其主要的抗癌作用，它们在与黏膜直接接触时可以达到相对较高的浓度。例如，黑覆盆子阻止了用致癌物诱导的大鼠食管肿瘤的发展（*N*- 亚硝基甲基苄胺）。花色苷可以通过抑制 COX-2，诱导一氧化氮合成酶（iNOS）、血管内皮生长因子（VEGF）以及细胞增殖，调控炎症和血管生成相关的其他基因信使核糖核酸（mRNA）和蛋白质表达水平来发挥作用。结肠癌通过局部刺激发展，产生局部炎症反应和电解质失衡，导致 ROS 和 COX-2 水平升高，故花色苷也具有干预结肠癌发表的作用。花色苷在胃肠道中被吸收利用，它们通过与上皮细胞直接接触起到保护作用，并且可以预防或减少对上皮屏障的损伤以及抑制 COX-2 的蛋白质表达水平，从而抑制炎症，并淬灭局部细胞中的 ROS。

对人类的流行病学研究还没有提供关于花色苷抗癌作用的能够令人信服的证据。对 805 例口腔咽癌受试者和 2081 例无肿瘤的对照进行了病例对照研究，以检查花色苷摄入与癌症风险之间的关系。结果表明，花色苷摄入量与口腔癌或咽癌风险之间没有显著关联[32]。事实上，来自蔓越莓汁的膳食花色苷对从治疗个体中提取的白细胞的基础或诱导的氧化 DNA 损伤或细胞抗氧化状态没有影响。研究人员建立了一个由 25 名未接受过治疗的结肠癌患者组成的手术前模型，食用 60g/d（20g/ 次，3 次 /d）的黑覆盆子粉，持续 2~4 周。浆果治疗前后的活检结果表明，浆果降低了结肠肿瘤的增殖率，并增加了凋亡。

然而，在体外研究中，花青素已被证明在 10^{-6}~10^{-4}mol/L 的浓度范围可抑制恶性细胞生长、刺激细胞凋亡和调节致癌信号。对花青素作为混合物食用后在人体中的吸收情况的研究表明，它们在人体血液中达到 10^{-8}~10^{-7}mol/L 的水平，远远低于在体外表现出抗致癌作用所需的水平。因此，目前尚不清楚体内的浓度是否足以发挥抗癌作用以及它们是否本身就能发挥化学预防的功效[33]。

四、抗糖尿病和抗肥胖作用

2型糖尿病与胰岛素抵抗和相对胰岛素缺乏有关，其特征是高血糖水平。肥胖与能量摄入和消耗的不平衡有关，其特征在于脂肪组织的过度积累。花色苷可以调节血糖水平或通过胰腺β细胞诱导2型糖尿病的胰岛素产生，还可以通过减弱脂肪细胞功能障碍，从而预防肥胖和代谢综合征。

Jayaprakasam等证明，在4mmol/L和10mmol/L葡萄糖存在的情况下，花色苷刺激啮齿动物胰腺β细胞的胰岛素分泌[34]。例如，天竺葵素-3-半乳糖及其糖苷配基和天竺葵素在4mmol/L葡萄糖浓度下会使胰岛素分泌增加1.4倍。花色苷的摄入也可能有助于预防肥胖和改善小鼠的胰岛素抵抗。同样，在喂养高脂肪饮食的雄性小鼠中，与对照组相比，补充纯化的蓝莓花青素8周后，小鼠体重增加和体脂减少。相反，蓝莓整果制备的补充剂增加了肥胖，这可能是由于从整果中摄入了额外的热量。因此，只有纯化的花色苷才能有助于对抗肥胖，显著降低血清甘油三酯和胆固醇浓度，并显著增加高密度脂蛋白（HDL）浓度。与花色苷偶联的糖可以调节功能表达，但尚不清楚哪些花色苷分子结构负责“抗服从性”作用。

五、抗炎作用

炎症是血管组织对损伤、刺激物或兴奋剂的复杂生物学反应，与癌症或肿瘤的发生、发展和进展有关。炎症的刺激是由于将花生四烯酸转化为环氧化酶（COX）。

在体外，花色苷能够抑制多种细胞类型中COX-2、核因子κB（NF-κB）和各种白细胞介素（IL）的mRNA和/或蛋白质表达。花色苷及其苷元也可以抑制人类前列腺素合酶的活性。与阿司匹林相比，花色苷似乎具有更显著的抗炎作用，能将COX-1和COX-2活性分别降低52%和74%。飞燕草素和矢车菊素已被证明可以抑制COX-2表达，而天竺葵素、芍药色素和锦葵素则没有。飞燕草素抑制了MAPK的激活，该酶参与引导细胞对各种刺激（如有丝分裂原和促炎细胞因子）的反应。因此，具有邻二羟基苯基结构的花色苷能够通过抑制MAPK介导的COX-2表达而发挥抗炎特性。

六、抗菌作用

花色苷可以通过不同的机制产生微生物毒性，例如，它们可以引起细菌细胞的形态学损伤或破坏细胞壁、细胞膜和细胞内基质的结构完整性；还可能导致细胞变形、细胞壁破裂和细胞物质的膜缩合；花色苷通过氧化化合物抑制酶与巯基反应或与蛋白质的更多非特异性相互作用，导致其失活和功能丧失。此外，花色苷可能导致细胞质膜的不稳定、质膜的透化以及细胞外微生物酶的抑制。它们可能进一步通过剥夺微生物代谢和微生物生长所需的底物，产生直接影响，例如，越橘和蓝莓提取物对革兰阳性菌（单核细胞增生李斯特菌、金黄色葡萄球菌、枯草芽孢杆菌和粪肠球菌）和革兰阴性菌（弗柠檬酸杆菌、大肠杆菌、金黄色葡萄球菌和鼠伤寒沙门菌）的生长显示出抑制作用。此外花色苷及其代谢物还具有增强双歧杆菌属和乳酸杆菌 - 肠球菌属生长的作用，对肠道细菌产生正向调节作用。

第三节　花色苷的提取和纯化

一、传统提取方法

通常使用传统的提取方法对水果和蔬菜中的生物活性化合物（包括花色苷）进行提取，如浸渍、溶剂提取和索氏提取。然而，这些方法具有使用大量有机溶剂和提取时间长等缺点。此外，化合物提取困难、成本高、提取选择性低。提取方法能够影响极性、非极性或两者兼有的所需成分。因此，为了避免上述限制，在花色苷提取过程选择合适的方法非常重要。

（一）浸渍

浸渍法是一种简单的常规提取方法，可在室温下提取植物材料中的生物活性物质。该程序包括将植物材料浸泡在液体或选定的溶剂中，如水、油或有机溶剂，然后通过真空蒸发除去溶剂，从而使产品浓缩。浸渍法需要考虑的重要参数包括溶剂比例、温度和过程持续时间，尽管过程简单，但这种方法存在效率低且耗时的缺点。在 90min、37℃、溶剂 / 固体比（10∶1）和酸化溶剂［乙醇中的 0.1%（体积分数）HCl］的最佳条件下，提取得到 244mg/100g 鲜重的总花色苷。此外，在室温下使用 96% 乙醇浸渍 20h 后，提取得到浓度 >577.78mg/L 的紫玉米花色苷。

（二）溶剂提取

溶剂提取是用于提取花色苷的常规提取方法之一。水、甲醇、乙醇、丙酮或混合溶剂是该方法中常用的溶剂类型。从干燥的植物材料中分离花色苷化合物是基于它们在两种不同的不混溶液体中的相对溶解度差异。萃取的机制是通过让溶质分子分布在整个溶剂中来溶解溶质。

对于溶剂提取来说，正确选择溶剂至关重要，尤其是在选择性、溶解度、效率、成本和与溶剂相关的风险（食品安全、环境影响）方面。如选择 HCl 酸化乙醇作为提取过程中的溶剂，不仅符合食品安全要求，还可维持花色苷在暴露于 pH、热和光时良好的稳定性。而在提取率方面，在乙醇中添加 HCl 比乙酸更有效，HCl 可缩短提取时间并促进提取过程。提取过程中还通常使用甲醇，但由于毒性作用，研究人员已将其替换为乙醇。乙醇和水无毒且对环境友好，它们是首选的提取溶剂。

二、创新提取方法

为了克服传统提取方法的缺点，近些年来已经引入了新的提取方法。这些方法旨在提高提取效率和产量，且更环保、更符合工业使用。然而，目前它们还没有被大规模使用。在这些提取方法中，最常见的用于提取花色苷的技术有超声辅助提取（UAE）、微波辅助提取（MAE）、超临界流体提取（SFE）、加压液体提取（PLE）、高压液体提取（HPLE）、脉冲电场提取（PEFE）、高压放电（HVED）和酶辅助提取（EAE）。

（一）超声辅助提取（UAE）

由于样品组织中发生的空化现象，UAE 技术能够破坏细胞壁。超声波以压缩和稀疏过程形成的波的形式穿过液体，在液体中产生空化气泡。随着几次压缩和稀疏循环的重复，气泡的尺寸会增加，直至达到临界尺寸。然后，气泡破裂，以压力和温度的形式产生大量能量，破坏细胞壁，改善花色苷从植物细胞壁到溶剂的质量传输。超声辅助提取可以使用超声波浴（BUE）或超声波探头（PUE）进行。BUE 更经济且更易于处理，产生的能量在浴中分布不均匀，提取效率低。PUE 由连接到换能器的探头组成，探头浸入萃取容器中，以最小的能量损失将超声波分散在介质中。PUE 提供比浴缸系统更高的超声波强度，超声波能量集中在样品的特定区域，使提取效率更高。与沐浴系统相比，PUE 更适合生物活性化合物的提取。Sabino 等对 BUE、PUE 和加压液体提取（PLE）进行了比较，以确定哪种技术对花色苷的提取最有效；结果表明，这三种研究的技术提取得到相同类型的花色苷，与 PLE 和 BUE 相比，PUE 实现了花色苷的最大回收[35]。

温度和溶剂浓度是影响超声辅助提取花色苷效率的最重要条件。然而，一些研究表明，应用于提取的超声波功率或力和脉冲周期对花色苷的提取率有着重要影响。Ravanfar 等研究发现，时间、温度和超声波功率是影响红甘蓝花色苷提取率的最主要的参数，而超声波处理过程中的脉动没有显著影响[36]。Agcam 等[37]证明了超声波功率对于提高黑胡萝卜渣花色苷提取率的重要性，超声波处理和温度相结合具有协同作用，可以提高黑胡萝卜渣中花色苷提取物的产量。不同的研究均表明，超声功率是直接影响花色苷提取效率和产量的参数。

一般而言，与传统技术相比，UAE 具有能够增加提取抗氧化化合物的产量（至少增加 20%），增加提取物的抗氧化活性，提高抗氧化化合物的提取效率等优点。如从红甘蓝和无花果皮中提取花青素时，用 UAE 获得的产量比传统技术提取的更高。但是，Albuquerque 等进行的研究显示，当从树葡萄的果皮中提取花青素时，传统技术提取的产量（76mg/g）比 UAE（32mg/g）提取的产量高。他们将这些结果归因于在 UAE 提取中，溶剂和样品之间的搅拌比传统提取的少，即 UAE 的均匀化程度低[38]。上述结果表明，花青素的性质（如其花青素和糖分子）也可能是影响 UAE 提取效率的一个因素。

UAE 已被证明是一种提取花色苷的有效技术。然而，过长的提取时间会破坏这些生物活性化合物。近年来，超声辅助技术已被优化，以提高提取性能并减少时间和能源消耗。一种方法是脉冲超声辅助技术（PUAE），它不是连续应用超声波，而是间歇应用，产生的热量更少，节省了成本。Ultra-Turrax 可以产生窄而均匀的粒径分布，将 Ultra-Turrax 与超声辅助提取相结合——基于 Ultra-Turrax 超声辅助提取（UT-UAE），能够提高提取速度。另一项创新是离子液体与超声辅助提取的结合——基于离子液体的超声辅助提取（IL-UAE）。由于离子液体的高极性、高离子电导率和化学稳定性等特性，这种组合会产生协同效应，从而提高提取效率[39]。

花色苷在碱性 pH、高温和暴露在光线下时会降解和发生结构变化。花色苷的提取应避免样品暴露于这些因素；因此，与传统技术相比，建议使用更高效的提取技术，以避免花色苷变质。超声辅助提取使用空化过程增加固体基质和溶剂之间的传质，使溶剂容易渗透到固体基质中，允许在短时间内和低温下获得更高的产量。与传统的提取技术相比，这项技术不仅速度更快，而且它消耗的溶剂更少，更环保，成本更低，产量更高。此外，UAE 技术很简单并且不需要复杂的维护。在工业规模上，UAE 是一种有前途的技术，可以取代传统技术，因为它的提取时间更短、提取得率更高且操作温度更低。

（二）微波辅助提取（MAE）

MAE 技术使用微波区域中的电磁辐射能量。这种能量被溶剂和食物中的极性分子吸收，在分子中产生偶极旋转和离子迁移。微波选择性地作用于植物细胞，使基质中的水蒸发，从而在细胞壁中产生高压。这种效应会产生热量，引起细胞壁物理特性的变化，最终导致细胞壁破裂[40]。因此，溶剂更容易渗透到植物细胞中，有利于从细胞到溶剂的质量传递。在此过程中产生的热量从植物细胞内部转移到外部，与 UAE 中的方向相反。图 2-2 所示为微波辅助提取（MAE）设备的示意图，图 2-3 所示对离子传导和偶极子旋转产生的加热的解释。

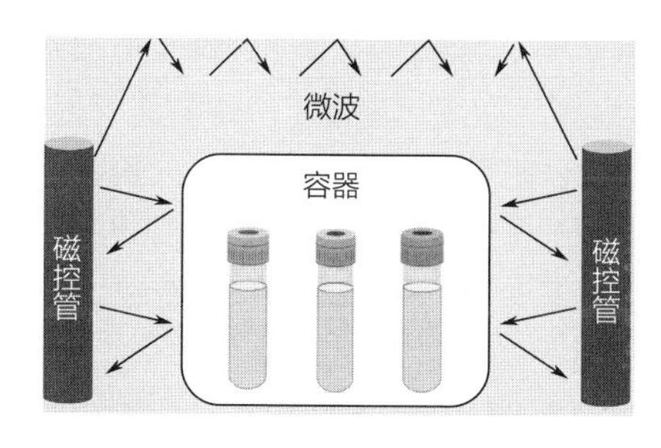

图 2-2　微波辅助萃取（MAE）设备示意图

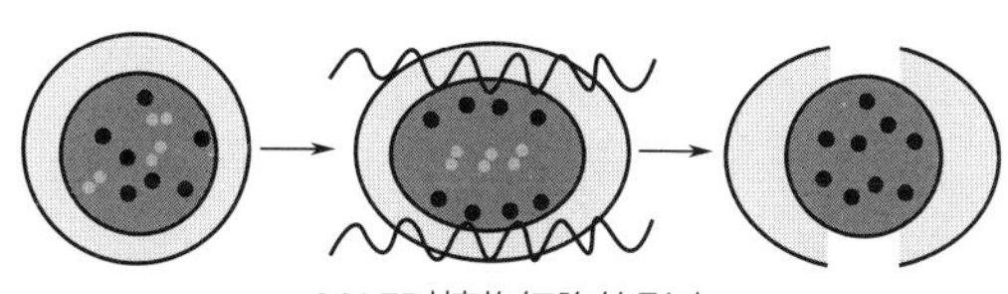

MAE对植物细胞的影响

1.由于内部水分加热而引起的细胞干燥。
2.由于内部温度和压力而引起的细胞拉伸。
3.细胞破裂释放生物活性物质。

图 2-3　通过离子传导和偶极子旋转对细胞进行微波加热如何导致细胞壁破裂示意图

Xue 等应用 MAE 从蓝莓中提取花色苷[41]。他们研究了微波功率对萃取率的影响，并观察到升高的微波功率对微波能量的分布几乎没有影响，但会增加容器中心位置的温度。他们得出的结论是，在 50.75℃的临界温度下获得了最高的花色苷产量，并认为控制微波功率有助于提高花色苷产量和微波能量的效率。Farzaneh 和 Carvalho 应用 MAE 从薰衣草中提取花色苷[42]。他们研究了微波辐照功率、辐照时间和液固比（L/S）对产量的影响。他们观察到，与用于获得最高抗氧化能力花色苷的那些提取方法相比，在更低的功率（300W）、辐照时间（107.3s）和更高的 L/S 比（34.807mL/g）下获得了最高的抗氧化活性。较高的辐照功率和时间会增加提取的产量，同时也会增加样品的温度，可能破坏热不稳定的抗氧化剂，降低样品抗氧化活性。微波功率和照射时间是影响提取过程的互补变量。高功率可以增加加热效果，减少微波照射时间并提高产量，但也可能引起热不稳定化合物的降解。

多项研究表明，与传统提取方法相比，MAE 持续时间更短，消耗的溶剂更少，提取率更高。此外，由于处理时间短，MAE 是一种节能方法。然而，该技术的主要限制是由微波能量引起的加热对花色苷特性的负面影响。

Odabas 和 Koca 采用了微波辅助水基两相萃取（MA-ATPE）技术从蔷薇果实中提取花色苷[43]，应用 MA-ATPE 与乙醇 / 硫酸铵水性两相系统同时提取和纯化花色苷。实验结果表明，使用 80% 乙醇时，MA-ATPE 的花色苷提取物的纯度高达 MAE 提取纯度的 1.65 倍[43]。无溶剂微波提取（SFME）是一种绿色技术，它利用植物细胞中的原位水来吸收微波能量并破坏细胞壁，可以作为提取类黄酮的替代方法。提取可以加压下进行，加压无溶剂微波提取（PSFME）这种技术已应用于从不同的基质（如洋葱或柑叶）中提取黄酮类化合物。Michel 等[44]利用 PSFME 从沙棘浆果中提取抗氧化剂，实验结果表明，与其他常规提取技术（如压制、浸渍和加压液体提取）相比，PSFME 可产生最活跃和最丰富的酚类提取物。

这种技术及其变体在溶剂消耗、提取时间和提取产量方面表现良好，它们可以被用作传统方法的替代品。从植物基质中提取天然成分作为食品成分，必须在最佳提取条件下进行，以促进工业规模的应用，与生产人造化合物的低经济成本竞争。MAE 的特性及其有效性不能以通用方式应用于所有的基质，需要针对每个特定情况进行特定优化。此外，一些因素可能会影响花色苷的稳定性，从而影响它们的降解率，因此，确定能够获得最大提取率的提取条件是十分必要的。然而，关于该技术在工业规模上应用的研究很少。因此，为促进 MAE 在食品和药品行业的应用，有必要研究与微波提取器设计相关的技术问题及其对从植物基质中分离生物活性成分的适用性。

（三）压力流体提取技术

除了在超声波或微波区域使用电磁辐射，加压提取是非常规方法中用于促进从植物细胞内部到外部的质量传递的另一种替代方法。在高压流体提取的情况下，已观察到提取时间和溶剂用量的减少。此外，施加的压力影响提取的选择性。目前，基于加压流体提取的不同技术已应用于花色苷提取。它们可以分类如下：超临界流体提取（SFE）、加压液体提取（PLE）和高压液体提取（HPLE）。

1. 超临界流体提取（SFE）

SFE 通常使用超临界 CO_2［临界温度（*CT*）=31.3℃；临界压力（*CP*）=7386.6kPa］作为溶剂，是可持续的绿色提取技术，在过去几十年中得到了广泛应用。该技术 CO_2 无毒、价格低、可保护提取物免受大气氧化的影响。这种技术使用的溶剂是非极性的，需要添加助溶剂来促进极性化合物的萃取，最常用的助溶剂是乙醇、甲醇和醇的水溶液，浓度在 1%~15%（体积分数），通常 SFE 和 PLE 在中高压下进行。然而，SFE 在高于临界点的温度和压力下使用溶剂进行操作，而 PLE 则基于正常沸点的温度下使用液体。基本上，SFE 提取过程包括两个基本阶段：①化合物被超临界流体提取；②通过压力和 / 或温度的变化迅速去除流体。

因此，SFE 是一种有效的提取花色苷的绿色技术。与其他在低压下进行的萃取方法相比，这种萃取方法使用的溶剂量要小得多。此外，该技术可以获得更高抗氧化活性的提取物，并具有更高的效率、选择性和更短的提取时间。Pazir 等 [45] 以红葡萄渣为原料，使用 CO_2 和乙醇提取 80min 后得到 36% 的花色苷。

目前认为超临界流体萃取的应用成本太高而无法大规模实施，但对其可行性的研究表明，超临界流体萃取优化后的工作参数（主要是压力和温度）与传统的提取工艺相比具有一定的竞争力。未来应该进行更多的研究来优化影响提取效率的其他参数。由于传质可能会受到食物基质性质的影响，未来的研究应侧重于优化不同几何形状的植物材料的提取时间。此外，应结合萃取时间优化助溶剂的类型和流速，以提高萃取的成本效益。最后，需要进一步研究用以降低工业规模提取的成本。

2. 加压液体提取（PLE）

PLE 也称为加速溶剂提取，基于在室温 200℃的温度和 3500~20000kPa 的压力下使用溶剂，能够从各种天然基质中相对容易地提取生物活性化合物。在高压下，溶剂在高于其沸点的温度下保持液态，有利于提高活性物质的溶解度。当使用的溶剂是水时，该技术被称为亚临界水提取（SWE）。这些类型的提取在加速溶剂提取器中进行。

SWE 方法已被用作一种经济、绿色和可持续的提取工艺，用于提取不同天然基质中的花色苷。应优化温度、压力、静态时间和循环次数等实验条件，以获得最大的提取率。Wang 等 [46] 采用 SWE 从树莓中提取花色苷，通过优化压力、温度和时间以达到最高提取率。当 SWE 在 7000kPa 和 130℃的温度下进行 90 min 时，总花色苷的含量最高（8.15mg/g）。并且结果表明，通过 SWE 从树莓中提取的花色苷的提取效率和抗氧化活性显著高于传统的热水或甲醇提取的花色苷提取率和抗氧化活性。Kang 等 [47] 还优化了 SWE 从蓝莓和苦莓中提取花色苷的最佳提取条件。他们选取了温度（110、130、150、170、190、200℃）、萃取时间（1、3、5、10min）和溶剂的 pH（水和 10g/L 柠檬酸）进行优化。他们得出结论，对于两种天然基质，蓝莓的最佳提取条件是 130℃、3min，苦莓的最佳提取条件是 190℃、1min，压力均为 10000kPa。

总之，与传统提取方法相比，SWE 是一种绿色、更快、更有效的花色苷提取方法。因此，SWE 用于花色苷的提取是可行的，并且可以很容易在工业规模上实施。

3. 高压液体提取（HPLE）

HPLE 包括高静水压力提取（HHPE）、超高压提取（UHPE）和高压处理提取（HPPE）的技术。这些技术的特点是使用比 PLE 更高的压力，使溶剂保持在其沸点以上，进一步减少了所用溶剂的量和提取时间。后一个优势与样品较少直接暴露于高温相关，这有利于提高提取物的质量。这些技术使用的压力为 100~800MPa，甚至超过 1000 MPa，使溶剂更好地渗透到细胞膜中，提高生物可及性。研究表明，静水压力越高，释放的成分越多，提取率越高。HPLE 的主要缺点是获得更高压力所需的能量成本较高，目前，工业级的高压限值为 600MPa。

Briones-Labarca 等 [48] 表明，与传统提取方法相比，应用 HHPE 从废弃蓝莓中提取生物活性化合物可增加花色苷、多酚和黄酮类化合物的含量，以及 1,1- 二苯基 -2- 三硝基苯肼（DPPH）和 FRAP① 的抗氧化能力。此外，与传统技术相比，花色苷的提取率从 15.1% 增加到 39.4%，HHPE 使用更少的溶剂体积、更短的时间，提高了天然基质中的生物活性化合物的可提取性和抗氧化能力。

（四）脉冲电场提取（PEFE）

PEFE 是另一种新颖、环保的细胞膜透化技术，它使用电脉冲分解植物的细胞壁。研究表明，在施加高压电脉冲期间温度的增量不高于 10℃。因此，该技术也可以归类为非热提取方法，这使其成为提取花色苷等不耐热生物活性化合物的理想技术。脉冲电场技术分为在室温下以间歇模式应用 0.1~0.3kV/cm 的中等至高电场强度的短持续时间脉冲和以连续模式提取 20~80kV/cm 的短持续时间脉冲两种。PEFE 加工的基本原理基于电气工程、流体力学和生物学领域的创新概念。PEFE 在生物细胞中的应用是基于电透化原理，通过外部电力增强细胞膜的渗透性。将生物样品放置在电极之间，并施加几微秒到几百微秒的高压电脉冲，产生的电场能够在细胞膜上诱导亲水孔的形成，从而打开蛋白质通道，这个过程被称为“电穿孔” [49]。施加在细胞样品上的强电场引起了膜两侧带相反电荷的离子的积累。当跨膜电位超过约 1V 的临界值时，带电分子之间的排斥导致膜厚度减小和小分子透化。当通过电极施加高压电脉冲时，样品每单位电荷都会受到称为“电场”的力，使膜细胞失去其结构功能。取决于电场强度和治疗强度，透化分为可逆的或不可逆的两种。为了在植物软组织中获得良好的提取效果，应施加 0.1~10kV/cm 的电场强度。然而，为了从可能发生木质化的种子和茎秆中获得良好的提取效果，应施加高达 20kV/cm 的电场强度。

应用 PEFE 提取生物活性化合物，应优化不同的参数以提高提取效率。最重要的参数是曝光时间、电场强度和脉冲的总比能量输入。研究表明，腔室的大小也会影响提取

① FRAP：是 ferric ion reducing antioxidant power（或 ferric reducing ability of plasma）的缩写，即铁离子还原 / 抗氧化能力法。——编者注

物的产量。因此，具有较大直径的腔室需要大量的脉冲并增加停留时间，允许以连续模式工作。而影响提取效率的另一个因素是过程的初始温度。

（五）酶辅助提取（EAE）

EAE是一种基于生物技术进入细胞内部并提取生物活性化合物的策略。EAE已使用多年，并随着时间的推移而得到改进。该技术具有以下优点：①酶具有高选择性和高效性；②在适度的压力和温度条件下进行提取；③具有破坏或降解细胞壁的特性；④是一种绿色技术。今天，酶催化技术的进步、酶的可用性和多样性以及日益增加的环境限制，使这项技术成为工业应用的潜在工具。

酶通过削弱植物细胞壁来提高提取率，其单独应用也可以作为其他提取方法的附加工具。为了释放植物细胞中储存的生物活性化合物，酶必须跨越几个障碍：细胞外细胞壁、细胞壁和油质体。这些障碍都由细胞自身的成分组成，由特定酶自然合成和水解。用于水解植物细胞壁的最常见酶可分为四个不同的家族：纤维素酶、半纤维素酶、果胶酶和蛋白酶。前三个家族可以单独使用也可以组合使用，每一种酶对细胞壁都有不同的作用。因此，可以根据所应用的酶来实现不同生物活性化合物的选择性提取。纤维素酶、半纤维素酶、果胶酶和蛋白酶已被用于增强和加速各种植物材料的色素提取，与传统的乙醇提取相比，能够更快、更高效地提取色素。然而，蛋白酶必须与其他酶家族分开使用，因为它们能够水解酶蛋白，降低或消除酶混合物的比活性。EAE中应用的酶可以从不同的天然来源获得，如细菌、真菌、蔬菜和水果提取物或动物器官。根据酶的来源，它们具有不同的特性并在不同的条件下起作用。因此，一般来说，动物酶的变性温度为40~45℃，而微生物产生的酶的变性温度超过60~65℃。然而，一些酶是耐热的，可以在几分钟内耐受超过100℃。目前，市场上可以买到不同的商业酶。

EAE及其不同的组合，如UAE，能够提高花色苷的提取率，并具有上述许多优点。酶的使用有一些应考虑的商业和技术限制。酶成本和工艺能量很高，酶活性高度依赖于pH、温度和底物可用性，需要测试和优化酶制剂的不同组合。这些因素影响EAE的应用，因此，需要进一步研究以改进其在工业规模上的应用。

三、提取物的纯化方法

提取物中存在的其他营养成分，包括糖、有机酸、氨基酸和蛋白质，会干扰花色苷的稳定性，干扰物的去除很重要。从固相萃取（SPE）到现代色谱方法的各种技术已用于花色苷的分离纯化[50]。

（一）固相萃取（SPE）

SPE是利用选择性吸附与选择性洗脱的液相色谱法分离技术。Kerio等[51]用C18

固相萃取对肯尼亚茶叶中的花色苷进行提取，红茶中花色苷浓度由124.5μg/mL上升到590μg/mL。与液液萃取相比，固相萃取采用具有高选择性的吸附剂（固定相），显著减少溶剂的用量，节约成本。

（二）逆流色谱（CCC）

CCC技术运行一次可以获得数百毫克样品，可用于大量样品的纯化。其原理是，在温和的条件下将两种不混溶的液相分离。应用高速逆流色谱法能够从大量的植物和水果中分离纯化花色苷。逆流色谱技术不需要昂贵的色谱柱，仅需要通过水、乙醇、乙腈和丁醇等溶剂产生温和的操作条件。因此，这种方法非常经济高效，适合工业用途。

第四节 花色苷的氧化降解与稳定化

一、花色苷在食品加工和贮藏过程中的变化

食品加工过程会影响花色苷的稳定性和生物活性。在过去几年，许多研究试图评估不同的加工技术或烹饪过程对食物中花色苷稳定性、抗氧化能力和生物活性的影响。图2-4总结了一些处理对花色苷稳定性的影响。

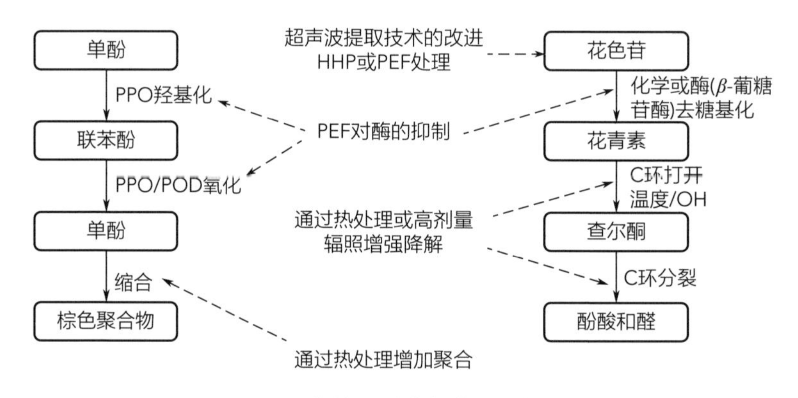

图2-4 一些处理对花色苷稳定性的影响

注：PEF：脉冲电场；HHP：高静水压；PPO：多酚氧化酶；POD：多酚过氧化物酶。

（一）酶和非酶促反应的影响

花色苷的降解可能是由于植物组织中的酶（如糖苷酶、多酚氧化物酶和过氧化物酶）的反应而引起的。糖苷酶会分解花色苷产生花色苷和糖，花色苷的化学结构非常不稳定

会迅速降解。多酚氧杂环己烷酶或过氧化物酶会催化邻二氢苯酚氧化为邻醌，邻醌进一步反应生成棕色聚合物。因此，可以通过漂烫来灭活这些酶，以减少色素损失。

此外，非酶促因素也会影响花色苷的颜色和稳定性，并增加花色苷降解酶的敏感性。花色苷的稳定性与羟基的数量有直接关系，与甲氧基的数量有间接关系。B环羟基化水平越高，花色苷越不稳定[52]。在水溶液中，花色苷分子以有色阳离子形式和水合形成的无色半缩酮之间的平衡存在。与未酰化的花色苷相比，酰化花色苷不易水合，可以稳定阳离子形式并在较高的pH下保留更多的颜色。此外，它们对其他不稳定因素（如热或光）有较强的抵抗力。

（二）热加工的影响

食品的热处理温度范围为50~150℃，具体取决于产品的pH和所需的保质期。研究表明随着高温处理时间的增加，花色苷含量呈对数下降[53]。花色苷的稳定性还受产品和工艺固有特性的影响，如pH、花色苷的化学结构和浓度、光、氧气、酶或金属离子的存在。研究发现，接骨木莓花色苷对95℃的热处理敏感，并且在加热3h后保留率仅为50%[54]。漂烫（95℃，3min）与巴氏杀菌相结合，导致蓝莓和覆盆子果泥的总花色苷含量下降了43%，而聚合色素的含量从1%增加到12%[55]。来自厄瓜多尔的传统草药饮料horchata的水醇提取物中检测不到花色苷，可能是由于花色苷的热稳定性差[56]。Volden等发现，漂烫、煮沸和蒸煮处理分别使红甘蓝的花色苷含量下降59%、41%和29%[57]。然而，Kirca等[58]报道说，黑胡萝卜花色苷在70~80℃条件下比较稳定。

（三）氧气的影响

氧气在花色苷稳定性中也起着关键作用。氧气可以通过直接氧化机制或涉及氧化酶作用的机制加速花色苷的降解。多酚氧化酶（PPO）可以参与花色苷的降解，PPO可以催化邻二酚（如绿原酸）氧化成相应的邻醌，其可与花色苷反应产生棕色缩合产物[59]。过氧化物酶也能使蓝莓汁花色苷降解[60]。

（四）非热加工的影响

非热加工技术是在亚致死温度下有效的保存处理，能够最大限度地减少高温对食品营养和品质的负面影响。本书总结的非热加工技术包括高压处理、脉冲电场、超声波和辐照。

1. 高静水压（HHP）

HHP是一种非热加工技术，使产品经过100MPa以上的高静水压处理可使微生物和酶灭活，与热处理相比，HHP对食品的营养和品质影响更小。然而，HHP对水果和水果产品中花色苷降解有关酶（如PPO和β-葡萄糖苷酶）的影响，取决于加工参数（即压力、温度和时间）和水果的物理化学性质。用HHP（600MPa，4min）处理的浑浊和清澈的草莓汁在4℃或25℃下贮藏6个月后，总酚、抗坏血酸、总花色苷和花色苷单体（天竺葵素-3-*O*-葡糖苷和矢车菊素-3-*O*-葡糖苷）含量明显减少。对紫色蜡质玉米果核也进行了类似的研究，通过TEAC①、FRAP和ORAC方法评估的多酚、花色苷和TAC在HHP处理（250~700MPa，30~45min）和蒸煮（95℃，15min）后大量损失[61]。

2. 高压脉冲电场（PEF）

PEF处理是在短时间内（<1s）对置于2个电极之间的流体食品施加高电压脉冲（通常为20~80kV/cm）。已经证明PEF对各种微生物和酶是有效的，而且不会造成明显的味道、颜色和生物活性化合物的损失。与传统方法以及HHP相比，PEF可以提高花色苷的提取率。在PEF处理过程中，花色苷的含量会受到极性、处理时间和使用频率的影响。酶的部分失活有助于提高PEF加工果汁中花色苷在贮藏期间的稳定性，如β-葡萄糖苷酶、多酚氧化酶和过氧化物酶。PEF预处理可以增加葡萄果汁中的花色苷释放量（锦葵色素-3-*O*-葡糖苷提高224%），还可以提高总多酚含量（+61%）、维生素C含量（+19%）和TAC（通过DPPH测定评估+31%），这种技术处理还能提高花色苷的生物活性[62]。

3. 辐照

辐照将食品暴露于电离能量源，即伽马射线（钴60）、X射线或电子。与热加工相比，低剂量辐照引起的食品营养和感官质量损失几乎可以忽略不计。较高剂量（3.5~10kGy）的辐照可能会引起果蔬中花色苷含量的锐减。辐照对花色苷的影响取决于花色苷的性质：与单糖苷相比，双糖苷相对稳定。

4. 超声（US）

超声是一种有前途的热处理替代技术。与传统的提取方法相比，应用超声辅助提取可以使生物活性化合物的提取率提高6%~35%。超声处理明显增加了酸樱桃汁中总花色苷、总多酚和TAC的含量，并破坏了大肠杆菌O157：H7的生长，表明超声处理有利于酸樱桃汁的保存[63]。超声波也可以用作加速蓝莓酒陈酿的非热技术，能够改善风味。低频功率US处理（180W，20min，2个周期）改善了蓝莓酒的颜色，降低了色差，并且抗氧化活性没有受到影响[64]。由于空化作用，过高的超声功率会使花色苷含量下降。

5. 臭氧处理

在食品工业中，臭氧处理（通过臭氧气体处理或用臭氧水清洗）已被应用于新鲜果蔬。由于臭氧的强氧化活性，臭氧处理会导致抗氧化物质的损失，例如，果汁的臭氧处理会使花色苷含量显著降低。据报道，臭氧剂量为7.8%（质量分数）、持续处理10min使黑莓汁中的矢车菊素-3-*O*-葡萄糖苷和草莓汁中的天竺葵素-3-*O*-葡萄糖苷的含量都减少了90%以上。臭氧处理过程中花色苷的降解可能是由直接氧化或与二次氧化剂（如·OH、·HO_2或·O_2^-）的间接反应引起的。这些自由基剂可能与被电子供体（如OH）取代的芳香族化合物发生亲电和亲核反应，在正交和对位的碳化合物上具有高电子密度。

① TEAC：是trolox equivalent antioxidant capacity的缩写，是根据化学物质trolox（一种维生素E的结构类似物）对自由基的清除能力来衡量其他物质的抗氧化能力，即trolox当量抗氧化能力。——编者注

（五）贮藏条件的影响

在生鲜产品的加工和商业化过程中，颜色是影响消费者选择的主要特征，能够反映水果的新鲜程度。许多研究表明，花色苷在贮藏过程中会降解。Hager 等[55]观察到，黑树莓果汁中的总花色苷含量在贮藏期间线性下降，在 6 个月的贮藏期内损失 >60%。Srivastava 等[65]也报告说，蓝莓果汁在 23℃下贮藏 60 d 后只有 50% 的原始花色苷保留。同样，Hager 等还发现，贮藏 6 个月后，蓝莓果泥中花色苷含量下降超过 50%[55]。已有多项研究证实，聚合色素的增加与花色苷损失之间存在联系，并能够通过不同的机制来解释这一联系，如花色苷与其他酚类化合物的缩合反应。Ngo 等报道[66]，在室温下草莓糖浆罐头中的花色苷总量在 60d 内下降了 69%，水果和糖浆中的聚合物颜色值分别从 7.2% 增加到 33.3% 和 27.4%。Chaovanalikit 等[67]研究发现，贮藏 5 个月后，冰樱桃中的花色苷大量损失，在此期间聚合物的色度值显著增加，这可能是由多酚氧化酶活性引起的。在罐头产品贮藏过程中花色苷损失的另一个原因是它们通过去糖基化释放出苷元，该苷元进一步分解成羟基苯甲酸。

Kirca 等[68]还注意到贮藏温度对黑胡萝卜汁中花色苷稳定性有显著影响，在 37℃时花色苷含量下降得非常快，而冷藏贮存过程中花色苷含量下降得较少。在室温或 4℃下贮藏 7d 后，荔枝果皮的总酚含量（分别为 37.8% 和 20.2%）、花色苷（47.8% 和 24.2%）和 ORAC 值①（23.4% 和 17.6%）均显著降低。2,20- 偶氮二（2- 脒基丙烷）二盐酸盐处理的 HepG2 细胞实验结果表明，经过室温和 4℃下贮藏，荔枝提取物抗氧化活性分别降低了 66.0% 和 58.7%，表明冷藏可有效减缓生物活性化合物的降解[69]。有趣的是，将冷冻蓝莓在 –18℃下贮藏并进行 DPPH 和 2,2- 联氮 - 二（3- 乙基 - 苯并噻唑 -6- 磺酸）二铵盐（ABTS）测定评估，在前 3 个月中，蓝莓的抗氧化活性显著增加，到 6 个月贮藏期结束时显著下降[70]。同时研究者还发现，经过在 4℃贮藏 10d，冷藏蓝莓汁抗氧化活性下降约 40%。研究者认为，花色苷（矢车菊素 -3-*O*- 葡萄糖苷、矢车菊素 -3,5-*O*- 二葡萄糖、飞燕草素 -3-*O*- 葡萄糖苷、天竺葵素 -3-*O*- 葡萄糖苷和锦葵素 -3-*O*- 葡萄糖苷）的损失可能是由于与食物基质中存在的其他酚类化合物发生氧化或缩合反应[70]，而低温和惰性气体的结合有利于延缓花色苷的降解。在这些条件下，花色苷转化为棕色化合物可能是由于糖和抗坏血酸的降解产物的反应是[71]，因此建议果汁在开封后的 48h 内食用，有利于发挥果汁中多酚抗氧化剂的潜在健康益处。

二、花色苷的稳定化手段

（一）共色素沉着

共色素沉着是抵抗高温、光照和氧气，稳定花色苷的有效方法。共色素沉着是花色

① ORAC 值：ORAC 是氧化自由基吸收能力（oxygen radical absorbance capacity）的缩写，氧化自由基吸收能力又称为抗氧化能力。——编者注

苷与无色或淡黄色共色素相互作用形成复合物以稳定结构的重要方法。分子内和分子间共色素沉着、金属络合和自缔合是提高花色苷稳定性的有效措施。

分子内和分子间配合物可以通过共价键、氢键、范德华力和络合生成。这些复合物避免了相关基团的水合转化反应，并显著增强了稳定性和颜色强度。花色苷和酰基芳香族残基形成层状“夹心”结构的分子内共色素沉着是由与不同基团的折叠、旋转和堆叠的三级结构相关的疏水力构成的。同时，共色素沉着可以防止核心基团在 C2 和 C4 位点与亲水物质发生反应，以避免发色基团降解和进一步脱色。目前，共聚色素的主要成分是有机酸、氨基酸、酚类、黄酮类、金属离子和花色苷本身。分子内共色素沉着对葡萄花色苷的稳定性和呈色也具有积极影响。此外，共色素沉着可以通过添加类黄酮、多酚、氨基酸、肽和蛋白质来增强富含花色苷食品的贮藏稳定性，延长其保质期。

共色素沉着被广泛用于增强富含花色苷的食物的颜色和稳定性。紫罗兰素和黄酮醇 -3-*O*- 糖苷的共色素沉着是使花瓣呈蓝色的主要机制。共色素沉着在富含花色苷的浆果酒综合开发中得到广泛应用。例如，黑莓酒的颜色增强和花色苷的良好稳定性归功于 π-π 堆积、氢键和范德华力的共色素沉着。花色苷共色素沉着具有良好的呈色特性，展现了将花色苷开发为色素的潜力。

（二）金属络合

金属络合作为共色素沉着的另一种形式，能够稳定来自水果的色素物质，如草莓、蓝莓和乌莓。复合物生成的机制为花色苷与邻苯二酚或邻苯三酚同时捕获来自金属离子的两个质子。常见的金属离子类型是钠（Na^+）、铁（$Fe^{2+/3+}$）、铝（Al^{3+}）、镁（Mg^{2+}）和锌（Zn^{2+}）。

花色苷与 Fe^{3+} 和 Fe^{2+} 的复合物具有增色性和稳定性。花色苷与铁螯合可以显著提高其热稳定性和贮藏稳定性。Tachibana 等[72]证明，在花色苷 -Fe^{3+} 复合物中加入共聚物（如硫酸软骨素、海藻酸盐和低甲氧基果胶）可以有效地促进矢车菊素 -3-*O*- 葡萄糖苷和飞燕草素 -3-*O*- 葡萄糖苷向高色度转变。此外，在 Ca^{2+}、Mg^{2+}、Zn^{2+}、Cu^{2+} 和 Al^{3+} 与紫甘薯花色苷形成的金属络合体系中也发现了增色效应。

（三）自结合

自结合为两个或多个花色苷分子的聚集现象，能够有效提高花色苷的稳定性。当花色苷的浓度超过 0.1mmol/L 时，就会发生自结合。花色苷分子垂直堆叠自结合形成复合物，并通过其芳香核内的疏水相互作用而稳定存在。花色苷分子的垂直堆积是一种手性（螺旋）聚合，主要以左旋轴排列。花色苷的浓度、类型、B 环中的羟基位置以及 C3 或 C5 位置的葡萄糖基等因素会影响花色苷的自结合程度和稳定性。

自结合的程度与 B 环的甲氧基化程度呈正相关，在 C3 和 C5 位置上的甲氧基取代可以显著提高自结合力并加深颜色，C3 位上羟基的自结合力较弱，C5 位上羟基的自结合力较强。自结合和分子间的共色素化之间存在竞争，自结合会受到花色苷和共色素的相对浓度的影响。矢车菊素-3-*O*-香豆酰葡萄糖苷和矢车菊素-3-*O*-葡萄糖苷之间容易发生自结合。Fernandes等[73]发现，酰化的花色苷具有更强的自结合亲和力，产生更强的疏水π-π相互作用并形成复合体。红酒或桑葚酒模型中花色苷的呈色机制是花色苷分子间的自结合。自结合可以显著提高花色苷之间相互作用的稳定性，提高花色苷提取物的浓度和纯化率。自结合被认为是应对花色苷稳定性挑战的有效方法之一。

1. 化学酰化

化学酰化是维持花色苷稳定性的有效方法。酰化剂、催化剂和反应条件是影响酰化效率的关键因素。脂肪族羰基酸是参与化学酰化的常用酰化剂，包括乙酸、草酸、庚烷酸和月桂酸。例如，随着脂肪族羰基碳链长度增加，酰化修饰的花色苷的耐高温和耐强光能力增强。酰化反应的主要机制是酸性条件下酰基和发色团之间的π堆积相互作用。同样，顺式/反式构型对酰化效率有很强的影响。Sigurdson等[74]证明，在整个pH范围内，顺式酰化异构体伴随着颜色增强，可保护分子免受水合作用。因此，顺式酰化是提高花色苷稳定性的常用方法。

化学酰化可以提高花色苷的稳定性，从而扩大花色苷在食品工业中的应用。然而，化学酰化反应存在许多缺点，包括选择性低、环境污染和不确定的酰化结构。化学酰化很难在花色苷的特定位置实现，其通过非靶向结合阻断花色苷的活性酚羟基，抑制花色苷的抗氧化能力。此外，与酶酰化相比，化学酰化更难形成特异性的酰化产物。酶酰化有望解决方向性低和选择性差的问题。综上所述，酶酰化是比化学酰化更有效的方法，可增强花色苷在应用中的稳定性。

2. 酶酰化

酰化酶作为催化剂，有助于在特定基团上实现高特异性和提高靶点催化效率，从而在温和条件下进行酰化反应。花色苷酰化主要发生在具有催化剂和选择性酰基供体的植物细胞的细胞质中。酰基转移酶和Novozym 435脂肪酶催化剂参与酶酰化。酶促酰化的前提条件除酰基转移酶和Novozym 435脂肪酶外，还需要活化的酰基供体和合适的反应条件，包括酰基辅酶A①、酰基葡萄糖、pH、温度和能量。酶促酰化需要脂肪酸、芳香酸及其脂质衍生物作为花色苷的酰基供体。Yang等[75]证实，酶酰化提高了热稳定性和亲脂性，增强了颜色，抑制了脂质过氧化并提高了酰化衍生物合成转化率。此外，使用固定化南极念珠菌（*Candida antarctica*）脂肪酶B的Novozym 435作为生物催化剂，芳香酸及其衍生物（包括苯甲酸甲酯、水杨酸甲酯和肉桂酸甲酯）显著提高了花色苷的热稳定性和光电阻率。

（四）生物合成

花色苷的合成是一个复杂的过程，可能受到多种因素的影响。花色苷的合成途径主要分为以下两个步骤，包括从苯丙氨酸转化为4-香豆酸辅酶A，并将4-香豆酸辅酶A

① 辅酶A：coenzyme A，简称CoA。——编者注

和丙二酰辅酶A作为前体，在花色苷合成相关酶的作用下通过类黄酮途径形成稳定的花色苷，如查耳酮合酶（CHS）[76]、查耳酮异构酶（CHI）、二氢黄酮醇-4-还原酶（DFR）、花色苷合成酶（ANS）和类黄酮葡萄糖基转移酶（UFGT）。此外，参与花色苷合成酶表达的MYB①、螺旋-环-螺旋基元（bHLH）、WD40重复序列（WDR）等转录因子可间接干扰花色苷的合成过程。除了相关的合成酶和调控基因，物理、化学和生物因素对花色苷的合成至关重要，如光、温度、矿物质、乙烯和激素。因此，通过改变/插入相关的合成酶或基因进行生物合成可以提高花色苷的稳定性。Konczak等[77]采用甘薯细胞培养物获得稳定性、生理活性和含量高的花色苷，从而验证了通过基因修饰稳定花色苷的假说。Sasaki和Nakayama[78]插入黄酮-3′,5′-羟化酶基因，促进蓝花色苷的合成，诱导C7多酰化反应，使花瓣呈稳定的蓝紫色。最近鉴定发现的大量生物合成转录因子能够丰富并改变花色苷的合成和修饰途径。综上所述，生物合成是提高花色苷稳定性的有效方法。

（五）包封

包封技术是一种改善花色苷稳定性和生物利用率的有效手段。通过喷雾干燥进行包封一直是稳定花色苷的主要方法，可以提高其贮藏稳定性。天然胶质、蛋白质和多糖（如不同葡萄糖当量的麦芽糊精、菊粉和改性多糖）等是包封花色苷的常用乳化剂。正确选择乳化剂对于提高包封率和改善活性化合物的贮藏稳定性及在食品和胃肠道中的释放特性非常重要。使用果胶和壳聚糖作为壁材，采用静电自组装方法制成的越橘花色苷纳米载体在贮藏过程中表现出良好的稳定性[79]。Mueller等[80]探讨了乳清蛋白或柑橘果胶包封对覆盆子花色苷提取物生物利用率和肠道可及性的影响。与未包封的花色苷相比，包封增加了花色苷生物利用率，但不同包封材料对花色苷生物利用率的改善效果不同。乳清蛋白包封能够提高花色苷的短期生物利用率，改善胃部吸收。相比之下，柑橘果胶微胶囊能够改善花色苷在肠道的稳定性，却不能调节花色苷的吸收。

1. 微胶囊化减少花色苷与环境因素的反应

微胶囊化可以将嵌入的材料与外部环境隔离，有效地减少或减轻生物活性物质与环境因素之间的反应，从而提高生物活性物质的吸收率、稳定性和生物利用率，掩盖其令人不愉快的味道并提升食品质量。微胶囊的稳定性、渗透性和嵌入效率主要取决于壁材的类型。壁材的基本特征包括乳化、成膜、水溶性和高稳定性等特性，特别是不与芯材反应。此外，单一材料作为壁材可能不具备包封所需的所有特性。理想的微胶囊壁材应具有稳定性好、包封率高、价格低的特点。可以是不同比例组成的复合材料，如碳水化合物与蛋白质和多糖的混合物。

包封可提高花色苷稳定性，并最大限度地减少其与环境因素（如光、氧和有机酸）的直接接触。用于制备花色苷微胶囊的典型壁材包括碳水化合物（麦芽糖糊精、β-环糊精、壳聚糖和淀粉）、蛋白质（分离大豆蛋白、乳清蛋白和豆浆）和水溶性树胶（阿拉伯树

---

① MYB：植物转录因子MYB是近年来发现的一类与调控植物生长发育、生理代谢、细胞形态和模式建成等生理过程有关的转录因子，在植物中普遍存在，同时也是植物中最大的转录家族之一。——编者注

胶和明胶）。麦芽糊精具有良好的溶解性和较高的包封率，能够包封花色苷，避免热、光和其他环境因素的影响。乳清蛋白是一种常见的微胶囊壁材，花色苷微囊化能够保护花色苷免受胃消化，并控制其在肠道中的释放。此外，酵母细胞有坚固的细胞壁和足够大的比体积，能够用来捕获和稳定活性物质。Tan 等[81]制备了负载花色苷的酵母胶囊，并结合逐层沉积建立了新型递送系统，能够克服保留效率低和爆破释放的缺点。负载花色苷的酵母胶囊的双重包衣具有良好的包封率和出色的耐环境应力性。微囊化花色苷具有良好的抗氧化能力，较好的半衰期和更好的耐热和耐光稳定性。作为一种有效的贮藏方法，微囊化可以用于富含花色苷的功能食品的开发。

2. 脂质体作为有效载体系统

脂质体可用于包封价格昂贵的活性成分，如花色苷、姜黄素等。脂质体的水相能够捕获水溶性物质，而脂溶性物质嵌入油相中。脂质体可以作为花色苷的有效载体系统，在富含花色苷食品的应用中发挥着至关重要的作用。用脂质体包封的花色苷复合物能够抑制抗坏血酸对花色苷的降解，并改善储存稳定性。此外，负载花色苷的脂质体能够改善 ROS 清除活性和皮肤渗透性。脂质体的制备方法包括水合、超声波分散、磁力搅拌和超临界方法。然而，传统的脂质体制备方法包封率低，难以从系统中去除有机溶剂。Zhao 等[82]最近应用超临界二氧化碳技术解决了花色苷负载脂质体制备中的难题。超临界二氧化碳技术无毒且环保，在不使用有机溶剂的情况下表现出优越的特性。因此，超临界二氧化碳技术在包封亲水和两亲性生物活性组分（如食品中丰富的花色苷）的脂质体加工中表现出巨大的潜力。

3. 纳米粒子改善花色苷的稳定性及生物利用率

生物聚合物纳米颗粒由一种或多种类型的聚合物组装而成，具有胶体结构，可以在食品工业中应用。微胶囊的一些壁材，如壳聚糖及其衍生物，也可以用于制备花色苷纳米颗粒，以有效保持花色苷的稳定性。与花色苷相比，花色苷纳米颗粒具有更强的抗热、耐光和抗坏血酸破坏能力。纳米颗粒在模拟胃 / 肠液中实现了花色苷的持续释放，并具有良好的稳定性以及生物利用率。Yao 等[83]使用两亲性肽制备花色苷包封颗粒，增强了花色苷的稳定性和耐受性。此外，负载花色苷的纳米颗粒能够稳定抗氧化剂并有效抑制肿瘤生长以提高治疗效果。纳米颗粒能够改善花色苷低生物利用率和稳定性，是实现将花色苷作为原料应用于食品的理想途径。

第五节 花色苷的消化、吸收和代谢

一、消化和吸收

考虑到花色苷在饮食中的广泛分布，人类有可能食用大量花色苷。在一项针对意大利受试者的调查中，花色苷的每日摄入量在 25~215mg/ 人的范围内，具体取决于性别和年龄，这种摄入量在很大程度上足以发挥药理作用。尽管如此，在所有多酚类别中，花色苷的生物利用率最低。

（一）花色苷在口腔中的消化和吸收

口腔是人类吸收和消化花色苷的第一环境。在野樱莓果汁花色苷中，矢车菊素 -3-*O*-葡糖苷能够优先在上皮细胞积累 [84]，这一结果表明，花色苷的结构会影响其吸收。食物在口腔的停留时间很短，饮料会瞬时通过口腔，饮料中花色苷的吸收尚未得出结论。而花色苷在口腔表面的黏附机制是值得研究的，这种黏附可能是由花色苷与膜蛋白的相互作用引起的。研究表明，花色苷在体外、体内模拟或在人体干预研究中停留 5~60min 后会被降解 [84]。事实上，在口腔中（pH ≈ 6.8），以查耳酮形式存在的矢车菊素 -3-*O*- 葡糖苷含量为初始矢车菊素 3-*O*- 葡萄糖苷含量的 30%。口腔中的糖苷酶水解花色苷，花色苷在口腔中主要以脱糖产物的形式存在。另一项研究在唾液中检测发现了矢车菊素 -3-*O*- 葡糖苷的微生物群代谢物——原儿茶酸 [85]。此外，在摄入花色苷 5、60、120、240min 时收集唾液样本，检测发现葡萄糖醛酸化的花色苷共轭物和葡萄糖醛酸化的代谢物 [86]。

（二）花色苷在胃中的消化和吸收

花色苷在口腔中仅停留了短暂时间，它们到达胃部时仍然是天然的形式。胃部的 pH 为酸性，花色苷在胃里较为稳定。胃对于花色苷的吸收和代谢来说尤为重要，研究表明，花色苷在胃中以原始形式被快速吸收。通过使用体外细胞屏障模型，探究了不同参数对花色苷胃部吸收的影响，结果表明，花色苷的运输效率取决于孵化时间、pH 以及花色苷的极性 [87]。D-（+）- 葡萄糖的存在会减少花色苷在胃部的吸收，这表明葡萄糖转运体参与花色苷的吸收 [87]。

在红葡萄酒等发酵饮料中，花色苷以羧基吡喃花色苷和甲基吡喃花色苷等衍生色素的形式存在。与母体花色苷相比，吡喃花色苷衍生物的胃吸收率较低。pH 对花色苷的运输效率有很重要的影响，这与不同 pH 下花色苷的存在形式有关。除了证明这些色素在胃里的吸收，肠道也可能有助于花色苷衍生物的循环出现。体内研究已经证明，在口服锦葵素 -3- 葡萄糖苷 - 丙酮酸加合物后，在大鼠血浆中快速检测到花色苷衍生物。

早期关于红葡萄酒花色苷生物利用率的研究只检测了血浆和尿液中的锦葵色素 -3-葡萄糖苷，低估了机体中的花色苷总量。在饮用红葡萄酒或经过脱酒精处理的红葡萄酒后，血浆中的锦葵素 -3-*O*- 葡萄糖苷浓度没有明显的增加 [88]。在 Garcia-Alonso 等的研究中，志愿者在加糖酸乳中食用了 180 mg 的葡萄花色苷提取物，在血浆中检测到的主要色素是锦葵素 -3-*O*- 葡萄糖苷，其次是芍药素 -3-*O*- 葡萄糖苷，同时在血浆中检测到一些花色苷代谢物，包括锦葵素和芍药素的葡萄糖醛酸结合物 [89]。

对健康志愿者进行交叉试验，比较这两种红葡萄酒中花色苷的药代动力学 [90]，结果表明，在血浆和尿液样本中都检测到了红葡萄酒花色苷，主要为锦葵色素葡萄糖苷和芍药色素葡萄糖苷。研究了合成的锦葵色素 -3 葡萄糖苷的体内吸收代谢，检测到花色苷降解产物（即苯甲酸、苯乙酸和苯基丙酸、酚醛和马尿酸）及其相应的Ⅱ相偶联物，其浓度分别比尿液和血浆中的母体化合物高 60 倍和 45 倍[91]（图 2-5）。总而言之，同其他黄酮类化合物的生物利用率相似，花色苷的生物利用率在 2.5%~18.5%。

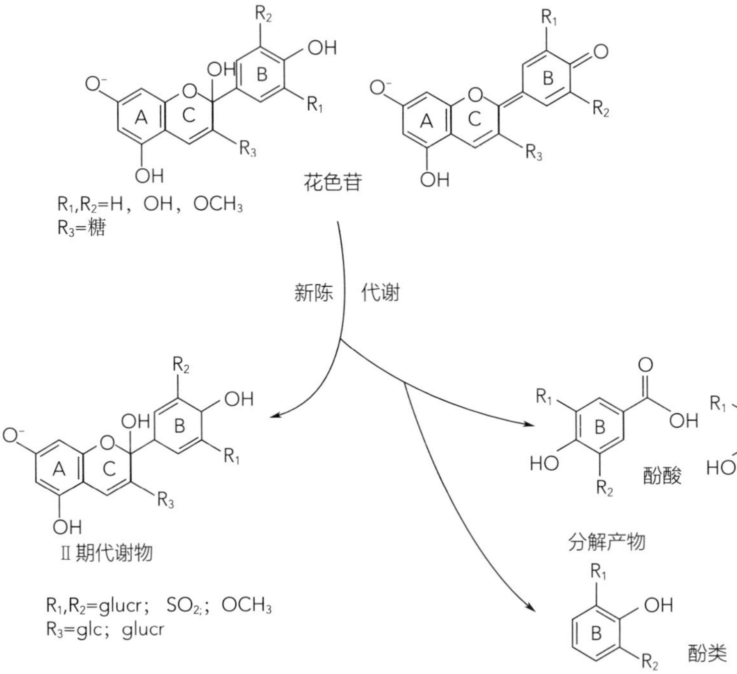

图 2-5 花色苷Ⅱ期代谢物和分解代谢物的示意图

（三）花色苷在肠道中的消化和吸收

研究人员用 Caco-2 细胞系作为肠道屏障模型研究了花色苷的肠道运输机制。该细胞系在分化后具有肠细胞表型，以类似于小肠细胞的方式表达已糖转运体、三磷酸腺苷（ATP）结合盒转运体（ATP binding cassette，ABC）基因家族和 H^+- 依赖性单羧酸转运体[92]。

红葡萄花色苷提取物对 Caco-2 细胞预处理增加了葡萄糖转运蛋白 2（GLUT2）的表达，并且该效应与花色苷和葡萄糖转运呈正相关[93]。此外，矢车菊素 -3-*O*- 葡萄糖苷的吸收不仅取决于 GLUT2 的活性，还取决于钠依赖性葡萄糖协同转运蛋白 1（SGLT1）的活性。花色苷对外排型转运蛋白中的乳腺癌耐药蛋白（BCRP）的亲和力较高，对的亲和力较低，外排型转运蛋白将花色苷主动转运出肠道组织，因此限制了花色苷的生物利用率[94]。

除了小肠对花色苷的吸收有明显的影响，结肠对花色苷的吸收也有巨大影响。花色苷会到达结肠，被微生物分解。比较健康受试者和回肠造口者对花色苷的生物利用度，发现具有完整肠道的受试者血浆 / 尿液中的花色苷和降解产物的数量要高于回肠造口患者[95]，结果表明，结肠是吸收花色苷等生物活性成分及其降解物的重要器官。

（四）肠道微生物群调节花色苷的消化和吸收

人体是数万亿个微生物的集合。细菌、古菌、病毒、真菌和其他真核生物分布在不同的器官，与宿主建立共生关系。栖息在肠道中的微生物 - 肠道微生物群构成了体内最大和最多样化的群落。其中大多数是属于厚壁菌（*Firmicutes*）、拟杆菌（*Bacteroides*）、放线菌（*Actinomycetes*）、变形杆菌（*Proteus*）或疣状菌门（*Verrucomicrobia*）的细菌。这些微生物对人类健康的作用仍然未知，最新研究表明，肠道微生物群生态失调与许多疾病有关，包括局部胃肠道疾病、自身免疫性疾病、肝脏疾病、呼吸系统疾病、心血管疾病、肿瘤疾病、代谢性疾病、神经系统疾病和精神疾病[96]。

饮食是可以调节肠道微生物组的一个重要因素。高脂饮食（HF 饮食）会改变肠道微生物生态，降低细菌多样性。除了 HF 饮食，抗生素、环境污染物和食品添加剂，如乳化剂和人造甜味剂，已被证明可以破坏肠道微生物群（引起生态失调）。另一方面，通过益生元调节肠道微生物群组成是预防或改善肠道微生物群生态失调的膳食策略。

此前，研究最多的益生元是不可消化的碳水化合物。然而，益生元的定义已被修改为“一些不被宿主消化吸收却能够选择性地促进体内有益菌的代谢和增殖，从而改善宿主健康的有机物质”。根据益生元的新定义，多酚等化合物，即花色苷，可被视为益生元。

花色苷被证明是与益生元特别相关的，因为它们的生物利用率被认为是低的。因此，在食用富含花色苷的食物后，大量的花色苷到达肠道并调节肠道微生物的生长，同时它们被肠道微生物代谢。此外，用于表征肠道微生物群组成的方法仅关注特定的微生物群，这不足以全面了解花色苷对肠道微生物的调节效果。最近使用下一代测序技术评估了标准饮食或 HF 饮食并补充富含花色苷的黑莓提取物的大鼠的肠道微生物群组成，有趣的是，黑莓提取物能够通过减少小肠球菌和增加孢子菌来改善 HF 饮食诱导引起的肠道菌群失调。

花色苷及其代谢物能够穿过血脑屏障。然而，花色苷通过改变肠道微生物群和作用于肠道 - 大脑轴，并不需要到达大脑就能发挥神经保护作用。花色苷引起的肠道微生物组成的变化会改变色氨酸和犬尿喹啉酸水平，这种改变与中枢神经系统的炎症、兴奋和行为有关（图 2-6）。此外，色氨酸 / 犬尿酸的比例与抑郁症和焦虑症等神经精神疾病有关[97]。因此，花色苷通过降低色氨酸 / 犬尿酸的比例，可以作为治疗神经精神疾病的新策略。

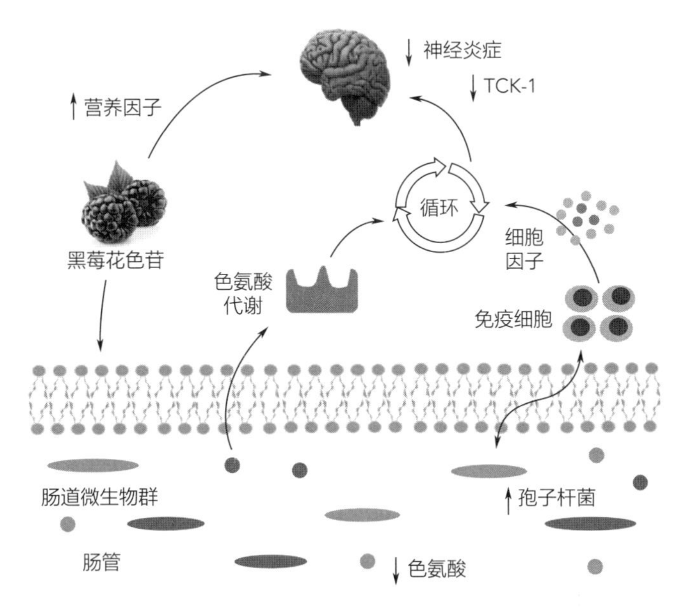

图 2-6 花色苷的神经保护作用背后的机制

二、代谢

（一）消化道代谢

花色苷可以在胃和小肠中以天然形式被部分吸收，并作为完整的化合物和Ⅱ期代谢物出现在血液和尿液中。花色苷是水溶性物质，需要主动运输进行代谢。已经通过胃屏障的人体细胞模型揭示了花色苷在胃上皮的主动转运，葡萄糖转运蛋白和胆汁转氨酶参与花色苷主动转运。

花色苷通过被动扩散或主动运输被小肠摄取。位于肠上皮顶端膜上的乳糖酶根皮苷水解酶（LPH）将类黄酮苷在肠腔水解，释放出琼脂糖类[98]。此外，葡萄糖转运蛋白SGLT1 和 GLUT2 也参与了类黄酮苷（包括花色苷）的肠上皮吸收[99]，SGLT1 将苷类物质运入肠细胞，GLUT2 将促进其流出到血液中。Han 等[100]进行的计算研究表明，人的GLUT1 和 GLUT3 能够有效地识别锦葵素葡糖苷。因此，不同转运体对化合物的亲和力不同，GLUT1 能够与锦葵素 -3，5-*O*- 二葡糖苷形成稳定的复合物，而 GLUT3 与其香豆酰衍生物的结合力更强。

Faria 等使用 Caco-2 细胞模型模拟花色苷在肠道屏障中的运输，红葡萄皮提取的矢车菊素 -3- 葡萄糖苷只有约 1% 能够穿过 Caco-2 细胞单层到达基底外侧[93]。研究人员证实了 GLUT2 参与花色苷葡萄糖残基的运输，以及花色苷之间对转运蛋白的竞争。还观察到，当用花色苷预处理细胞时，GLUT2 表达增加，这表明长期食用可能有利于其生物利用率。蓝莓花色苷通过 Caco-2 细胞单层的低吸收效率平均为 3%~4%。使用 Caco-2 细胞从红葡萄酒中分离出的麦芽苷的摄取百分比为 3%~5%，通过 MKN-28 胃细胞的运输效率从 4% 到 9% 不等。Zhang 等 [101] 报告说，花色苷在 Caco-2 细胞单层上的通过量要大得多，范围从 44% 到 72%，具体取决于化合物结构。同一作者进行的对接计算表明，花色苷可以有效地与人类 SGLT-1 和 GLUT2 相互作用，这表明它们的吸收是由这些己糖转运蛋白介导的。

肠细胞对花色苷的吸收受到食物基质成分的影响，并且由于对转运体的竞争，其他类黄酮的存在也会干扰花色苷的吸收，SGLT1 显然对黄酮类有结构偏好。Faria 等 [102] 也观察到花色苷和葡萄糖之间对己糖转运器的竞争。一旦进入肠细胞，黄酮苷可以被细胞膜 β- 葡萄糖苷酶（cell membranes β-D-glucosidase，Cβ-G）水解，释放出琼脂糖，然后被动地扩散到血液中。然而，并不是所有的花色苷都可以进行酶解；体外和细胞模型研究表明，一些花色苷不能成为 Cβ-G 的底物。在穿越肠上皮的过程中，花色苷可能会经历第二阶段的反应，即葡萄糖醛酸化、*O*- 甲基化和硫酸化，进一步的共轭作用也可能发生在肝脏，一些代谢物可能通过肠肝循环被回收到小肠中。有人认为，甲基化和葡萄糖醛酸化在肠道细胞和肝脏中产生，而硫酸化主要在肝脏中发生。一些共轭作用可能已经在胃上皮细胞中发生，因为它也被证明具有第二阶段的酶活性 [103]。

然而，如上所述，花色苷的胃肠道吸收非常有限，血液中达到的天然和共轭形式的浓度非常低，位于纳摩尔范围内，最大水平在 15~60min。大部分摄入的花色苷将继续转移到大肠，正如回肠造口术受试者的研究表明的那样，在食用不同的富含花色苷的浆果后，在回肠液中发现高达 85% 的花色苷完好无损 [95]。

（二）肠道微生物代谢

人类结肠内藏有大量的微生物，其数量可能达到 10^{12}~10^{14}CFU/mL。微生物群具有广泛的酶活性，能够通过脱糖、裂环、脱羧、脱甲基化或脱羟基反应分解黄酮类化合物（包括花色苷），产生结构简单的酚类产品。这些降解产物可以被结肠吸收，能够在血液中检测到降解产物或Ⅱ期共轭物。通常情况下，在去糖基化之后，聚糖体的 C 环裂变，释放出酚酸，产生苯基乙醛或苯甲醛。Ferrars 等 [104] 开展了接骨木酶提取物干预绝经妇女的研究，报告了血浆和尿液中微生物代谢物及其衍生物的浓度分别比花色苷衍生物的浓度高 45 倍和 60 倍。

已经在体内许多部位检测到花色苷结肠分解代谢物，并且具有生物活性，这表明了花色苷和其他类黄酮对健康的潜在影响，Kim 等 [105] 最近利用体外模拟胃肠道消化的研究验证了这一假设，研究发现肠道中野樱莓和桑葚花色苷的活性下降，但是模拟肠道消化产生花色苷代谢物，使得活性增加。

原花青素（PCA）作为花色苷，特别是花青苷（食品中的主要花色苷）的微生物降解的主要产物，其相关性已被体外、动物和人类研究所证实。研究发现，食用血橙汁后，对血液和粪便样本矢车菊素 -3-*O*- 葡萄糖苷进行回收，其中回收产物中的 PCA 超过摄入剂量的 70%[106]。据报道，这种酚酸拥有一系列的生物活性，包括能够调节有丝分裂原激活蛋白激酶、促炎症细胞因子和抗氧化剂相关转录因子的活性、抑制细胞增殖、诱导癌细胞凋亡、增加神经元干细胞的活力或减少血管细胞黏附分子。

花色苷对肠道微生物群具有调节作用，主要是类杆菌门（如细菌属和普雷沃特菌属）和韧皮菌门（包括如反刍球菌、梭菌、肠球菌、粪杆菌、布劳特菌、乳酸菌和双歧杆菌属）的细菌。研究表明，花色苷和其他膳食酚类化合物具有与益生菌类似的活性。花色苷能够降低潜在病原体的丰度，如大肠杆菌、梭状芽孢杆菌、溶血性梭状芽孢杆菌和产气荚膜杆菌。

花色苷能够促进短链脂肪酸（SCFA）生产细菌的生长，从而促进结肠中丁酸盐、丙酸盐和乙酸盐的产生，具有健康益处。研究表明，短链脂肪酸在肠道健康方面发挥着重要作用，与预防肠道疾病、代谢综合征和某些类型的癌症有关。花色苷可以保护肠道病原体定植，具有抗炎作用，并通过增加紧密连接的装配改善上皮屏障功能。此外，丁酸盐是结肠细胞的一个主要能量来源。据报道，黑枸杞和枸杞的花色苷处理促进小鼠产丁酸盐细菌的繁殖，如醋酸菌或紫单孢菌[107]。枸杞花色苷也可以减轻抗生素诱导的菌群失调和葡聚糖硫酸钠诱导的小鼠结肠炎，有助于恢复微生物多样性，改善结肠和肠道屏障功能[108]。对人类志愿者的研究也表明，摄入富含花色苷的红葡萄酒会增加肠道丁酸盐生产菌的丰度，这可能有助于改善代谢介导的疾病，如肥胖或代谢综合征。

第六节 花色苷在食品和功能食品中的应用

一、作为食品着色剂

自然界中约50%的花色苷含有糖苷部分，最常见的糖分子是D-葡萄糖。附着在花色苷结构上的羟基、甲氧基、酰基或糖基等官能团能够影响其稳定性。花色苷对光、氧气和温度敏感，因此它们必须贮藏在没有光、氧气存在的低温环境。

为了增强花色苷的颜色稳定性，可以通过共色素沉着、自我缔合、制造聚合物着色剂或吡喃花色苷。吡喃花色苷存在于红葡萄酒中，其特点是颜色稳定性随着时间的推移而增强。科学家1996年首次在红葡萄酒中发现了吡喃花色苷，其作为红酒持久颜色的成分[109]。吡喃花色苷是花色苷衍生物，含有吡喃环，与花色苷着色剂相比具有更突出的橙色。这些化合物的自然形成过程需要漫长的时间，效率低下，在工业应用中不可行。通过加热花色苷和辅因子反应能够加速吡喃花色苷形成。Straathof和Giusti[110]指出，通过加热接骨木花色苷和咖啡酸获得的吡喃花色苷，可以作为食品着色剂。此外，共色素通过阻止水分子的亲核攻击保护花色苷的颜色。绿原酸、芥子酸和阿魏酸等许多酚酸化合物为花色苷的增色剂。使用增色剂能够提高产品的颜色稳定性和多样性，有助于推动食品工业发展。

花色苷的降解限制了其在工业中的应用。将芥子酸等辅色素添加到黑豆花色苷提取物中，然后使用离子凝胶法进行纳米包封，分析了共色素沉着和包封过程对花色苷颜色稳定性和抗氧化活性的影响[111]。共色素沉着和包封过程都增强了花色苷的颜色和抗氧化活性，因此，可以将这两种方法组合使用。花色苷作为着色剂通常在 pH<4 的条件使用，但一些花色苷，如锦葵素 -3- 葡萄糖苷，在较高 pH 下相对稳定，可应用于碱性产品。黑胡萝卜花色苷带有酰基基团，是食品工业中颜色最稳定的一种花色苷。根据 Moldovan 和 David[112] 的研究，酰化花色苷具有良好的贮藏稳定性。花色苷具有令人满意的稳定性、着色能力和着色特性，萝卜天竺葵素花色苷可以替代合成着色剂，如诱惑红。

花色苷除了为食品赋予颜色并具有抗氧化性，它们还可以应用于食品包装。花色苷对 pH 敏感，制备的可生物降解的聚合物薄膜可以像生物传感器一样发挥作用，能够指示各种生鲜食品的新鲜度。Pereira 等[113] 进行研究表明，含有花色苷的紫甘蓝、菜花提取物，可用于开发智能食品包装。此外，丁香、石榴和牡丹花色苷染色的织物对金黄色葡萄球菌具有良好的抗菌活性。

此外，富含花色苷的植物提取物已经在口红配方中用作着色剂。着色剂特性的加速测试表明，植物花色苷提取物制备的化妆品具有超过 2 年的货架稳定性，并表明花色苷可以作为着色剂应用于脂质化妆品中。

二、功能强化（功能食品）

水果和蔬菜含有丰富的花色苷、原花青素、维生素等营养成分。食用水果蔬菜会带来健康益处，如减少一些慢性病的发生。在食品加工和生产过程中，一般还需要添加食用色素来改善感官特性，以刺激消费者购买产品的欲望，从而增加销售额。目前，食品工业中使用的大多数颜料都是化学合成的，价格便宜，容易获得；与合成色素相比，天然色素更安全，甚至具有一定的药用价值。随着生活水平的普遍提高，对合成化学添加剂相关副作用的认识不断加深，以及长期食用会危害人体健康甚至可能导致癌症，消费者越来越追求自然、绿色和健康的生活方式。因此，对天然色素的研究和开发需求日益增长。由于花色苷可用作安全无毒的食品添加剂和营养增强剂，因此有望在未来的食品工业中得到广泛应用。

花色苷作为安全、可靠、稳定、高效、廉价和容易获得的天然抗氧化剂，具有相当大的开发和应用价值。花色苷是天然染料，目前广泛用于酸乳、果汁、茶、饮料、蛋糕、果酱和调味品等食品。花色苷还可以用作天然防腐剂，延长食品的保质期，不仅满足天然要求，而且消除了食品安全危害。

花色苷也可用于研发具有延缓衰老、调压降压、抗肿瘤、补脑作用的功能食品。国内外市场上的许多功能食品利用花色苷的生物活性来预防和治疗疾病。目前，在医疗卫生产品市场，由于良好的抗衰老、抗氧化、血管保护效果以及令人满意的安全记录，从葡萄籽中提取的花色苷受到消费者的青睐。

参考文献

[1] WANG X，TONG H，CHEN F，et al. Chemical characterization and antioxidant evaluation of muscadine grape pomace extract [J]. Food Chemistry，2010，123（4）：1156-1162.

[2] RAUF A，IMRAN M，ABU-IZNEID T，et al. Proanthocyanidins：A comprehensive review [J]. Biomedicine & Pharmacotherapy，2019，116：108999.

[3] MARTíN-GóMEZ J，VARO M Á，MéRIDA J，et al. Influence of drying processes on anthocyanin profiles，total phenolic compounds and antioxidant activities of blueberry（*Vaccinium corymbosum*）[J]. LWT-Food Science and Technology，2020，120：108931.

[4] ZHOU L，XIE M H，YANG F，et al. Antioxidant activity of high purity blueberry anthocyanins and the effects on human intestinal microbiota [J]. LWT-Food Science and Technology，2020，117：108621.

[5] ZHANG Q，CHEN W，ZHAO J，et al. Functional constituents and antioxidant activities of eight Chinese native goji genotypes [J]. Food Chemistry，2016，200：230-236.

[6] ZHENG J，DING C，WANG L，et al. Anthocyanins composition and antioxidant activity of wild *Lycium ruthenicum* Murr. from Qinghai-Tibet Plateau [J]. Food Chemistry，2011，126（3）：859-865.

[7] TIAN Z H，AIERKEN A，PANG H H，et al. Constituent analysis and quality control of anthocyanin constituents of dried *Lycium ruthenicum* Murray fruits by HPLC-MS and HPLC-DAD [J]. Journal of Liquid Chromatography & Related Technologies，2016，39（9）：453-458.

[8] ROSSETTO M，VANZANI P，LUNELLI M，et al. Peroxyl radical trapping activity of anthocyanins and generation of free radical intermediates [J]. Free Radical Research，2007，41（7）：854-859.

[9] ROSSETTO M，VANZANI P，MATTIVI F，et al. Synergistic antioxidant effect of catechin and malvidin 3-glucoside on free radical-initiated peroxidation of linoleic acid in micelles [J]. Archives of Biochemistry and Biophysics，2002，408（2）：239-245.

[10] WALTON M C，MCGHIE T K，REYNOLDS G W，et al. The flavonol quercetin-3-glucoside inhibits cyanidin-3-glucoside absorption *in vitro* [J]. Journal of Agricultural and Food Chemistry，2006，54（13）：4913-4920.

[11] SHIH P H，YEH C T，YEN G C. Effects of anthocyanidin on the inhibition of proliferation and induction of apoptosis in human gastric adenocarcinoma cells [J]. Food and Chemical Toxicology，2005，43（10）：1557-1566.

[12] STEFFEN Y，GRUBER C，SCHEWE T，et al. Mono-O-methylated flavanols and other flavonoids as inhibitors of endothelial NADPH oxidase [J]. Archives of Biochemistry and Biophysics，2008，469（2）：209-219.

[13] NODA Y，KANEYUKI T，MORI A，et al. Antioxidant activities of pomegranate fruit extract and its anthocyanidins：Delphinidin，cyanidin，and pelargonidin [J]. Journal of Agricultural and Food Chemistry，2002，50（1）：166-171.

[14] RAMIREZ-TORTOSA C，ANDERSEN O M，GARDNER P T，et al. Anthocyanin-rich extract decreases indices of lipid peroxidation and DNA damage in vitamin E-depleted rats [J]. Free Radical Biology and Medicine，2001，31（9）：

1033-1037.
[15] TSUDA T，HORIO F，KITOH J，et al. Protective effects of dietary cyanidin 3-*O*-beta-D-glucoside on liver ischemia-reperfusion injury in rats [J]. Archives of Biochemistry and Biophysics，1999，368（2）：361-366.
[16] CAO G H，RUSSELL R M，LISCHNER N，et al. Serum antioxidant capacity is increased by consumption of strawberries，spinach，red wine or vitamin C in elderly women [J]. Journal of Nutrition，1998，128（12）：2383-2390.
[17] MAZZA G，KAY C D，COTTRELL T，et al. Absorption of anthocyanins from blueberries and serum antioxidant status in human subjects [J]. Journal of Agricultural and Food Chemistry，2002，50（26）：7731-7737.
[18] ZIBERNA L，LUNDER M，MOZE S，et al. Acute cardioprotective and cardiotoxic effects of bilberry anthocyanins in Ischemia-Reperfusion Injury：Beyond concentration-dependent antioxidant activity [J]. Cardiovascular Toxicology，2010，10（4）：283-294.
[19] HALLIWELL B. Are polyphenols antioxidants or pro-oxidants? What do we learn from cell culture and *in vivo* studies? [J]. Archives of Biochemistry and Biophysics，2008，476（2）：107-112.
[20] PATEL K，JAIN A，PATEL D K. Medicinal significance，pharmacological activities，and analytical aspects of anthocyanidins ‘delphinidin’：A concise report [J]. Journal of Acute Disease，2013，2（3）：169-178.
[21] BERTUGLIA S，MALANDRINO S，COLANTUONI A. Effect of vaccinium-myrtillus anthocyanosides on ischemia-reperfusion injury in hamster-cheek-pouch microcirculation [J]. Pharmacological Research，1995，31（3-4）：183-187.
[22] TOUFEKTSIAN M C，LORGERIL M，NAGY N，et al. Chronic dietary intake of plant-derived anthocyanins protects the rat heart against ischemia-reperfusion injury [J]. Journal of Nutrition，2008，138（4）：747-752.
[23] ERLUND I，KOLI R，ALFTHAN G，et al. Favorable effects of berry consumption on platelet function，blood pressure，and HDL cholesterol [J]. American journal of Clinical Nutrition，2008，87（2）：323-331.
[24] FREEDMAN J E，PARKER C，LI L Q，et al. Select flavonoids and whole juice from purple grapes inhibit platelet function and enhance nitric oxide release [J]. Circulation，2001，103（23）：2792-2798.
[25] CASTILLA P，DAVALOS A，TERUEL J L，et al. Comparative effects of dietary supplementation with red grape juice and vitamin E on production of superoxide by circulating neutrophil NADPH oxidase in hemodialysis patients [J]. American Journal of Clinical Nutrition，2008，87（4）：1053-1061.
[26] WHITEHEAD T P，ROBINSON D，ALLAWAY S，et al. Effect of red wine ingestion on the antioxidant capacity of serum [J]. Clinical Chemistry，1995，41（1）：32-35.
[27] NATELLA F，MACONE A，RAMBERTI A，et al. Red wine prevents the postprandial increase in plasma cholesterol oxidation products：A pilot study [J]. British Journal of Nutrition，2011，105（12）：1718-1723.
[28] TSUDA T. Dietary anthocyanin-rich plants：Biochemical basis and recent progress in health benefits studies [J]. Molecular Nutrition & Food Research，2012，56（1）：159-170.
[29] RECHNER A R，KRONER C. Anthocyanins and colonic metabolites of dietary polyphenols inhibit platelet function [J]. Thrombosis Research，2005，116（4）：

327-334.

[30] JING P, BOMSER J A, SCHWARTZT S J, et al. Structure-function relationships of anthocyanins from various anthocyanin-rich extracts on the inhibition of colon cancer cell growth [J]. Journal of Agricultural and Food Chemistry, 2008, 56(20): 9391-9398.

[31] HOU D X. Potential mechanisms of cancer chemoprevention by anthocyanins [J]. Current Molecular Medicine, 2003, 3(2): 149-159.

[32] ROSSI M, GARAVELLO W, TALAMINI R, et al. Flavonoids and the risk of oral and pharyngeal cancer: A case-control study from Italy [J]. Cancer Epidemiology, Biomarkers & Prevention, 2007, 16(8): 1621-1625.

[33] COOKE D, STEWARD W P, GESCHER A J, et al. Anthocyans from fruits and vegetables - Does bright colour signal cancer chemopreventive activity? [J]. European Journal of Cancer, 2005, 41(13): 1931-1940.

[34] JAYAPRAKASAM B, VAREED S K, OLSON L K, et al. Insulin secretion by bioactive anthocyanins and anthocyanidins present in fruits [J]. Journal of Agricultural and Food Chemistry, 2005, 53(1): 28-31.

[35] SABINO L B D, ALVES E G, FERNANDES F A N, et al. Optimization of pressurized liquid extraction and ultrasound methods for recovery of anthocyanins present in jambolan fruit (*Syzygium cumini* L.) [J]. Food and Bioproducts Processing, 2021, 127: 77-89.

[36] RAVANFAR R, TAMADON A M, NIAKOUSARI M. Optimization of ultrasound assisted extraction of anthocyanins from red cabbage using Taguchi design method [J]. Journal of Food Science and Technology-mysore, 2015, 52(12): 8140-8147.

[37] AGCAM E, AKYILDIZ A, BALASUBRAMANIAM V M. Optimization of anthocyanins extraction from black carrot pomace with thermosonication [J]. Food Chemistry, 2017, 237: 461-470.

[38] ALBUQUERQUE B R, PINELA J, BARROS L, et al. Anthocyanin-rich extract of jabuticaba epicarp as a natural colorant: Optimization of heat- and ultrasound-assisted extractions and application in a bakery product [J]. Food Chemistry, 2020, 316: 126364.

[39] TAN Z J, YI Y J, WANG H Y, et al. Extraction, Preconcentration and isolation of flavonoids from *Apocynum venetum* L. leaves using ionic liquid-based ultrasonic-assisted extraction coupled with an aqueous biphasic system [J]. Molecules, 2016, 21(3): 262.

[40] ARDESTANI S B, SAHARI M A, BARZEGAR M. Effect of extraction and processing conditions on organic acids of barberry fruits [J]. Journal of Food Biochemistry, 2015, 39(5): 554-565.

[41] XUE H K, XU H, WANG X R, et al. Effects of Microwave power on extraction kinetic of anthocyanin from blueberry powder considering absorption of microwave energy [J]. Journal of Food Quality, 2018: 9680184.

[42] FARZANEH V, CARVALHO I S. Modelling of microwave assisted extraction (MAE) of anthocyanins (TMA) [J]. Journal of Applied Research on Medicinal and Aromatic Plants, 2017, 6: 92-100.

[43] ODABAS H I, KOCA I. Simultaneous separation and preliminary purification of anthocyanins from *Rosa pimpinellifolia* L. fruits by microwave assisted aqueous two-phase extraction [J]. Food and Bioproducts Processing, 2021, 125: 170-180.

[44] MICHEL T, DESTANDAU E, ELFAKIR C. Evaluation of a simple and promising

method for extraction of antioxidants from sea buckthorn（*Hippophae rhamnoides* L.）berries：Pressurised solvent-free microwave assisted extraction [J]. Food Chemistry，2011，126（3）：1380-1386.

[45] PAZIR F，KOCAK E，TURAN F，et al. Extraction of anthocyanins from grape pomace by using supercritical carbon dioxide [J]. Journal of Food Processing and Preservation，2021，45（8）：e14950.

[46] WANG Y W，YE Y，WANG L，et al. Antioxidant activity and subcritical water extraction of anthocyanin from raspberry process optimization by response surface methodology [J]. Food Bioscience，2021，44：101394.

[47] KANG H J，KO M J，CHUNG M S. Anthocyanin structure and pH dependent extraction characteristics from blueberries（*Vaccinium corymbosum*）and chokeberries（*Aronia melanocarpa*）in subcritical water state [J]. Foods，2021，10（3）：527.

[48] BRIONES-LABARCA V，GIOVAGNOLI-VICUNA C，CHACANA-OJEDA M. High pressure extraction increases the antioxidant potential and *in vitro* bio-accessibility of bioactive compounds from discarded blueberries [J]. Cyta-journal of Food，2019，17（1）：622-631.

[49] ZDERIC A，ZONDERVAN E. Polyphenol extraction from fresh tea leaves by pulsed electric field：A study of mechanisms [J]. Chemical Engineering Research & Design，2016，109：586-592.

[50] ALTUNER E M，TOKUSOGLU O. The effect of high hydrostatic pressure processing on the extraction，retention and stability of anthocyanins and flavonols contents of berry fruits and berry juices [J]. International Journal of Food Science and Technology，2013，48（10）：1991-1997.

[51] KERIO L C，WACHIRA F N，WANYOKO J K. Characterization of anthocyanins in Kenyan teas：Extraction and identification [J]. Food Chemistry，2012，131（1）：31-38.

[52] WOODWARD G，KROON P，CASSIDY A，et al. Anthocyanin stability and recovery：Implications for the analysis of clinical and experimental samples [J]. Journal of Agricultural and Food Chemistry，2009，57（12）：5271-5278.

[53] PATRAS A，BRUNTON N P，O' DONNELL C，et al. Effect of thermal processing on anthocyanin stability in foods; mechanisms and kinetics of degradation [J]. Trends in Food Science & Technology，2010，21（1）：3-11.

[54] SADILOVA E，STINTZING F C，CARLE R. Thermal degradation of acylated and nonacylated anthocyanins [J]. Journal of Food Science，2006，71（8）：C504-C512.

[55] HAGER T J，HOWARD L R，PRIOR R L. Processing and storage effects on monomeric anthocyanins，percent polymeric color，and antioxidant capacity of processed blackberry products [J]. Journal of Agricultural and Food Chemistry，2008，56（3）：689-695.

[56] GUEVARA M，TEJERA E，ITURRALDE G A，et al. Anti-inflammatory effect of the medicinal herbal mixture infusion，Horchata，from southern Ecuador against LPS-induced cytotoxic damage in RAW 264.7 macrophages [J]. Food and Chemical Toxicology，2019，131：110594.

[57] VOLDEN J，BORGE G I A，BENGTSSON G B，et al. Effect of thermal treatment on glucosinolates and antioxidant-related parameters in red cabbage（*Brassica oleracea* L. ssp. *capitata f. rubra*）[J]. Food Chemistry，2008，109（3）：

595-605.
[58] KIRCA A，OZKAN M，CEMEROGLU B. Effects of temperature，solid content and pH on the stability of black carrot anthocyanins [J]. Food Chemistry，2007，101（1）：212-218.
[59] KADER F，IRMOULI M，ZITOUNI N，et al. Degradation of cyanidin 3-glucoside by caffeic acid *o*-quinone：Determination of the stoichiometry and characterization of the degradation products [J]. Journal of Agricultural and Food Chemistry，1999，47（11）：4625-4630.
[60] KADER F，IRMOULI M，NICOLAS J P，et al. Involvement of blueberry peroxidase in the mechanisms of anthocyanin degradation in blueberry juice [J]. Journal of Food Science，2002，67（3）：910-915.
[61] SAIKAEW K，LERTRAT K，MEENUNE M，et al. Effect of high-pressure processing on colour，phytochemical contents and antioxidant activities of purple waxy corn（*Zea mays* L. var. *ceratina*）kernels [J]. Food Chemistry，2018，243：328-337.
[62] LEONG S Y，BURRITT D J，OEY I. Evaluation of the anthocyanin release and health-promoting properties of Pinot Noir grape juices after pulsed electric fields [J]. Food Chemistry，2016，196：833-841.
[63] TüRKEN T，ERGE H S. Effect of ultrasound on some chemical and microbiological properties of sour cherry juice by response surface methodology [J]. Food Science and Technology International，2017，23（6）：540-549.
[64] LI X，ZHANG L，PENG Z，et al. The impact of ultrasonic treatment on blueberry wine anthocyanin color and its *In-vitro* anti-oxidant capacity [J]. Food Chemistry，2020，333：127455.
[65] SRIVASTAVA A，AKOH C C，YI W G，et al. Effect of storage conditions on the biological activity of phenolic compounds of blueberry extract packed in glass bottles [J]. Journal of Agricultural and Food Chemistry，2007，55（7）：2705-2713.
[66] NGO T，WROLSTAD R E，ZHAO Y. Color quality of Oregon strawberries - Impact of genotype，composition，and processing [J]. Journal of Food Science，2007，72（1）：C25-C32.
[67] CHAOVANALIKIT A，WROLSTAD R E. Total anthocyanins and total phenolics of fresh and processed cherries and their antioxidant properties [J]. Journal of Food Science，2004，69（1）：67-72.
[68] KIRCA A，OZKAN M，CEMEROGLU B. Thermal stability of black carrot anthocyanins in blond orange juice [J]. Journal of Food Quality，2003，26（5）：361-366.
[69] DENG M，DENG Y Y，DONG L H，et al. Effect of storage conditions on phenolic profiles and antioxidant activity of litchi pericarp [J]. Molecules，2018，23（9）：2276.
[70] REQUE P M，STEFFENS R S，JABLONSKI A，et al. Cold storage of blueberry（*Vaccinium* spp.）fruits and juice：Anthocyanin stability and antioxidant activity [J]. Journal of Food Composition and Analysis，2014，33（1）：111-116.
[71] KRIFI B，CHOUTEAU F，BOUDRANT J，et al. Degradation of anthocyanins from blood orange juices [J]. International Journal of Food Science and Technology，2000，35（3）：275-283.
[72] TACHIBANA N，KIMURA Y，OHNO T. Examination of molecular mechanism for the enhanced thermal stability of anthocyanins by metal cations and polysaccharides [J]. Food Chemistry，2014，143：452-458.

[73] FERNANDES A，BRAS N F，MATEUS N，et al. A study of anthocyanin self-association by NMR spectroscopy [J]. New Journal of Chemistry，2015，39（4）：2602-2611.
[74] SIGURDSON G T，TANG P P，GIUSTI M M. Cis-trans configuration of coumaric acid acylation affects the spectral and colorimetric properties of anthocyanins [J]. Molecules，2018，23（3）：598.
[75] YANG N，QIU R X，YANG S，et al. Influences of stir-frying and baking on flavonoid profile，antioxidant property，and hydroxymethylfurfural formation during preparation of blueberry-filled pastries [J]. Food Chemistry，2019，287：167-175.
[76] LIN Y，WANG Y H，LI B，et al. Comparative transcriptome analysis of genes involved in anthocyanin synthesis in blueberry [J]. Plant Physiology and Biochemistry，2018，127：561-572.
[77] KONCZAK I，OKUNO S，YOSHIMOTO M，et al. Composition of phenolics and anthocyanins in a sweet potato cell suspension culture [J]. Biochemical Engineering Journal，2003，14（3）：155-161.
[78] SASAKI N，NAKAYAMA T. Achievements and perspectives in biochemistry concerning anthocyanin modification for blue flower coloration [J]. Plant and Cell Physiology，2015，56（1）：28-40.
[79] ZHAO X，ZHANG X，TIE S，et al. Facile synthesis of nano-nanocarriers from chitosan and pectin with improved stability and biocompatibility for anthocyanins delivery：An *in vitro* and *in vivo* study [J]. Food Hydrocolloids，2020，109：106114.
[80] MUELLER D，JUNG K，WINTER M，et al. Encapsulation of anthocyanins from bilberries – Effects on bioavailability and intestinal accessibility in humans [J]. Food Chemistry，2018，248：217-224.
[81] TAN C，WANG J，SUN B G. Polysaccharide dual coating of yeast capsules for stabilization of anthocyanins [J]. Food Chemistry，2021，357：129652.
[82] ZHAO L S，TEMELLI F，CHEN L Y. Encapsulation of anthocyanin in liposomes using supercritical carbon dioxide：Effects of anthocyanin and sterol concentrations [J]. Journal of Functional Foods，2017，34：159-167.
[83] YAO L，XU J，ZHANG L W，et al. Nanoencapsulation of anthocyanin by an amphiphilic peptide for stability enhancement [J]. Food Hydrocolloids，2021，118：106741.
[84] KAMONPATANA K，FAILLA M L，KUMAR P S，et al. Anthocyanin structure determines susceptibility to microbial degradation and bioavailability to the buccal mucosa [J]. Journal of Agricultural and Food Chemistry，2014，62（29）：6903-6910.
[85] KAMONPATANA K，GIUSTI M M，CHITCHUMROONCHOKCHAI C，et al. Susceptibility of anthocyanins to *ex vivo* degradation in human saliva [J]. Food Chemistry，2012，135（2）：738-747.
[86] MALLERY S R，BUDENDORF D E，LARSEN M P，et al. Effects of human oral mucosal tissue，saliva，and oral microflora on intraoral metabolism and bioactivation of black raspberry anthocyanins [J]. Cancer Prevention Research，2011，4（8）：1209-1221.
[87] OLIVEIRA H，FERNANDES I，BRAS N F，et al. Experimental and theoretical data on the mechanism by which red wine anthocyanins are transported through a human MKN-28 gastric cell model [J]. Journal of Agricultural and Food

Chemistry，2015，63（35）：7685-7692.
[88] BUB A，WATZL B，HEEB D，et al. Malvidin-3-glucoside bioavailability in humans after ingestion of red wine，dealcoholized red wine and red grape juice [J]. European Journal of Nutrition，2001，40（3）：113-120.
[89] GARCIA-ALONSO M，MINIHANE A M，RIMBACH G，et al. Red wine anthocyanins are rapidly absorbed in humans and affect monocyte chemoattractant protein 1 levels and antioxidant capacity of plasma [J]. Journal of Nutritional Biochemistry，2009，20（7）：521-529.
[90] MARQUES C，FERNANDES I，NORBERTO S，et al. Pharmacokinetics of blackberry anthocyanins consumed with or without ethanol：A randomized and crossover trial [J]. Molecular Nutrition & Food Research，2016，60（11）：2319-2330.
[91] CZANK C，CASSIDY A，ZHANG Q Z，et al. Human metabolism and elimination of the anthocyanin，cyanidin-3-glucoside：a C-13-tracer study [J]. American Journal of Clinical Nutrition，2013，97（5）：995-1003.
[92] ZOU T B，FENG D，SONG G，et al. The role of sodium-dependent glucose transporter 1 and glucose transporter 2 in the absorption of cyanidin-3-*O*-beta-glucoside in caco-2 cells [J]. Nutrients，2014，6（10）：4165-4177.
[93] KIM A，PESTANA D，AZEVEDO J，et al. Absorption of anthocyanins through intestinal epithelial cells - Putative involvement of GLUT2 [J]. Molecular Nutrition & Food Research，2009，53（11）：1430-1437.
[94] DREISEITEL A，OOSTERHUIS B，VUKMAN K V，et al. Berry anthocyanins and anthocyanidins exhibit distinct affinities for the efflux transporters BCRP and *MDR1* [J]. British Journal of Pharmacology，2009，158（8）：1942-1950.
[95] MUELLER D，JUNG K，WINTER M，et al. Human intervention study to investigate the intestinal accessibility and bioavailability of anthocyanins from bilberries [J]. Food Chemistry，2017，231：275-286.
[96] LYNCH S V，PEDERSEN O. The human intestinal microbiome in health and disease [J]. New England Journal of Medicine，2016，375（24）：2369-2379.
[97] KENNEDY P J，CRYAN J F，DINAN T G，et al. Kynurenine pathway metabolism and the microbiota-gut-brain axis [J]. Neuropharmacology，2017，112：399-412.
[98] DAY A J，GEE J M，DUPONT M S，et al. Absorption of quercetin-3-glucoside and quercetin-4′-glucoside in the rat small intestine：The role of lactase phlorizin hydrolase and the sodium-dependent glucose transporter [J]. Biochemical Pharmacology，2003，65（7）：1199-1206.
[99] ZOU T-B，FENG D，SONG G，et al. The role of sodium-Dependent glucose transporter 1 and glucose transporter 2 in the absorption of cyanidin-3-*O*-*β*-glucoside in Caco-2 cells [J/OL]. Nutrients，2014，6（10）：4165-4177.
[100] HAN F，OLIVEIRA H，BRáS N F，et al. In vitro gastrointestinal absorption of red wine anthocyanins–Impact of structural complexity and phase Ⅱ metabolization [J]. Food Chemistry，2020，317：126398.
[101] ZHANG H，HASSAN Y I，RENAUD J，et al. Bioaccessibility，bioavailability，and anti-inflammatory effects of anthocyanins from purple root vegetables using mono- and co-culture cell models [J]. Molecular Nutrition & Food Research，2017，61（10）：1600928.
[102] FARIA A，PESTANA D，AZEVEDO J，et al. Absorption of anthocyanins through intestinal epithelial cells – Putative involvement of GLUT2 [J]. Molecular Nutrition & Food Research，2009，53（11）：1430-1437.

[103] FERNANDES I, DE FREITAS V, MATEUS N. Anthocyanins and human health: How gastric absorption may influence acute human physiology [J]. Nutrition and Aging, 2014, 2: 1-14.
[104] DE FERRARS R M, CASSIDY A, CURTIS P, et al. Phenolic metabolites of anthocyanins following a dietary intervention study in post-menopausal women [J]. Molecular Nutrition & Food Research, 2014, 58 (3): 490-502.
[105] KIM I, MOON J K, HUR S J, et al. Structural changes in mulberry (*Morus microphylla* Buckl.) and chokeberry (*Aronia melanocarpa*) anthocyanins during simulated *in vitro* human digestion [J]. Food Chemistry, 2020, 318: 126449.
[106] LIN H H, CHEN J H, HUANG C C, et al. Apoptotic effect of 3, 4-dihydroxybenzoic acid on human gastric carcinoma cells involving JNK/p38 MAPK signaling activation [J]. International Journal of Cancer, 2007, 120 (11): 2306-2316.
[107] TIAN B, LIU M, AN W, et al. Lycium barbarum relieves gut microbiota dysbiosis and improves colonic barrier function in mice following antibiotic perturbation [J]. Journal of Functional Foods, 2020, 71: 103973.
[108] PENG Y, YAN Y, WAN P, et al. Gut microbiota modulation and anti-inflammatory properties of anthocyanins from the fruits of *Lycium ruthenicum* Murray in dextran sodium sulfate-induced colitis in mice [J]. Free Radical Biology and Medicine, 2019, 136: 96-108.
[109] RENTZSCH M, SCHWARZ M, WINTERHALTER P. Pyranoanthocyanins – An overview on structures, occurrence, and pathways of formation [J]. Trends in Food Science & Technology, 2007, 18 (10): 526-534.
[110] STRAATHOF N, GIUSTI M M. Improvement of naturally derived food colorant performance with efficient pyranoanthocyanin formation from *Sambucus nigra* anthocyanins using caffeic acid and heat [J/OL]. Molecules, 2020, 25 (24): 5998.
[111] KO A, LEE J-S, SOP NAM H, et al. Stabilization of black soybean anthocyanin by chitosan nanoencapsulation and copigmentation [J]. Journal of Food Biochemistry, 2017, 41 (2): e12316.
[112] MOLDOVAN B, DAVID L. Influence of temperature and preserving agents on the stability of cornelian cherries anthocyanins [J/OL]. Molecules, 2014, 19 (6): 8177-8188.
[113] PEREIRA V A, DE ARRUDA I N Q, STEFANI R. Active chitosan/PVA films with anthocyanins from *Brassica oleraceae* (red cabbage) as time–temperature indicators for application in intelligent food packaging [J]. Food Hydrocolloids, 2015, 43: 180-188.

第三章

胡萝卜素的制备及应用

第一节 概述

类胡萝卜素是一种广泛分布的天然色素，对人类的健康起着非常重要的作用。类胡萝卜素种类繁多，根据其组成元素，可分为胡萝卜素和含氧类胡萝卜素两大类。胡萝卜素主要包括4种化合物，即 α- 胡萝卜素、β- 胡萝卜素、γ- 胡萝卜素和番茄红素，其中 β- 胡萝卜素和番茄红素被广泛研究。

一、食物来源

在人类饮食中发现的胡萝卜素主要来自农作物，其中水果和蔬菜是胡萝卜素的丰富来源。由于家禽或鱼类饲料中含有一定的植物或藻类产品，因此少量的胡萝卜素也可以从鸡蛋、家禽和鱼类中摄入[1]。作物中胡萝卜素的含量如表3-1所示。

表3-1 绿叶蔬菜、水果中胡萝卜素含量 单位：μg/g 鲜重

物种	胡萝卜素			
	总量	α- 胡萝卜素	β- 胡萝卜素	番茄红素
球芽甘蓝	1163	—	553	—
四季豆	940	70	376	—
蚕豆	767	—	261	—
西蓝花	2533	—	919	—
青菜	139	—	59	—
生菜	201	—	91	—
香芹	10335	—	4523	—
豌豆	2091	—	458	—
菠菜	9890	—	4021	—
豆瓣菜	16632	—	5919	—
杏	2196	37	1766	—
香蕉	126	50	39	—
胡萝卜（5月）	11427	2660	8597	—
胡萝卜（9月）	14693	3610	10800	—
橙	211	Nd	14	—

续表

物种	胡萝卜素			
	总量	α- 胡萝卜素	β- 胡萝卜素	番茄红素
胡椒	2784	167	416	—
桃	309	Tr	103	—
甜玉米	1978	60	59	—
番茄	3454	—	439	2937

注：数据包括顺式和反式异构体。Nd：未检测到；Tr：迹线；α-car：α- 胡萝卜素；β-car：β- 胡萝卜素。

膳食 β- 胡萝卜素的主要来源包括绿叶蔬菜以及橙色和黄色的水果和蔬菜。与大多数膳食胡萝卜素相比，番茄红素的来源有限。在膳食中至少 85% 的番茄红素来自番茄水果和番茄制品，其余来自西瓜、粉红葡萄柚、番石榴和番木瓜（表 3-2）。在番茄制品中，果汁、番茄酱、汤、比萨和意大利面酱是饮食中的主要成分。一项对欧洲胡萝卜素摄入量的调查显示，各国胡萝卜素的主要膳食来源存在很大差异[2]。

表 3-2　水果和番茄制品中的番茄红素含量[1]　　单位：μg/g 湿重

水果或番茄制品	番茄红素含量
新鲜番茄	8.8~42.0
西瓜	23.0~72.0
粉红番石榴	54.0
粉红葡萄柚	33.6
番木瓜	20.0~53.0
番茄酱	62.0
番茄汁	54.0~1500.0
番茄膏	50.0~116.0
番茄沙司	99.0~134.4
比萨酱	127.1

二、天然分布

胡萝卜素在高等植物、微生物以及藻类中都有分布，其中胡萝卜素的重要来源之一是蔬菜和水果等高等植物。

蔬菜和水果中的绿色组织除了叶子和茎，还包括果实、豆荚和豆类的种子。这些植物组织中的叶绿体含有叶绿素，因此呈现绿色。叶绿体中也含有胡萝卜素，包括*β*-胡萝卜素、微量的*α*-胡萝卜素等。随着果实的成熟，叶绿体中的叶绿素开始降解，植物的组织褪色，胡萝卜素在质体中合成并积累。一般绿色越深，表示叶绿体越多，合成的胡萝卜素的含量也越高。

黄色、橙色和红色的植物组织（包括果实、花、根和种子）中一般含有较多的胡萝卜素。水果中的胡萝卜素资源包括开环式的番茄红素、*β*-胡萝卜素以及*α*-胡萝卜素。柑橘类水果所含的胡萝卜素不仅存在于柑橘类水果的皮中，其内部组织和果汁中也有，但果汁产品当中的胡萝卜素组成根据加工方式有所不同。根菜类食物如胡萝卜和甘薯中含有很多的胡萝卜素，这些色素也是在叶绿体中合成与积累的。胡萝卜中胡萝卜素的总量及*α*-胡萝卜素、*β*-胡萝卜素之间的比例根据品种有所不同，一般*α*-胡萝卜素占总胡萝卜素含量的5%~50%。在较深橙色品种中，*β*-胡萝卜素的含量较高，并且外部组织（韧皮部）含量往往高于内部组织（木质部）；红色品种的胡萝卜中含有番茄红素，并以其作为自身的主要色素；而在黄色品种中大量的叶黄素取代了*β*-胡萝卜素。种子食物中甜玉米等外部的橙黄色包皮中主要含有叶黄素、*β*-胡萝卜素、玉米黄素和隐黄质[3]。可食用的高等植物花卉中最常见的是菜花和西蓝花，其中白色的西蓝花不含或只含有很少的胡萝卜素，而新型的橙色品种却可以生成*β*-胡萝卜素。此外，油棕榈树的果实可以合成并积累*α*-胡萝卜素和*β*-胡萝卜素，当果实被压榨时，这些胡萝卜素就会保留在油脂当中。

天然的胡萝卜素除了存在于果蔬的组织及果肉中，在某些果蔬加工残渣中也有一定含量（如番茄皮渣中富含番茄红素）。此外，天然的胡萝卜素还能够从工业废料中提取，例如，从玉米淀粉生产副产品蛋白粉中提取*β*-胡萝卜素，从以蚕沙为原料生产叶绿素铜钠盐的工厂的废渣中提取*β*-胡萝卜素，均可提高经济效益。

三、化学结构和理化性质

类胡萝卜素大多是以异戊二烯为基本结构单元的40个碳萜烯，是典型的脂溶性色素。胡萝卜素是严格意义上的碳氢化合物（*α*-和*β*-胡萝卜素、番茄红素），其中*β*-胡萝卜素的分子式为$C_{40}H_{56}$，相对分子质量为536.88，由4个异戊二烯双键首尾相连而成，分子两端分别有1个*β*-紫罗酮环，主要结构有全反式、9-顺式、13-顺式及15-顺式四种形式。其中全反式结构如图3-1所示。

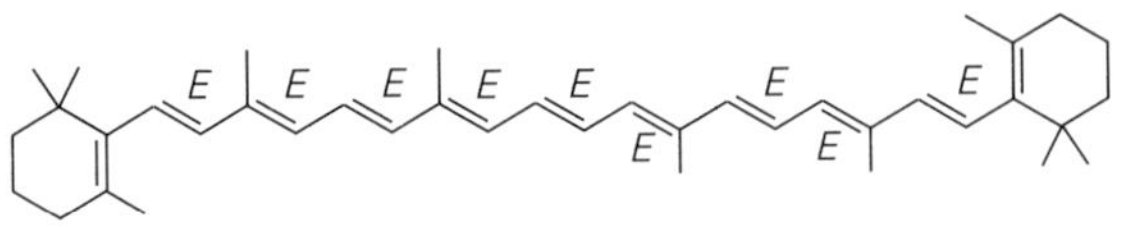

图3-1　*β*-胡萝卜素的全反式分子结构式

β-胡萝卜素颜色呈深红色至暗红色，形态为有光泽的斜方六面体或结晶粉末，熔点为184℃。不溶于水、丙二醇、甘油、酸和碱，溶于二硫化碳、苯、氯仿、己烷和植物油，

几乎不溶于甲醇和乙醇。稀溶液呈橙黄色至黄色，浓度增大时带橙色，因溶剂极性不同可能稍带红色。遇氧、热和光易发生氧化还原反应，在弱碱情况下较稳定[4]。

番茄红素是一种红色胡萝卜素，摩尔质量为536.89g/mol，是一种不饱和无环类胡萝卜素，具有11个线性共轭和2个非共轭双键，以及由8个异戊二烯单元组装的四萜烯。番茄红素不溶于水、乙醇和甲醇，通常溶解在有机溶剂中，如四氢呋喃、氯仿、己烷、苯、二硫化碳、丙酮、石油醚和植物油。由于其极端的疏水性及其他因素，人体从水果和蔬菜中吸收的番茄红素可能很低[5]。番茄红素在自然界中以全反式形式存在（包括新鲜番茄），这是其热力学最稳定的形式。虽然顺式异构体的稳定性较低，但它在脂质介质中的聚集和结晶倾向较低，溶解度较高，因此，顺式异构体具有更多的生物活性并具有更大的吸收。番茄红素由于其分子骨架中的11个共轭C═C碳双键可能具有2048种几何构型，但只有某些双键基团经历与空间位阻相关的几何异构化。番茄红素遭受异构化产生一系列单顺式或多顺式异构体，如5-顺式、9-顺式和13-顺式。几种番茄红素异构体的结构如图3-2所示。

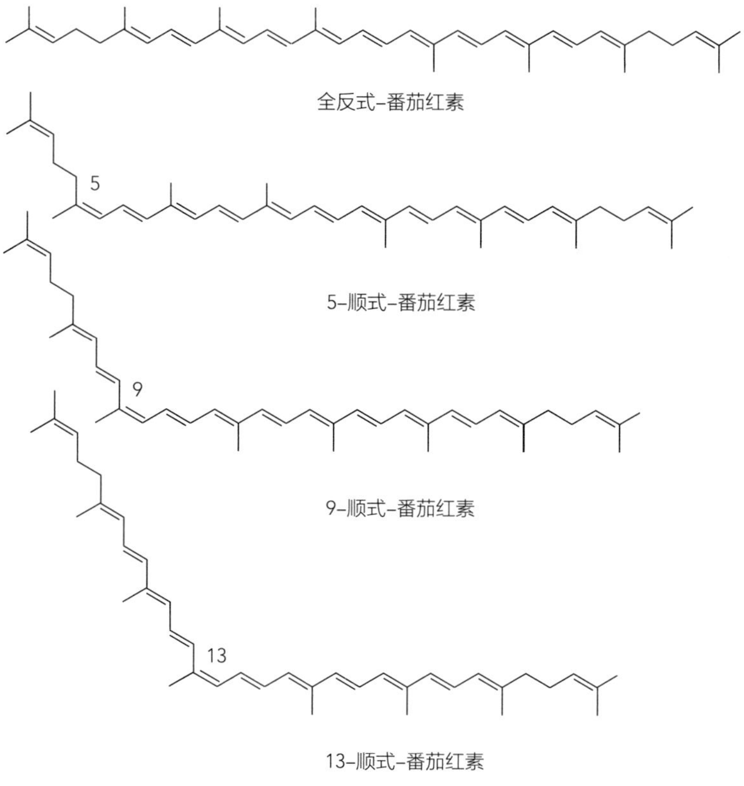

全反式-番茄红素

5
5-顺式-番茄红素

9
9-顺式-番茄红素

13
13-顺式-番茄红素

图3-2　番茄红素异构体的结构

类胡萝卜素通常被称为维生素A原，因为这种特殊的维生素是类胡萝卜素代谢的产物。尽管在自然界中已鉴定出近600种类胡萝卜素，但只有50种具有维生素A原活性。β- 胡萝卜素具有最高的维生素 A 原活性，断裂后能形成两分子的维生素 A，α- 胡萝卜素和 γ- 胡萝卜素碳链结构断裂后可形成一个分子的维生素 A，番茄红素由于不含 β- 紫罗酮结构，因此不具有维生素 A 原活性。图 3-3 所示为类胡萝卜素与维生素 A 的转化。

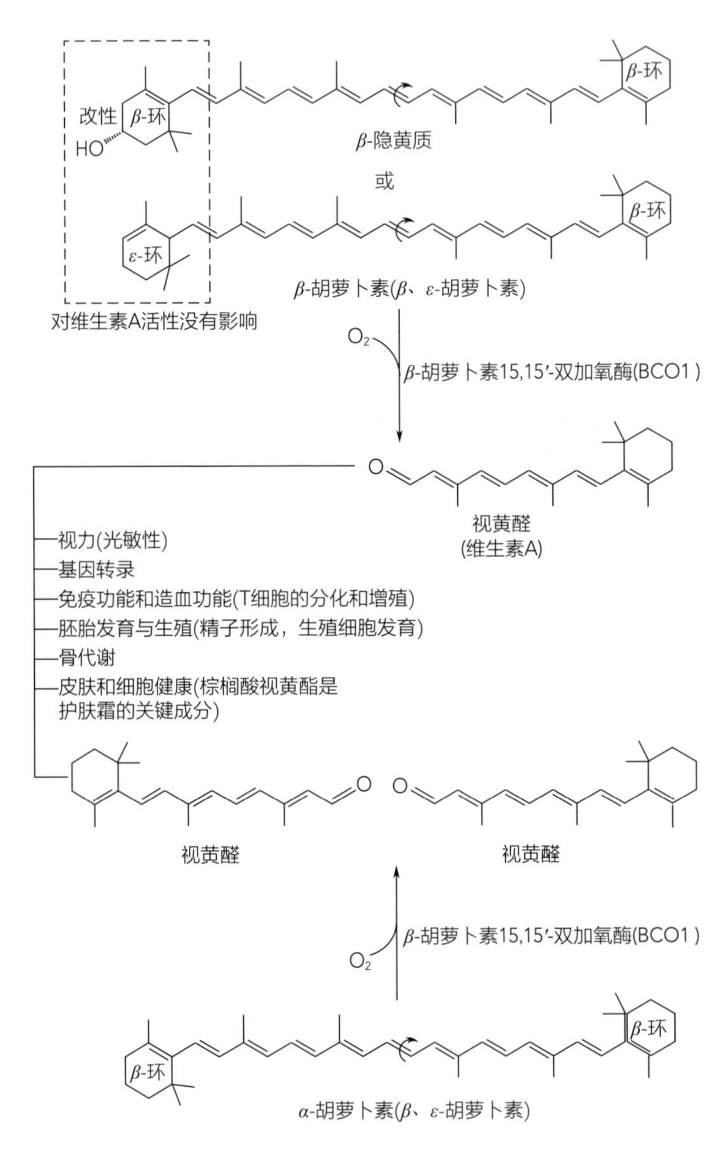

图 3-3　类胡萝卜素与维生素 A 的转化

第二节　胡萝卜素的有益功效

人体中的类胡萝卜素约 90% 存在于身体组织中，10% 存在于血浆中。此处，所有组织中，尤其是成年人的脂肪组织、肝脏和皮肤中含有一定浓度的β- 胡萝卜素和番茄红素如图 3-4 所示。据报道，睾丸、肾上腺和前列腺中也含有高浓度的番茄红素[6]。如表 3-3 所示，血浆中含有β- 胡萝卜素和番茄红素的不同异构体，它们在不同人群体内的含量存在一定差异。

表 3-3　人血浆中几种胡萝卜素的含量　　单位：μmol/L

种类	青年男子	青年女子	年长男子	年长女子
α- 胡萝卜素	0.09 ± 0.01	0.18 ± 0.04	0.27 ± 0.07	0.20 ± 0.04
全反式 -β- 胡萝卜素	0.44 ± 0.07	0.80 ± 0.17	1.51 ± 0.41	0.78 ± 0.10
13- 顺式 -β- 胡萝卜素	0.03 ± 0.01	0.05 ± 0.01	0.09 ± 0.02	0.04 ± 0.01
全反式 - 番茄红素	0.38 ± 0.05	0.37 ± 0.06	0.41 ± 0.06	0.28 ± 0.02
9- 顺式 - 番茄红素	0.07 ± 0.01	0.07 ± 0.01	0.08 ± 0.01	0.06 ± 0.00
13- 顺式 - 番茄红素	0.12 ± 0.02	0.10 ± 0.02	0.14 ± 0.02	0.09 ± 0.01
15- 顺式 - 番茄红素	0.01 ± 0.001	0.01 ± 0.001	0.01 ± 0.003	0.01 ± 0.00

对人类健康有益而又具有生物活性的胡萝卜素的数量不多，一般膳食类的胡萝卜素主要是β- 胡萝卜素和番茄红素，这些膳食胡萝卜素与降低慢性病的风险有关，包括心血管疾病、癌症和增强免疫反应，在某种程度上，胡萝卜素的保护作用被认为是通过其抗氧化活性实现的[7]。

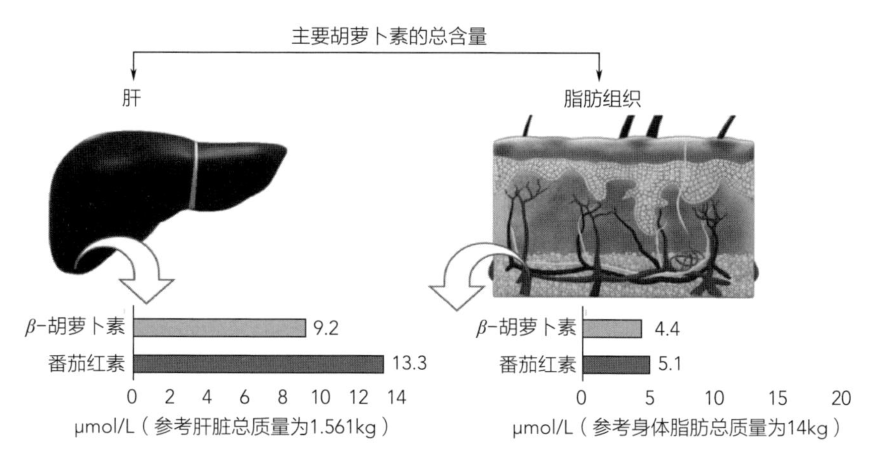

图 3-4　成年人肝脏和脂肪组织中主要胡萝卜素的平均总含量[7]

一、抗氧化作用

研究表明，胡萝卜素可淬灭单线态氧，清除自由基，阻止脂质过氧化，保护机体免受伤害。番茄红素具有很高的淬灭单线态氧（$^1O_2$）的能力。番茄红素可以与多种活性氧相互作用［如羟基自由基（·OH）、超氧阴离子（O_2^-）、和活性氮（RNS）］。在人体血浆和膳食中发现的胡萝卜素和其他抗氧化剂中，番茄红素具有最高的 $^1O_2$ 猝灭率。此外，由于其强大的抗氧化活性，番茄红素在保护细胞系统免受 ROS 和 RNS 的影响方面起着关键作用。在细胞机制中，主要通过物理方式猝灭（>99.5%）$^1O_2$，而化学猝灭（猝灭剂被氧化和消耗）被认为是一种微量的副反应。在物理猝灭中，番茄红素可以将 $^1O_2$ 失活为三重态未反应基态（$^3O_2$）并释放能量。同时，处于基态的番茄红素可以吸收能量并转变为激发态，随后以热量的形式将能量耗散到邻近环境中，并返回其原始基态。由于番茄红素在细胞膜脂质双层的疏水核心中占据一个位置（由于极疏水性 25℃时的 log*P* 值为 14.5），这种猝灭过程发生在细胞膜的疏水核心深处[8]。

β- 胡萝卜素的抗氧化作用是基于其分子中的多个共轭多烯双键的特殊结构，这种结构使其能与含氧自由基发生不可逆性反应，生成非常稳定的以碳为中心的自由基 *β*-car·，这个碳核自由基可以迅速可逆地与氧反应生成一种新的带链的过氧化自由基 *β*-car-OO·，*β*- 胡萝卜素过氧复合物再与其他过氧基生成非活性物质，从而不断清除体内的自由基。

β- 胡萝卜素与含氧自由基之间的反应：

$$\beta\text{-carotene+ROO}\cdot \rightarrow \beta\text{-carotene}\cdot\text{+ROOH} \quad (1)$$

$$\beta\text{-carotene}\cdot\text{+}O_2 \risingdotseq \beta\text{-carotene-OO}\cdot \quad (2)$$

$$\beta\text{-carotene-OO}\cdot\text{+ROO}\cdot \rightarrow \text{非活性产物} \quad (3)$$

除此之外，番茄红素还可以改善细胞中酶（超氧化物歧化酶、过氧化氢酶和过氧化物酶）和非酶抗氧化剂（维生素 E 和维生素 C）的状态，作为重要的抗氧化剂。

二、抗癌作用

膳食番茄红素正在成为各种癌症（包括乳腺癌、结直肠癌、肺癌和前列腺癌）化学预防和化疗的潜在药物。核因子 *κ*B（NF-*κ*B）是一种转录因子，在慢性炎症和肿瘤发生的过程中起着重要的作用，包括致癌基因的转录、促炎细胞因子的产生和细胞增殖的增强。在未受刺激细胞的细胞质中，NF-*κ*B 作为一种非活性的异二聚体被分隔，与抑制剂——NF-*κ*B 抑制蛋白（I*κ*B）结合。ROS、白细胞介素 -1*β*（IL-1*β*）、脂多糖（LPS）、肿瘤坏死因子 -*α*（TNF-*α*）和电离辐射激活 NF-*κ*B 信号通路涉及 I*κ*B 激酶介导的磷酸化（人 I*κ*B*α* 中的丝氨酸残基）、I*κ*B 的泛素 - 蛋白酶体依赖性降解，导致活性 NF-*κ*B 异二聚体的核易位以及与抗凋亡（如 BCL-2、BCL-XL、GADD45*β*）、细胞周期（Cyclin D1）、转移原（MMP9）和炎症（白细胞介素和 COX-2）有关的几个靶基因的转激活。图 3-5（1）显示了参与 NF-*κ*B 激活的主要上游激酶。黏着斑激酶（PTK-2），参与整合素受体产生的信号向下游 MAPK/ERK 级联的传递，导致致癌转录因子 NF-*κ*B 的激活和核易位等细胞反应，它能调节细胞间局灶性黏附动态，增强癌细胞生存和转移。番茄红素处理可以显著降低 PKB（亦称 Akt）、p38 MAPK（p38）、JNK（属于 MAPK 家族）和 ERK1/2 的水平。

番茄红素对多个癌细胞的强细胞毒性和抗增殖作用由多种细胞和分子调节机制的组合介导，包括：①在肿瘤细胞环境（如氧张力）下，由于番茄红素的促氧化活性而导致的氧化应激增强；② MAPK 的活性和磷酸化降低，尤其是 Akt、JNK、p38 和 ERK1/2；③促凋亡蛋白 Bax 的过度表达和 caspase 级联的激活促进凋亡[9]；④增强增殖抑制蛋白 IL-12、IFNγ、p21、p27、p53、TIMP、GADD153 和核苷二磷酸激酶 A（NME-1 或 Nm23-H1）的活性；⑤降低诱导癌症 NF-κB、MMPs、Rho、GTPase、Skp-2 和 HIF-1α 的活性［图 3-5（2）］；⑥ G0/G1 期细胞周期停滞；⑦通过调节 E-cadherin 黏附蛋白和 GJIC 抑制转移；⑧通过抑制内皮细胞迁移和血管内皮生长因子的活性来减少血管生成。

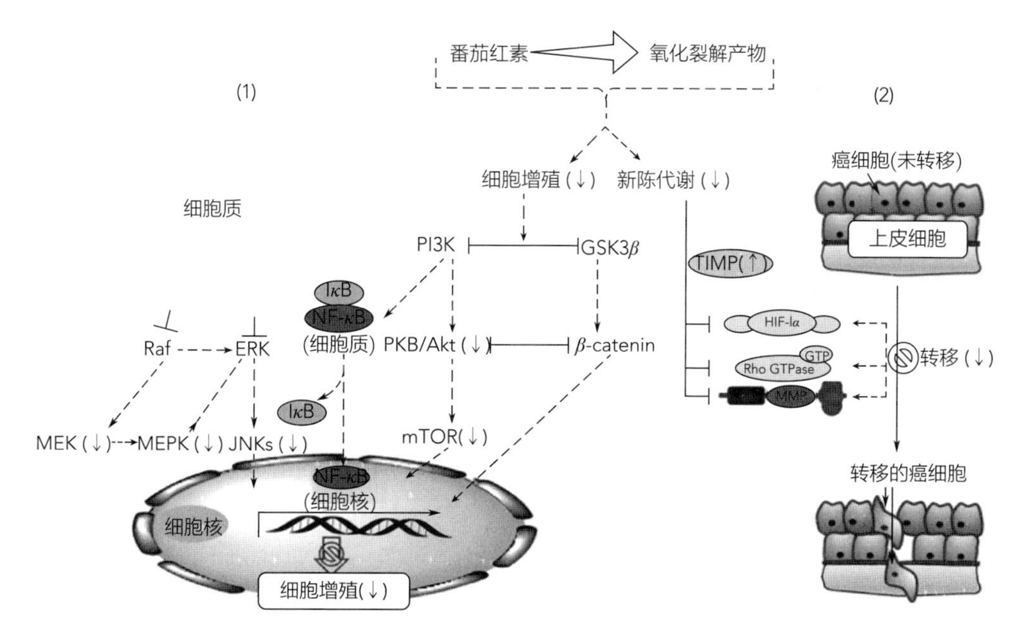

图 3-5　番茄红素调节（1）致癌信号中的关键调节点以抑制癌细胞增殖和（2）癌细胞转移

TIMP—基质金属蛋白酶抑制剂；HIF-1α—缺氧诱导因子 -1α；Rho GTPase—肌动蛋白重组的中枢调节因子；GTP—三磷酸鸟苷；MMP—基质金属蛋白酶；GSK3β—糖原合酶激酶 3β；β-catenin—β- 连环蛋白；PI3K—磷脂酰肌醇 3- 激酶；PKB/Akt—蛋白激酶 B；mTOR—哺乳动物雷帕霉素靶蛋白；IκB—κB 抑制剂；NF-κB—核因子 κB；ERK—细胞外信号调节激酶；JNKs—c-Jun 氨基末端激酶，又称应激活化蛋白激酶；Raf—Raf 激酶，Raf 为快速加速纤维肉瘤；MEK—分裂原活化抑制剂。

注：上调和下调由上调表示（↑）和向下（↓）箭头；抑制由带有小水平线的垂直线表示（⊥）。

在正常细胞中，番茄红素和其他胡萝卜素通过最小化氧化应激发挥细胞保护作用。然而，胡萝卜素可以通过触发 ROS 的产生（促氧化作用）来触发多种癌细胞的凋亡。通过化学诱导的番茄红素氧化产物（COL，如载脂蛋白、载脂蛋白酸和载脂蛋白类胡萝卜素）增强的 ROS 生成水平也被认为在 HeLa、PC3 和 MCF-7 细胞系的凋亡中具有过渡步骤。COL 通过调节典型的形态学变化和 DNA 缩合，增加 MDA 和 ROS 水平以及 GSH 耗尽水平，从而降低了癌细胞的生存能力[10]。图 3-6 概述了由番茄红素及其代谢物（如脱番茄红素）可能的促氧化作用介导的癌细胞凋亡。

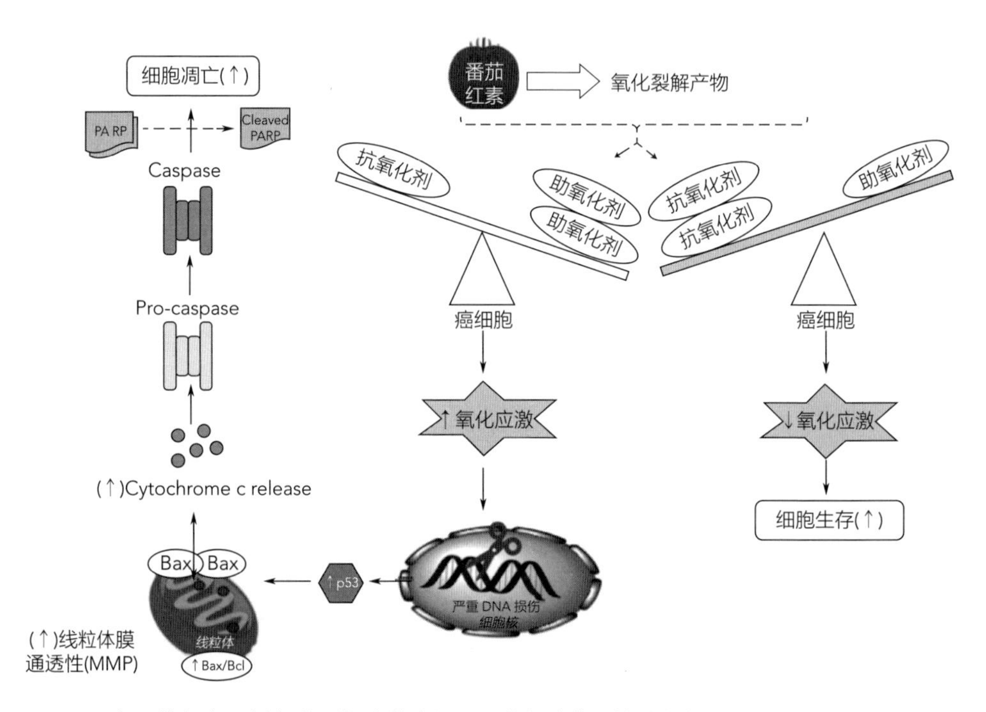

图 3-6 由番茄红素及其氧化裂解产物（如脱番茄红素）可能的促氧化作用介导的癌细胞凋亡

PARP—多聚 ADP 核糖聚合酶，是 DNA 修复酶；cleaved PARP—PARP 受到半胱氨酸蛋白酶的切割而产生的一种产物；caspase—含半胱氨酸的天冬氨酸蛋白水解酶；pro-caspase—半胱天冬酶原；cytochrome c release—细胞色素 C 释放；Bax—BCL2-associated X 的蛋白质；Bcl—B 淋巴细胞瘤。

注：上调和下调由上调表示（↑）和向下（↓）箭头。

胡萝卜素及其酶 / 氧化代谢物产物的抗氧化 / 促氧化活性受多种因素的影响。例如，在高浓度、高氧压和不平衡的细胞内氧化还原状态下，β- 胡萝卜素的促氧化活性超过抗氧化剂活性。β- 胡萝卜素的促氧化活性已在一些体外、体内和人体研究中得到广泛研究。在中等水平的氧化应激下，β- 胡萝卜素通过清除 $^1O_2$，对脂质 ROO· 起到强有力的破链抗氧化剂的作用。然而，在氧化应激水平下（吸烟者的肺），β- 胡萝卜素通过产生 ROO· 显示出促氧化活性[11]。

三、抗炎作用

炎症是一种针对不同的有害刺激而激活的免疫应答机制，一方面消除有害刺激，另一方面启动愈合过程，它是组织再生、修复和重塑，甚至是调节组织止血的一个非常重要的步骤。炎症反应伴随着受损组织中某些细胞信号通路的激活，这些信号通路吸引炎症血细胞并调节炎症介质的水平。尽管它的作用明显，但不受控制的炎症会导致不同类型的慢性疾病，如癌症和关节炎。

炎症的促进受到炎症介质的调节，这些介质含有不同类型的细胞因子[如白细胞介素 -1（IL-1）、白细胞介素 -5（IL-5）、白细胞介素 -6（IL-6）、干扰素 -γ（IFN-γ）和肿瘤坏死因子 α（TNF-α）]、趋化因子[如白细胞介素 -8（IL-8）、血管细胞黏附分子 1（VCAM-1）、单核细胞趋化蛋白（MCP-1）]、前列腺素、自由基、酶[如基质金属蛋白酶（MMP）、环氧合酶（COX）]和生长因子，这些介质的激活导致血管内皮细胞的通透性增加，然后使用免疫试剂（如嗜中性粒细胞），从而消除破坏性物质并促进愈合。控制炎症过程可以通过调节这些介质的表达来实现。到目前为止，已经介绍了几种来自天然和化学来源的抗炎药，包括黄酮类、类胡萝卜素和视黄醇[12]。

番茄红素由于其亲脂性而产生的抗炎作用与细胞膜密切相关，并使它们能够调节炎症介质信号通路，激活抗氧化基因的表达。番茄红素可以阻止不同类型的细胞因子（如 IL1、IL6、IL8 和 TNF-α）、趋化因子、一氧化氮（NO）和环氧合酶的产生，这些细胞因子可以调节免疫系统反应[13]。它还可以通过附着于 IκB 蛋白（NF-κB 抑制剂）来抑制 NF-κB 信号通路，从而维持其对 NF-κB 的附着并防止其移至细胞核。因此，番茄红素主要通过两种策略发挥其抗炎作用：阻止炎症介质的正反馈回路和刺激负反馈机制[14]。图 3-7 所示为胡萝卜素对不同炎症信号通路的抗炎作用方案。

番茄红素的这种抗炎特性使其可以作为治疗癌症、影响人类健康、抑制转移和肿瘤进展、预防与肥胖有关的代谢紊乱、预防神经退行性疾病（通过抑制神经炎症信号传导）等的有效药物。

番茄红素可以用于治疗血管炎症性疾病，能通过消除 HMGB1 受体、细胞黏附分子（CAM）、晚期糖基化终产物受体（RAGE）以及 Toll 样受体 2（TLR^2）和 Toll 样受体 4（TLR4）的表达来预防由 HMGB1 激活的原代人脐静脉内皮细胞（HUVECs）中的高迁移率组框 1（HMGB1）介导的促炎反应。这些事件能够抑制由脂多糖（LPS）介导的 HMGB1 释放，防止 HMGB1 介导的肿瘤坏死因子（TNF-）分泌性磷脂酶 A2（sPLA2）-IIA 表达，从而下调内皮细胞中 HMGB1 介导的促炎信号[15]。

番茄红素在 β- 淀粉样蛋白（Aβ）介导的炎症中表现出保护作用，通过减少 Toll 样受体 4（TLR4）和 NF-κB p65 mRNA 的表达以及血清中 TNF-α、IL-1β 和 IL-6β 的量，可以改善学习和记忆功能缺陷，从而消除 β- 淀粉样蛋白在海马组织中的沉积（图 3-8）。

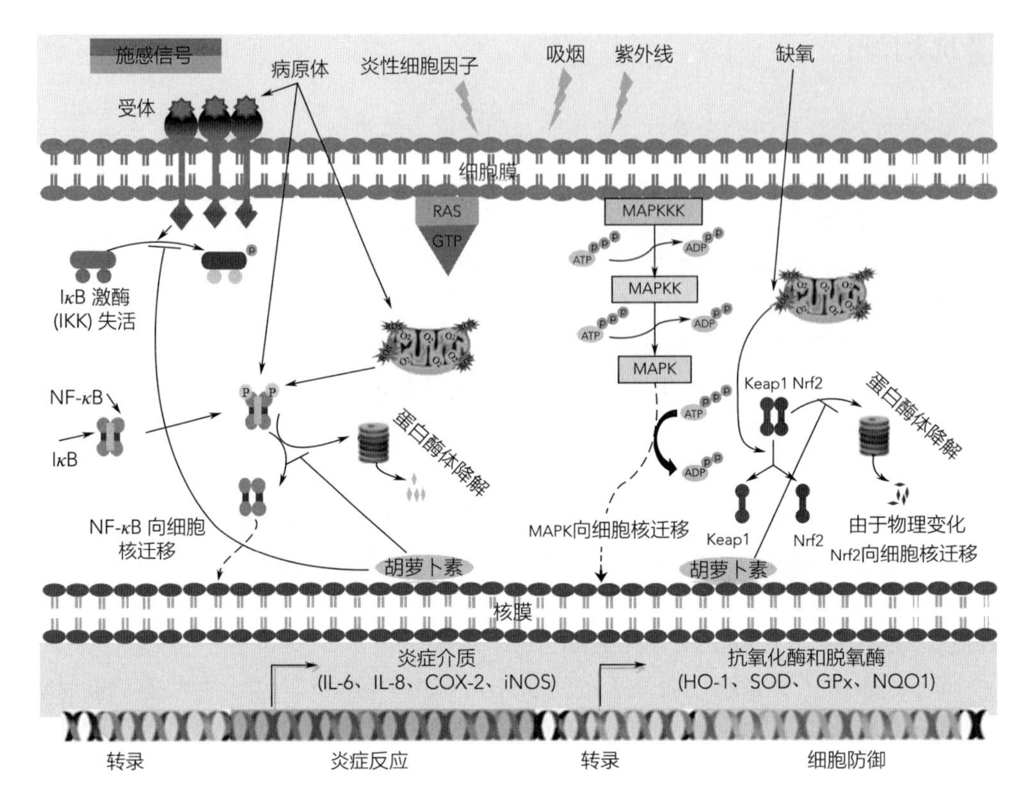

图 3-7　胡萝卜素对不同炎症信号通路的抗炎作用方案[16]

RAS—全称“reliability, availability and serviceability”，一种致癌蛋白是比较明确的信号传导通路；GTP—三磷酸鸟苷；iNOS—诱导型一氧化氮合酶；HO-1—血红素加氧酶 1；SOD—超氧化物歧化酶；GPx—谷胱甘肽过氧化物酶；NQO1—醌氧化还原酶 1；ATP—三磷酸腺苷；ADP—二磷酸腺苷；MAPK—丝裂原活化蛋白激酶；MAPKK：MAPK 激酶；MAPKKK—MAPK 激酶的激酶；Keap1—Kelch 样 ECH 关联蛋白 1 重组蛋白；Nrf2—核因子 E2 相关因子 2。

它通过阻止 TLR4（即 NF-κB）的活化而表现出抗炎作用，并对 Aβ 的解聚有直接作用[17]；它还可以通过减少炎症标志物来减少阿特拉津（ATR）诱导的心脏损伤。事实上，它可以调节一氧化氮合酶（NOS）和一氧化氮（NO）含量的量，并通过阻断 NF-κB 途径减少细胞因子和趋化因子的产生[18]。

四、其他功效

胡萝卜素还具有其他生物学功效：①增强机体的免疫功能；②维护上皮组织细胞的健康；③影响衰老相关的功能；④保护心血管。

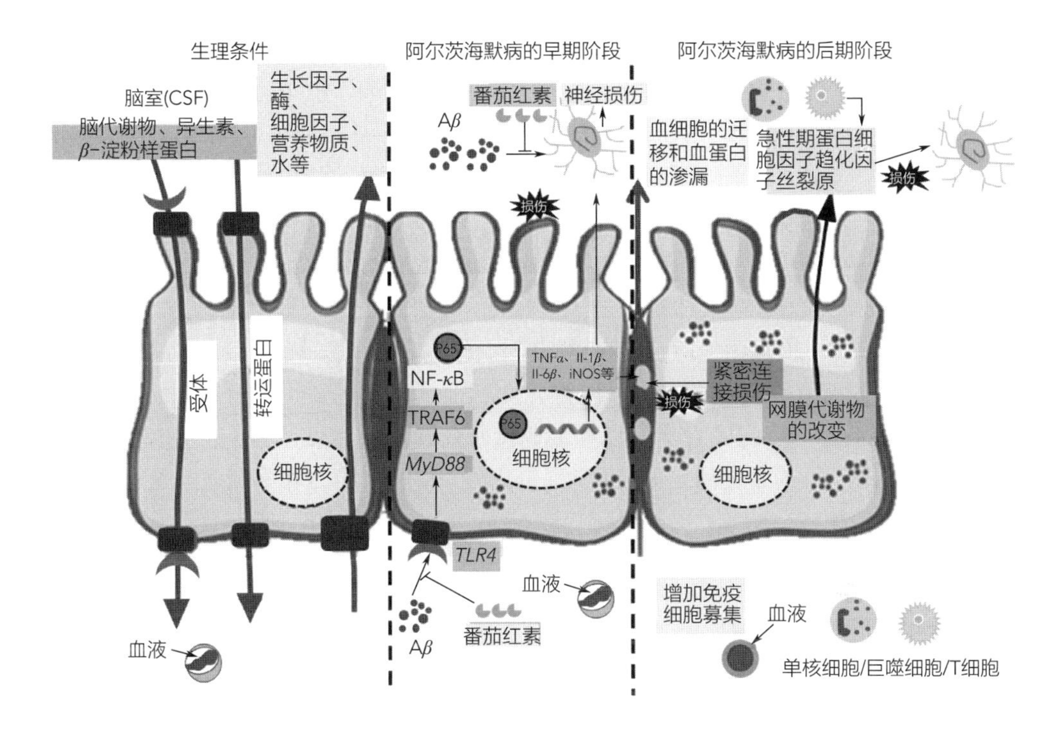

图 3-8　番茄红素对 β- 淀粉样蛋白介导的炎症的抗炎作用

P65—被称为 RelA，是构成 NF-κB 转录因子家族的五种成分之一；TRAF6—泛素连接酶 6；*MyD88*—位于 3 号染色体的基因；*TLR4*—位于 9 号染色体的基因。

第三节　胡萝卜素的提取和纯化

一、传统提取方法

胡萝卜素存在于植物细胞有色体中，细胞屏障极大地阻碍了其提取。因此，提取前要先破坏细胞，再用溶剂提取来分离胡萝卜素，其中主要使用有机溶剂。此外，绿色溶剂，如二氧化碳、植物油、离子液体和低共熔溶剂等，也可用于提取胡萝卜素。

（一）有机溶剂提取

有机溶剂提取是最典型、应用最广泛的方法。胡萝卜素提取方法中，植物样品最常用的溶剂是己烷、丙酮和乙醇 - 己烷（4 ∶ 3，体积比）。然而，大多数溶剂都具有污染环境和安全风险，一般乙醇和丙酮是食品应用中首选的两种溶剂。

酶和非酶氧化、氧的利用率、温度和光照极易影响胡萝卜素的稳定性。因此，提取胡萝卜素应在尽可能短的时间内进行。然而，许多传统的提取方法温度较高，会导致胡萝卜素的快速降解，甚至导致胡萝卜素异构化形成顺式异构体，促进颜色的损失和维生素原活性的降低。除了热降解，另一个主要缺点是溶剂在产品中的残留。通常，由于最终产品可能含有微量溶剂，会限制提取物在食品中的使用[19]。根据美国食品与药物管理局（FDA）的规定，有机溶剂（如己烷和甲醇）由于其毒性，限制在医药和食品中使用。建议己烷的日允许暴露量为2.9mg/d，甲醇为30mg/d。乙酸乙酯和乙醇虽然具有长期毒性或致癌性，但毒性较小，对人体健康的风险较低，可以接受的残留溶剂量为≤50mg/d。此外，每年有大量（2000万t）有机溶剂释放到大气中，导致严重的环境污染。这些缺点加上对生态问题和经济考虑的增加，使得开发其他提取溶剂显得十分重要。在过去几十年中，“绿色化学”一词成为学术界和工业界研究的主要焦点，以尽量减少对环境和健康的影响。绿色溶剂必须满足如低毒性、易得性、高回收能力和萃取效率等一些基本要求[20]。通过使用绿色溶剂，可以优化提取过程，减少溶剂用量，这有助于实现可持续环境。

（二）超临界CO_2萃取

超临界CO_2萃取被认为是提取胡萝卜素作为膳食补充剂的最佳技术。超临界CO_2作为溶剂能避免有害溶剂的残留毒性问题。超临界CO_2溶剂能有效地从番茄等果皮组织中萃取番茄红素等胡萝卜素。Sanal等[21]以杏皮渣为原料进行超临界CO_2萃取β-胡萝卜素，得率为98μg/g（干基）。Cadoni等[22]采用超临界CO_2萃取番茄浆和番茄皮中的番茄红素和β-胡萝卜素，用氯仿作夹带剂，得到的萃取物中含有65%的番茄红素（644.1μg/g）和35%的β-胡萝卜素（348.8μg/g），与索氏提取的得率一致。

（三）食用油提取

对食品工业来说，食用油作为一种有机溶剂的替代提取溶剂有广阔的应用前景，无毒的食用植物油可以抑制番茄红素的氧化，延长番茄红素的保质期。Kunthakudee等[23]研究了几种不同类型油的提取效果，发现提取率大小顺序为椰子油 > 大豆油 > 橄榄油 > 棕榈油 > 葵花子油，用椰子油提取番茄红素含量最高。植物油种类也会影响胡萝卜素的生物可及性。胡萝卜素在中链甘油三酯（如椰子油）产生的混合胶束中的生物可及性较低，而在向日葵油等长链甘油三酯生成的混合胶束中具有相对较高的生物可及性。

葵花子油原料来源广泛丰富。Rahimi等[24]使用葵花子油和超声波提取番茄红素，并比较了几种不同的溶剂：己烷、丙酮、甲醇的混合物（2∶1∶1，体积比）和葵花子油。当使用葵花子油和超声波时，在最优的提取条件下番茄红素的得率为81%。最近，Jurić等[25]也利用葵花子油从番茄中提取了番茄红素，并制备了稳定的皮克林乳液。

此外，橄榄油也被用于胡萝卜素的提取。Kehili等[26]以不同温度（40~80℃）、搅拌速度（200~400r/min）和料液比（25~55g/L）利用橄榄油提取番茄皮中的番茄红素，在最优条件下，得到的番茄红素浓度为35mg/kg。此外，提取过程中的异构化也会影响其溶解度。顺式番茄红素倾向于呈现无定形聚集体的形式，具有较高的溶解度；而反式番茄红素呈现晶体，倾向于作为悬浮液扩散在油中[27]。

总之，食品工业中使用植物油作为溶剂从植物组织中提取番茄红素等胡萝卜素是可行的，主要依赖于两个因素：①植物油是食品中推荐的溶剂；②植物油中存在抗氧化剂，它可以增强番茄红素的稳定性。不过由于植物油的非挥发性，这也意味着在提取后油中番茄红素的浓度不能增加。

（四）离子液体提取

除植物油提取外，离子液体也用作胡萝卜素的绿色提取溶剂。离子液体是一种液态低熔点（<100℃）离子盐，可重复使用，这将减少所需的材料和产生的废物。此外，离子溶液可以增加溶质在溶剂中的溶解度和稳定性。离子液体的高热稳定性和化学稳定性使离子液体能够在高温下快速提取胡萝卜素[28]。

在高于室温的条件下，离子液体通常也表现出低表面张力。低表面张力有利于溶剂更好地溶解到植物组织中。离子液体在预处理步骤中用作胡萝卜素的绿色溶剂，以提高提取率。之前研究表明，在提取溶剂（正己烷）中添加离子液体（1-甲基-3-辛氧基甲基咪唑四氟硼酸盐）能提高全反式-β-胡萝卜素的提取率，其比单独提取溶剂高100倍[29]。Vieira等[30]使用不同离子液体水溶液从褐藻中提取岩藻黄素，结果表明十二烷基硫酸钠能有效提取胡萝卜素，而一些离子液体和表面活性剂则不能提取岩藻黄素。然而，在另一项研究中，使用含有1-丁基-3-甲基咪唑鎓的离子溶剂提取的胡萝卜素的抗氧化活性值低于丙酮提取的胡萝卜素的抗氧化活性[31]。除了从番茄中提取胡萝卜素，1-丁基-3-甲基咪唑鎓也被用于从虾废料中提取虾青素。由于虾青素和离子液体之间会产生氢键等相互作用，离子液体能促进虾青素提取且其烷基链长度会影响虾青素的提取率。

（五）低共熔溶剂

低共熔溶剂（DES）由氢键供体和氢键受体组成，通过形成氢键网络，从而产生具有独特特征的液体。DES具有生物降解、生物相容性好、成本低、制备方便等优点。由天然成分（如植物代谢产物）合成的DESs被称为天然低共熔溶剂（NADES），其中最常见的是由氯化胆碱、有机酸（如苹果酸、柠檬酸）和糖（如葡萄糖、蔗糖）组成。除了亲水的NADES外，疏水的天然低共熔溶剂（HNADES）也在最近出现。由萜烯（如薄荷醇、百里香酚）与有机酸（如月桂酸、油酸）组成的不同HNADES已被用于提取各种疏水生物活性分子[32]。HNADES还被用于从螺旋藻、粗棕榈油和雨生红球藻中提取胡萝卜素，从微藻中提取叶黄素，从南瓜中提取β-胡萝卜素，以及从果汁中提取β-胡萝卜素和番茄红素。Kyriakoudi等[32]采用响应面法使用HNADES对番茄中胡萝卜素进行提取研究，胡萝卜素回收率为36.9%，主要胡萝卜素为番茄红素。

二、物理辅助提取方法

使用非热或其他辅助提取技术可以加速胡萝卜素的提取。其中，用最广泛的技术包括微波辅助提取（MAE）、超声辅助提取（UAE）、酶辅助提取（EAE）和高压液体提取（HPLE）。不同辅助提取方法的优缺点如表 3-4 所示。

表 3-4 不同物理辅助提取方法提取胡萝卜素的优缺点

提取方法	优点	缺点
索氏抽提	①常规方法胡萝卜素回收率最高； ②操作简单，不需要复杂仪器； ③连续接触新鲜溶剂	①提取时间长； ②溶剂用量大； ③提取成本高； ④易引起胡萝卜素的热降解和顺反异构化
微波辅助提取	①操作简单； ②提取时间短； ③经济	易引起胡萝卜素的热降解和顺反异构化
超声辅助提取	①操作简单； ②提取时间短； ③提取效率高	超声波探头表面的老化会影响提取效率
酶辅助提取	①提取时间短； ②提取效率高； ③溶剂消耗少	酶的成本很高
高压液体提取	①提取时间短； ②提取效率高； ③溶剂消耗少	由于植物基质中的糖和果胶造成堵塞，难以大量应用

（一）微波辅助提取（MAE）

MAE 是一种简单、快速、廉价的胡萝卜素提取方法。工作原理是利用微波穿透生物材料，然后与水等极性分子相互作用产生热量蒸发细胞内的水分，从而增加细胞壁内的压力，破坏样品组织结构，其组织孔隙度的增加使提取溶剂更好地渗透，并提高胡萝卜素的提取率[33]。微波的效果取决于所用离子溶剂和植物组织的介电敏感性。因为水具有相对较高的介电常数，用含水量高的植物样品可以提高胡萝卜素的回收率。

合适的溶剂对 MAE 十分重要。选择合适溶剂的三个主要参数是溶解度、介电常数和耗散因子。与具有低介电常数的非极性溶剂（如己烷）相比，具有高介电常数的溶剂（如水、乙醇和甲醇）可以吸收大量的微波能量。溶剂混合物可用于调节溶剂和微波之间的相互作用。耗散因子代表溶剂在微波下的加热效率。尽管水具有高介电常数，但它耗散因子较低，因此样品内部的水分不能被有效加热。因此，即使不使用水作为提取溶剂，微波也可以提高胡萝卜素提取效率。据报道，与己烷相比，使用乙酸乙酯作为MAE的溶剂对番茄红素具有更高的回收率。与索氏提取技术相比，使用MAE可以在减少提取时间的情况下产生大量的胡萝卜素。MAE因具有很短的提取时间和很少的溶剂用量，可与其他提取方法如超临界流体提取相媲美。但是，MAE需要额外的过滤或离心来去除固体残留物。

（二）超声辅助提取（UAE）

UAE是从食品中提取胡萝卜素的一种廉价、快速和有效的方法。与其他传统方法相比，这种方法主要是利用超声空化[34]。UAE技术从番茄副产品（皮、种子和果肉）中提取胡萝卜素有广阔的应用前景，与传统提取相比提取率提高43%，也不会导致胡萝卜素的降解。然而，样品经超声波处理可能会降低番茄红素的体外生物利用率。这可能是因为超声波能量能够引起植物细胞的快速压缩和膨胀，使样品周围形成气泡，导致番茄浆被部分去酯化，植物中的果胶分子被释放出来，同时由于氢键和疏水相互作用，从而导致凝胶物质的形成[35]。当胡萝卜汁在不同的时间间隔进行超声波处理时，发现当*β*-胡萝卜素浓度增加到95μg/g后，会出现样品氧化导致过氧化物含量增加的现象。这是由于*β*-胡萝卜素在较高浓度下表现出促氧化作用。这些研究表明提取条件非常重要，因为非热技术如超声波对提取胡萝卜素的作用并不总是正向的。

（三）酶辅助提取（EAE）

在植物提取中通常使用水解酶辅助提取，如果胶酶和纤维素酶。这些酶用于分解细胞壁，以便有效提取和释放胡萝卜素[36]。用于植物预处理的酶的浓度范围为0.01%~0.1%（质量分数）。而且，水对于酶水解的发生至关重要。然而，过量的水导致组织中水相的形成，阻止溶剂与胡萝卜素接触，因此降低了提取效率。搅拌能够促进酶从水相（上清液）扩散到固相（植物），从而促进细胞壁的溶解，并提高提取率，所以搅拌在酶处理中至关重要。

果胶酶和纤维素酶是EAE中常用的两种酶。细胞壁由纤维素、果胶化合物、半纤维素和糖蛋白组成。果胶酶可以分解在植物初生细胞壁和中层的果胶。纤维素酶水解也可以分解在细胞壁中的纤维素的1，4-*β*-*d*-糖苷键。果胶和纤维素的分解可以增加细胞壁的渗透性，从而增加胡萝卜素的提取率。研究证实，在从番茄中提取总胡萝卜素和番茄红素时，经酶处理的样品的提取率有所增加[37]。据报道，与果胶酶相比，纤维素酶能获得更高的番茄红素产量，这可能是由于番茄中纤维素和半纤维素的含量高。与丙酮、乙醇和乙酸乙酯-己烷相比，在酶处理后通过使用样品中的乳酸乙酯进行提取可获得更高的总胡萝卜素和番茄红素产量[38]。酶处理具有用量小、时间短、产量高等优点。然而，EAE在大规模工业提取中受限，因为酶对于大量原材料的加工成本过高，并且它们受环境条件限制大。

（四）高压液体提取（HPLE）

HPLE是一种绿色的替代技术，在恒定的高压下进行提取，以提高胡萝卜素的提取率。

持续的高压可以增加细胞渗透性和分子间相互作用，促进提取溶剂的渗透，并增强胡萝卜素的传质[36]。压力参数通常设定在10~15MPa，温度参数在50~200℃。该方法类似于超临界流体提取：高温不仅提高了胡萝卜素的提取速率，而且高温促使胡萝卜素-蛋白质复合物变性；高压加速了提取过程，同时减少了溶剂消耗量。实验室规模的HPLE设备已经被发明使用，可以完美地控制温度、压力、提取时间和溶剂，多个样品同时提取。在高压不锈钢容器中，样品可以受到保护，免受氧气和光线的影响。HPLE已被用于从胡萝卜副产品、辣椒、微藻以及各种食品（如布丁粉、早餐麦片、饼干、香肠和商业饮料）中提取胡萝卜素。

HPLE因为使用无毒的萃取溶剂，且具有较高的经济和环境优势，是回收胡萝卜素的理想方法。HPLE时，随着温度升高，溶剂的介电常数降低，可以降低溶剂的极性。因此，调整温度可以使溶剂极性与化合物相匹配。此外，较高的温度也有助于溶剂扩散到植物组织中，从而缩短提取时间。有报道称，使用HPLE在短时间内（5min）提取可获得高回收率的非极性胡萝卜素[39]。另一项研究还显示，与30min的传统溶剂提取工艺相比，从番茄废料中提取的产量更高，所需时间相对较短（10min）。此外，与常规溶剂提取（10mL/g）相比，HPLE使用的溶剂量更低（6mL/g），而提取率却有所提高[40]。

三、创新提取方法

胡萝卜素被包裹在蔬菜组织中，当食用新鲜水果和蔬菜时，只有一部分胡萝卜素被释放出来。在食品加工中通过破坏来削弱胡萝卜素与其组织之间的结合力，进而释放胡萝卜素。目前，有一种打破细胞壁提取胡萝卜素的新型技术——自上而下的纳米技术方法。

纳米技术自上而下方法中使用的机械处理是纳米技术价值链中的纳米工具。它可用于加工农产品或副产品。因为它将大块材料分解成纳米结构，这一过程有助于破坏植物细胞组织并增加细胞内胡萝卜素的释放，包括高压均质、微流化、超细摩擦研磨（图3-9）。

（一）高压均质

Juríc等[41]比较了高速剪切混合（20000r/min，5min）和高压均质处理（100MPa，1~10次）回收番茄皮中活性化合物。与高剪切相比，高压均质导致细胞内化合物的释放增加，如蛋白质（+70.5%）和多酚（+32.2%），抗氧化活性相应增加（+23.3%），油-水界面张力降低（15.0%）。此外，使用高速剪切作为预处理，在水和葵花子油的存在下形成乳液，对番茄残渣进行高压均质（100 MPa，10次）处理，葵花油能够促进活性化合物的提取，同时形成由微粉化残渣稳定的O/W乳液[25]。

（二）微流化

微流化是一种新的均质化技术，具有提高表面积、孔隙率、保水性、溶胀性、保油性、阳离子交换能力和酚类化合物的暴露的能力。微流化被开发用于生产纳米材料，如纳米乳液和纳米纤维素，可以增加纤维的抗氧化性能，在谷物麸皮生产纤维方面具有良好应用前景[42]。这种技术已经被用于增加番茄酱混合物中番茄红素的浓度。结果表明，在20~200MPa的压力范围内，较高的微流化压力会导致番茄红素提取效率提高，在14.9~28.2mg/100g（湿重）[43]。在200MPa下，番茄红素的最高浓度为2.2mg/100g（湿重）。值得注意的是，在使用微流化处理样品之前，需要使用高速剪切进行预处理。同时，番茄红素的稳定性和加工性能受微流化处理的样品浓度和作业次数、压力和温度影响。在研究中发现，番茄红素浓度随压力而增加；同时，压力会影响最终产品的性质：在测试的压力范围内，较高的微流化压力会导致较高的溶液黏度和番茄红素含量。

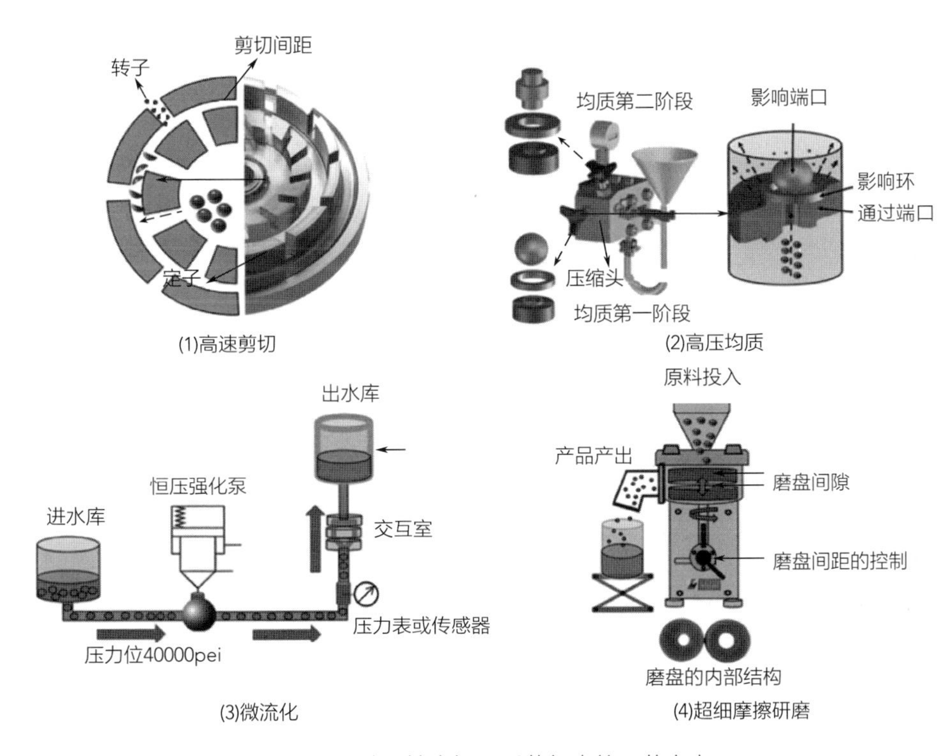

图3-9　纳米技术提取番茄红素的工艺方案

（三）超细摩擦研磨

超细摩擦研磨工艺是一种自上而下的纳米技术，是从植物组织中生产纳米材料最常用的方法，通常用于从不同的农工副产品中分离纤维素纳米纤维，如黄麻、胡萝卜、香蕉茎和可可果皮。迄今为止，还没有出现使用这种技术加工胡萝卜素的研究。然而，这种机械处理可以增加处理过程中压缩、剪切和滚动摩擦力，进而对植物材料组织产生更大破坏，促进非极性成分从植物组织中释放[44]。与高压均质和微流化一样，设备处理效果受圆盘距离、悬浮液通过次数和温度影响。玻利维亚中央大学（Universidad Central，Bolivia）实验室的经验表明，控制进料浓度可以避免圆盘之间堵塞。表3-5和表3-6所示为胡萝卜素不同的提取方法。

表 3-5 胡萝卜素不同的提取方法（一）

提取方法	提取溶剂	原料	参数	提取效果	资料来源
溶剂提取	正己烷 - 丙酮	番茄残渣	温度 30℃，丙酮 - 正己烷 =1∶3（体积比）	番茄红素含量 3.47~4.03mg/100g	Mahesha 等 [45]
	乙酸乙酯	番茄残渣	温度 50℃，时间 1h	番茄红素提取率 98%	张泽生等 [46]
	石油醚	番茄残渣	温度 60℃，时间 20min	番茄红素含量 55.72mg/100g	赵春玲等 [47]
二氧化碳提取	超临界 CO_2 萃取	番茄残渣	压力 27.58MPa，温度 80℃	番茄红素提取率 65%；β- 胡萝卜素提取率 35%	Cadoni 等 [22]
		天然棕榈油	压力 7.5MPa，温度 120℃，时间 1h	β- 胡萝卜素含量 174.1μg/g	Davarnejad 等 [48]
食用油	葵花子油	番茄	超声波功率 70W/m^2，时间 10min	番茄红素提取率 81%	Rahimi 等 [49]
		番茄残渣	压力 100MPa，提取 5 次	最高番茄红素含量 3.94mg/g	Juríc 等 [25]
	橄榄油	番茄皮	温度 40~80℃、搅拌速度 200~400r/min	番茄红素提取率 3.5%	Kehili 等 [26]
		番茄	卵磷脂、1- 丙醇、橄榄油和水形成微乳，提取 4 次	最高番茄红素提取率 88%	Amiri-Rigi 等 [27]
离子液体	十二烷基硫酸钠	褐藻	搅拌速度 250r/min，时间 90min	胡萝卜素提取率 37.4%（干重）和 30.2%（湿重）	Vieira 等 [30]
	1- 丁基 -3- 甲基咪唑鎓	番茄	1- 丁基 -3- 甲基咪唑鎓（0.1mol/L）	抗氧化活性为丙酮提取的胡萝卜素的 59.6%	Martins 等 [31]
	1- 丁基 -3- 甲基咪唑鎓	虾废料	1- 丁基 -3- 甲基咪唑鎓（0.50mol/L）	高于超声辅助提取的虾青素产量	Saini 等 [38]

续表

提取方法	提取溶剂	原料	参数	提取效果	资料来源
低共熔溶剂	疏水的天然低共熔溶剂	番茄	萜烯和脂肪酸	胡萝卜素提取率 37%	Kyriakoudi 等 [32]
		南瓜	C8 和 C10 脂肪酸（3:1）	β- 胡萝卜素含量 151.41μg/mL	Stupar 等 [50]

表 3-6　胡萝卜素不同的提取方法（二）

提取方法	原料	参数	提取效果	资料来源
微波辅助提取	微藻	微波功率 141W，时间 83s	虾青素含量 5.94mg/g	Poojary 等 [51]
	番茄	微波功率 98W，微波频率 40kHz	番茄红素提取率 97.4%	Zhang 等 [52]
	螺旋藻	微波功率 500 W，时间 8min	β- 胡萝卜素含量 833.6μg/g	于平等 [53]
超声辅助提取	番茄	超声波频率 20kHz~1MHz	提取率比传统提取提高 43%	Luengo 等 [54]
	胡萝卜汁	超声波频率 20kHz，时间 4min	β- 胡萝卜素浓度为 95μg/g	Shanmugam 等 [55]
	螺旋藻	超声波功率 167W/cm^2	β- 胡萝卜素得率提高 12 倍	Dey 等 [56]
	番木瓜残渣	超声波频率 40kHz	番茄红素提取率 189.8μg/g	Li 等 [57]
酶辅助提取	番茄	纤维素酶	更高的总胡萝卜素和番茄红素产量	Saini 等 [38]
超高压技术	番茄残渣	压力 700MPa，时间 10min	产量更高，时间相对较短，溶剂量更低	Strati 等 [40]
	番茄残渣	压力 300MPa，时间 5min	番茄红素提取率 83.2%	靳学远等 [58]
高压均质	番茄残渣	压力 100MPa，5 次	最高番茄红素含量 3.94mg/g	Juríc 等 [25]
	番茄残渣	压力 100MPa，1~10 次	番茄红素提取率 56.1%	Juríc 等 [41]
微流化	番茄酱	0.2MPa	最高番茄红素含量 2.2mg/100g（湿重）	Mert 等 [43]

四、提取物的纯化方法

（一）重结晶法

重结晶法是利用番茄红素油树脂混合物中各组分在不同溶剂中具有不同的溶解度及其溶解度受温度的变化影响不同，从而使得各组分之间相互分离。结晶物一般纯度较高，工艺过程成本低，设备简单，操作方便。番茄红素的溶解度与温度存在正相关关系，温度越高溶解度越大，在较高温度的条件下进行溶解，温度降低时溶液会出现过饱和现象，从而使番茄红素结晶析出。有研究发现采用番茄红素油树脂作为反应底物，溶剂为乙酸乙酯，结晶的温度为 –20℃，重结晶反应时间 8h，经过 2 次此结晶工艺，产品总得率高达 40.26%，重结晶纯度达到 92.56%。重结晶法主要是将样品进行多次结晶从而达到纯化的方法，虽然可以得到高达 90% 以上纯度的番茄红素，但由于受结晶次数的影响，导致耗能高，得到的晶体也比较少，这也是今后的重点研究方向。

（二）柱层析纯化

柱层析法是利用混合物中各组分理化性质的不同，使其在吸附剂中能以不同的速度移动进而达到分离的目的。柱层析法纯化可以在室温下直接进行，设备也可长时间使用，适用于工业化生产。氧化镁交换层析柱能分离和纯化 β- 胡萝卜素，得率达到 93.37%。此外，大孔吸附树脂可以有效地吸附具有不同化学性质的各种类型化合物，对胡萝卜素的分离、纯化表现出独特的优越性。前期研究通过对 20 种大孔树脂吸附特性进行全面分析，得出 LX-68 类型树脂吸附性显著，并将其作为番茄红素吸附剂，经过一系列处理之后，粗提物当中的番茄红素含量明显增加，回收率提高到 66.8%。研究发现使用大孔树脂对黏性红圆酵母 RM-1 生产的 β- 胡萝卜素进行分离纯化，最佳吸附树脂为 X-5 树脂，最佳洗脱剂为乙醚，与未纯化相比，提高了 6.87 倍。

（三）膜分离技术

利用胡萝卜素与杂质分子大小的差异，采用超滤膜和反渗透膜，可阻留各种不溶性大分子如多糖、蛋白质等，将胡萝卜素以过滤的形式纯化。天然色素（包括胡萝卜素）工业可选用适当孔径的超滤膜，使水分甚至小分子杂质通过超滤膜，使溶液中有效成分被阻留，从而达到某种程度的纯化和高倍数浓缩的目的。在超滤膜纯化天然色素（玫瑰茄色素和紫背天葵色素）的研究中，发现膜对色素基本 100% 的截留，所得到的色素溶解度及澄清度好。

错流微过滤法也能够将提取物中的各项成分有效分离，主要由膜选择性决定，如陶瓷膜，此种膜的稳定性比较好，机械强度较大，成本也比较低，应用范围比较广泛。通过合理利用膜分离提取技术，即使操作温度过低，仍然能够防止番茄红素热敏性成分流失，避免番茄红素制品感官品质发生较大变化。

（四）其他方法

关于胡萝卜素的提取物纯化还有皂化法、溶剂纯化法、高效液相色谱法、酶法纯化等方法。皂化法因其操作简单，并且皂化反应对于番茄红素没有任何影响，而被广泛应用。

第四节 胡萝卜素的氧化降解与稳定化

一、胡萝卜素在加工过程中的变化

提取过程中的环境条件会显著影响番茄红素的提取率。番茄红素含有 11 个共轭双键和多个不饱和烯烃结构；因此，番茄红素对加工条件特别敏感，容易发生氧化降解或顺反异构化，从而导致番茄红素浓度下降。影响番茄红素异构化和降解的关键因素包括光照、热处理、氧气、pH 和载体溶剂。光照会诱导番茄红素的氧化降解和异构化[59]。高于 50℃的温度会影响番茄红素的异构化，从而促进番茄红素全反式和顺式异构体的相互转化。载体溶剂影响番茄红素的提取率和生物利用率。烹饪过程中配料之间的相互作用也会影响异构化，例如，蔬菜、蘑菇和食用海藻中常见的洋葱、大蒜、多硫化物、异硫氰酸盐、二硫化碳和碘会促进番茄红素热异构化。提取或烹饪过程中番茄红素的异构化会影响提取率和生物利用率。Cooperstone 等[60]在一项临床试验中确定，番茄汁（94% 顺式）中的番茄红素比红番茄汁（10% 顺式）具有更高的生物利用率，提高了 8.5 倍。

β- 胡萝卜素的降解受氧气、添加物和水分活度三个因素影响。氧气的存在会加速食品体系中 β- 胡萝卜素的降解[61]。低氧（0%~20.9%）、低水分活度（≤ 0.84）条件下，氧气的浓度比加热温度对 β- 胡萝卜素稳定性的影响更高[62]。抗氧化剂，如抗坏血酸能明显降低 β- 胡萝卜素的降解速率，而氧化剂的浓度和氧化性越高，β- 胡萝卜素降解速率也越高；亚硫酸盐类的存在也会加速 β- 胡萝卜素的降解。Marx 等[63]的研究表明添加葡萄籽油能加速胡萝卜汁中 β- 胡萝卜素的降解；但 Aman 等[11]发现添加多不饱和脂肪酸能抑制 β- 胡萝卜素的降解。β- 胡萝卜素在碱性条件比酸性条件下更稳定。酸不仅能加速 β- 胡萝卜素降解，也能影响其降解产物[11]。水分活度对 β- 胡萝卜素的降解有重大影响。一般高水分活度能使 β- 胡萝卜素稳定，低水分活度是导致食品中 β- 胡萝卜素降解的常见原因[64]。另外，低水分活度食品（干制）中 β- 胡萝卜素的降解程度还和干燥方式直接相关，其中日晒的影响最大，而冻干导致 β- 胡萝卜素的降解主要是干燥导致的多孔结构增大其与氧气的接触。

二、胡萝卜素的稳定化手段

纳米技术可用于食品工业从食品加工到包装的整个生产链，以保护最终产品不受环境和化学降解的影响，尤其是开发不同的纳米材料来包封生物分子，如胡萝卜素。

（一）纳米胶囊

纳米胶囊是含有一种或多种生物活性化合物的聚合结构，可以通过凝聚、预凝胶或聚合获得。

第一代脂质纳米胶囊 SLN（50~1000nm）通常由生物相容性、生物可降解性和生理耐受性的脂质分散在适当的表面活性剂中制成[65]。其中，使用固体脂质（如蜡和甘油三酯）相较于液体油表现出许多优点，如更高包封率、释放机制更灵活、释放时效更长、经济实惠、可实现量产等。这主要是因为相较于液体油介质（如乳液），生物活性物质如番茄红素在固体脂质中表现出更低的流动性。然而 SLN 的使用仍存在一些限制，例如：①凝胶化现象；②颗粒结构的组装或膨胀；③脂肪的刚性结构导致的生物活性负载能力差；④贮藏时脂肪结晶度的转变导致的生物活性物质排出。

为了解决上述问题，第二代脂质纳米胶囊 NLC 在番茄红素的递送中起到越来越重要的作用。NLC 的纳米合成技术和配方成分与 SLN 相似；与固体脂质相比，NLC 在基本的固体脂质网络中加入至少一种液体脂质，使其具有不完美的结晶度，并提高其稳定性和生物活性加载效率。众多研究发现，大多数脂溶性分子如番茄红素在液体脂质中的溶解度高于在固体脂质中的溶解度；相反，水溶性活性物质的包封是通过利用生物活性-脂质缀合机制实现的[66]。

Riangjanapatee 等[67]研究了由各种表面活性剂制备的负载番茄红素的 NLC 的化学稳定性和物理特性。与游离番茄红素相比，负载番茄红素的 NLC 的化学稳定性增加。Riangjanapatee 等[68]使用胆固醇和米油作为天然脂质，制备了负载番茄红素的 SLN、NLC 和纳米乳液。不含胆固醇的 SLN 或 NLC 和含胆固醇的 NLC（CCN）的平均粒径分别为 350~405nm 和 287nm；其中 CCN 不利于番茄红素的稳定。Akhoond 等[69]设计了一个 NLC-SLN 番茄红素复合物用于提升橙汁饮料的品质，颗粒尺寸和包封率分别为 75~183nm 和 65%~79%。纳米胶囊化可以通过掩盖番茄红素的番茄余味，增强其溶解性和提高强化样品的均一性来促进番茄红素在水溶液样品中的溶解或分散。Dos Santos 等[70]也使用界面沉积方法制备了负载番茄红素的脂质纳米胶囊（LYC-LNC），粒径和包封率分别为 153nm 和 95.12%，贮藏 84d 后，LYC-LNC 的 zeta 电位和平均直径保持稳定，其中番茄红素含量为 50% 时稳定性最高。

（二）纳米脂质体

纳米脂质体是由具有亲水性头部和疏水特性尾部的两性分子形成的人工膜，其独特的结构特征使它们分别在水性核心和脂质双层中能同时包裹水溶性和脂溶性生物活性物质。囊状脂质体被认为递送番茄红素理想材料，因为它们的天然脂质骨架来源于人体中发现的生物相容性脂质材料或生物分子。Stojiljkovic 等[71]利用番茄红素 - 纳米脂质体系统（包封率约为 72%）开发了一种新的药物制剂，以增加氨甲蝶呤诱导的肾损伤模型中番茄红素的功能。番茄红素与氨甲蝶呤联合应用可有效降低氨甲蝶呤引起的肾功能损害。图 3-10 所示为生产纳米胶囊和纳米脂质体的番茄红素包封工艺方案。

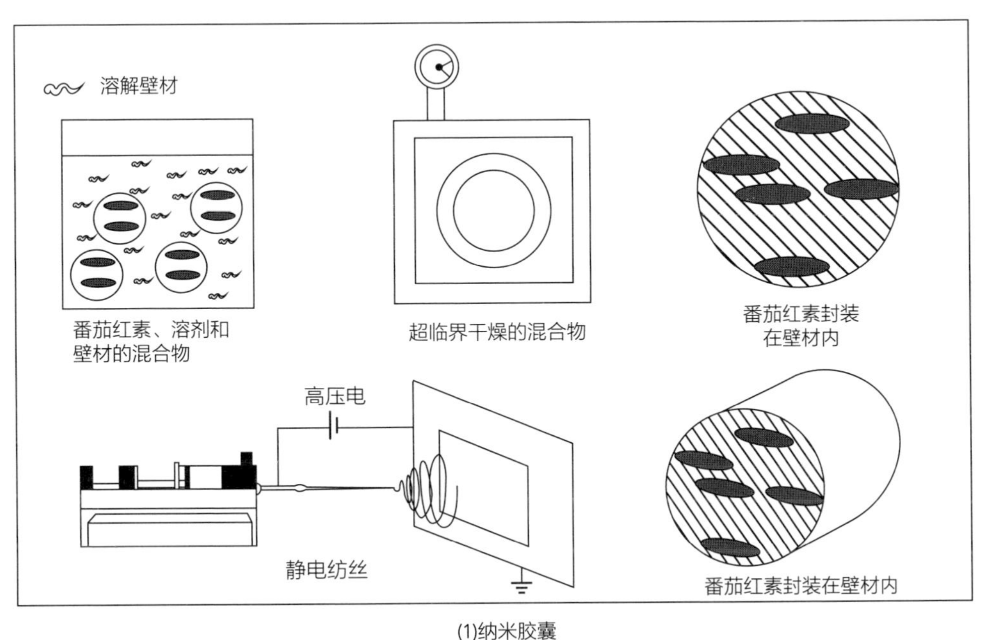

(1)纳米胶囊

亲水性
疏水性
氯仿中的表面活性剂和番茄红素
表面活性剂和番茄红素薄膜
番茄红素
水合作用和混合
O_2
酶
pH
微生物
番茄红素的保护与控制释放

(2)纳米脂质体

图 3-10 纳米胶囊和纳米脂质体的番茄红素包封工艺方案

(三)纳米乳液

纳米乳液包含平均直径为 20~200nm(透明形式)或高达 500nm(乳状外观)的微小液滴 / 颗粒,其为提高番茄红素的稳定性、溶解性、生物利用率提供了一种可靠、有效和灵活的工具。根据它们的组合,有三种由不同的表面活性剂或助表面活性剂稳定的纳米乳液:O/W、W/O 或双连续型。纳米乳液与其他递送系统相比有许多优点(如表面积大、流变性可调节、外观透明、生物稳定性好等）。纳米乳液目前在药物制剂递送系统中被广泛应用。纳米乳液目前研制工艺有超声破碎法、高压均质法和微流化法。Zhao等[72]利用乳铁蛋白制备的纳米乳液开发了番茄红素纳米给药系统，粒径和包封率分别为204~287nm和61%~89%。他们发现与核桃油相比，芝麻油和亚麻籽油是保持纳米乳液稳定性和较高番茄红素生物利用率的最佳油相。

双重、多重或双重乳液是指包含分散液滴的“液滴包液滴”或“乳液的乳液”，所述分散液滴本身由一种或多种更小的分散液滴组成，并产生水包油包水（$W_1/O/W_2$）或油包水（$O_1/W/O_2$）乳液。双重乳液的创新点在于其独特的形态结构，使其成为潜在的多功能载体，能够在单一载体中承载不同的（即亲水性和疏水性）甚至不相容的生物活性物质。番茄红素包封在由乳清蛋白（作为第一层）和壳聚糖（作为第二层）稳定的双层乳液中的研究发现，单层乳液的液滴大小约为229.6nm，在加入第二层脱乙酰壳多糖时，液滴大小显著增加到440nm。壳聚糖浓度对负载番茄红素的乳液的物理稳定性具有显著的影响，并且浓度为0.5%时有最高的稳定性。此外，双层乳液相较于乳清蛋白单层乳液对环境应力、pH和离子强度变化表现出更高的稳定性[73]。

目前，对由颗粒稳定的乳液——皮克林乳液（图3-11）的研究日益增多，这是因为与由柔性生物聚合物和低分子质量表面活性剂稳定的普通乳液相比，皮克林乳液具有更优良的属性：①颗粒在界面层的恒定放置；②由不同的颗粒间相互作用产生的三维构型的发展；③提供优异的机械性能；④阻碍加工或贮藏时的聚结和奥斯瓦尔德熟化；⑤借助于各种颗粒、水相和油相的各种可能的混合物，允许系统朝着它们的预期应用进行微调。

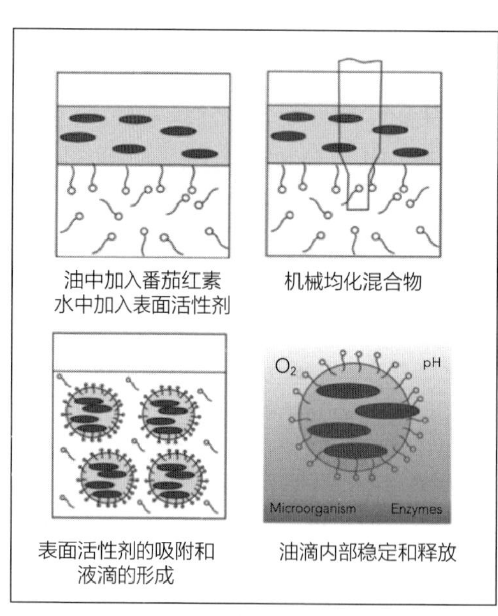

(1)纳米乳液

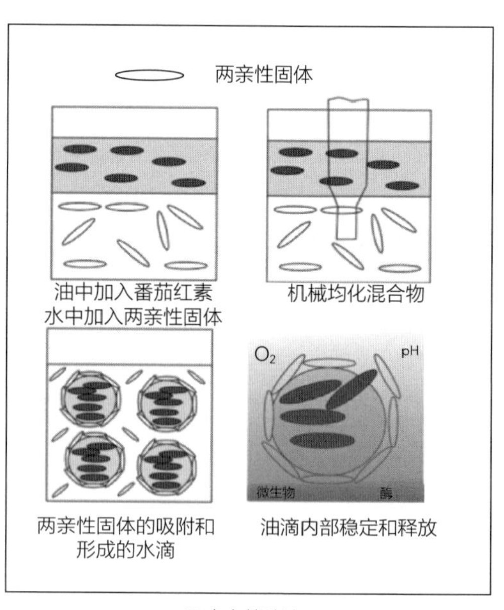

(2)皮克林乳液

图3-11 纳米乳液和皮克林乳液的番茄红素包封工艺方案

各种类型的生物聚合物颗粒已被用于产生皮克林乳液，即蛋白质、纤维素、壳聚糖等，其不仅能够稳定 O/W 或 W/O 简单乳液，也能够稳定水包水（W/W）、油包油（O/O）和油包油（O/O/O）等乳液。例如，Li 等[74]采用 OSA- 改性淀粉生产负载番茄红素的 O/W 纳米乳液，番茄红素呈现无定形的纳米结构，将番茄红素浓度从 0.1%（质量分数）增加到 0.5%（质量分数）会使纳米液滴的尺寸从 161 nm 减小到 145 nm，这由于番茄红素和 OSA 分子之间的界面相互作用。

（四）囊泡递送载体

囊泡递送载体是不同单层、寡薄层或多层构型的封闭双层的囊泡结构，由天然生物分子如非离子表面活性剂、胆固醇和带电分子组成。囊泡在分散时表现出与各种脂质体载体相似的物理稳定性。这使该系统的应用遇到挑战：①融合、聚集、生物活性 / 治疗剂从截留区泄漏；②有效载荷在水性环境中分散时分解。Mashal 等[75]使用阳离子脂质 DOTMA 和聚山梨醇酯 60 非离子表面活性剂，通过反相蒸发法将番茄红素包埋在囊泡制剂中，以评估所产生结构的基因递送潜力。结果表明，质量比为 18∶1 的含番茄红素的纳米复合物具有纳米尺寸、多分散性、正表面电荷和高释放容量。Sharma 等[76]还设计了一种可重复且高效的纳米囊泡制剂（175~325nm），具有高包封率（62.8%），促进了番茄红素的抗糖尿病特性。在另一项研究也证明，通过吸附 - 水合方法制备的纳米囊泡可以有效提高番茄红素的活性和生物利用率，且证实了包含番茄红素的制剂对治疗癌症方面的潜力。

第五节　胡萝卜素的消化、吸收和代谢

一、消化和吸收

在消化过程中，胡萝卜素被溶解成油滴，然后进入混合胶束，被小肠吸收。胡萝卜素的顺式异构体比反式异构体更容易消化和吸收，具有更强的生物利用性。目前，胡萝卜素的消化吸收主要通过动物体内实验和体外消化模型研究。体外胃肠消化模拟相较于体内动物实验速度更快、重复性更高、成本更低。体外消化模型可以模拟胡萝卜素在人体内的生理生化条件，主要包括口腔、胃和小肠三个阶段。通过测定胡萝卜素的生物可及性可以预测胡萝卜素的生物利用率，其生物可及性与胡萝卜素的生物利用率呈正相关。但体外消化模型不能完全替代体内复杂的消化环境，测量条件有待进一步细化。胡萝卜素在人体内的消化吸收途径分为 6 个步骤（图 3-12）：①胡萝卜素从水果和蔬菜等植物来源的细胞色素释放到食物基质中；②在咀嚼机械力、酶消化和少量油脂（<10%）的作用下，胡萝卜素从食物底物中释放进入口腔；③胡萝卜素被溶解到油滴中，极低的 pH、酶环境（消化酶、淀粉酶、胃脂肪酶）和胃中的胆盐诱导含有胡萝卜素的油滴水解；④在

小肠内黏液的运输过程中，油滴中的脂质在胰脂肪酶的作用下被消化，胡萝卜素从油滴中释放出来，形成混合胶束（或液泡）；⑤混合胶束通过纯扩散、SR-BI 介导的转运等方式被小肠上皮细胞层吸收；⑥在载脂蛋白作用下被囊化的乳糜微粒经 BCOM1 和 BCO2 裂解后，运输至门静脉和淋巴循环，从而进入血液或身体器官胡萝卜素的稳定性和生物利用率受食物基质的组成和粒径、消化过程中的消化酶和胃酸以及脂肪的乳化和胶束化等因素的影响。这些都是限制胡萝卜素生物利用率的重要因素。因此，探索如何提高胡萝卜素的消化吸收效率是提高胡萝卜素生物利用率的主要途径。在小肠吸收过程中，胡萝卜素的两个关键因子是活跃的，包括 SR-BⅠ和 CD36。SR-BⅠ为清除剂受体 b-Ⅰ型，主要分布于小肠绒毛黏膜表面，促进十二指肠亲脂性分子如胡萝卜素的吸收。CD36，即簇分化 36，主要表达于空肠和回肠，但其作用机制尚不清楚[77]。

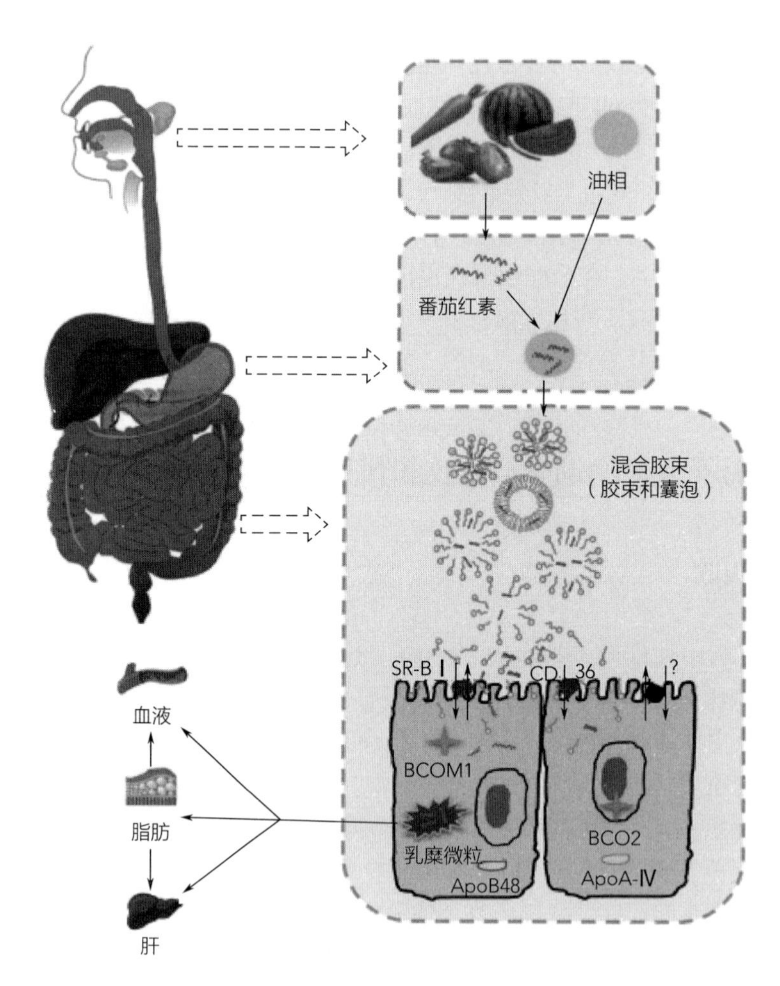

图 3-12　番茄红素在人体胃肠道中的消化吸收机制

注：SR-BⅠ：b-Ⅰ型清除剂受体；CD36：簇分化 36；BCOM1：β- 胡萝卜素 15，15′ - 单加氧酶；BCO2：β- 胡萝卜素 9′，10′ - 双加氧酶；ApoB48：载脂蛋白 B48；ApoA-Ⅳ：载脂蛋白 - Ⅳ。

在吸收之前，胡萝卜素必须从食物基质中释放出来，因为它们在食物中不是游离的，需要通过烹饪、混合和剁碎来改变食物的物理性质，以改善食物基质中胡萝卜素的释放。当食物进入口腔后会发生咀嚼、吞咽和在胃里混合等机械分解过程。胡萝卜素在人体内通过物理咀嚼和酶的作用，释放胡萝卜素，释放出的胡萝卜素（游离状态或酯化物），在胃部的蠕动和胃酸的刺激下，不断地释放，胡萝卜素在胃部的胃液中不溶解，与胃液结合在一起，再将脂滴引入小肠，在胰脂肪酶的作用下，胡萝卜素被分离，形成一种混合的胶束，这种胶团是由胡萝卜素、油脂、磷脂、胆盐等组成，在小肠上皮细胞中被吸收[78]。结果显示，几乎所有的胡萝卜素都是被动地被十二指肠黏膜上皮细胞所吸收，而其摄入量和溶解性则是决定胡萝卜素生物利用率的主要因素。胡萝卜素的脂质包涵体的胶束容量随其结构和脂质成分的变化而变化，这也是限制人体对胡萝卜素的吸收的一个重要原因。除此之外，还有一些其他因素如植物固醇、纤维、降血脂、脂肪替代品等也会影响并减少胡萝卜素的吸收。

二、代谢和运输

BCOM1 和 BCO2 是体内胡萝卜素代谢过程中活跃的两种关键酶。类胡萝卜素 -15，15′单加氧酶（BCOM1）是一种细胞质蛋白，存在于胃、小肠或子宫内膜上皮和其他组织和器官中，含量丰富，促进胡萝卜素中央对称断裂反应。在肠道中，番茄红素的 15，15′ - 双键断裂为两个视黄醛（RAL）分子，并被还原为视黄醇（ROH），受视黄醇 - 视黄酸（RA）氧化代谢产物的负反馈调控。

即类胡萝卜素 -9′，10′ - 单加氧酶（BCO2），存在于线粒体中，比 BCOM1 对更多底物具有特异性，可以催化大多数胡萝卜素。BCO2 酶可以裂解 5- 顺式和 13- 顺式番茄红素。Hu 等[79]证明 BCO2 可以催化全反式 β- 类胡萝卜素，5- 顺式和 13- 顺式番茄红素。BCO2 比 β- 胡萝卜素更能催化顺式番茄红素。由于番茄红素的顺式异构体是人体组织中的主要形态，因此利用 BCO2 酶将顺式异构体转化为特异性和生物活性更强的 apo-10 番茄红素具有重要意义。番茄红素经肠道消化吸收后转化为乳糜微粒，转运至肠黏膜细胞，最后进入肠系膜淋巴管。由 BCOM1 酶降解产生的含有番茄红素的乳糜微粒可通过门静脉或淋巴输送到血液循环。未降解的乳糜微粒在甘油三酯被脂肪酶水解后转化为乳糜微粒残基，在肝脏中转化或在体内沉积。在空腹时，肝脏血浆中约 76%、17% 和 7% 的番茄红素分别由低密度脂蛋白、高密度脂蛋白和极低密度脂蛋白运输。

三、生物利用率

（一）番茄红素的生物利用率

番茄红素的生物功效主要取决于其消化吸收后的生物利用率。生物利用率是指摄入的营养素或成分中可用于生理功能或储存的一小部分的量度，与生物可及性密切相关。

1. 植物基质对番茄红素生物利用率的影响

番茄红素在胡萝卜和番茄的组织 / 细胞中通常以四种形式（聚集细胞、单细胞、游离染色体、内源性脂滴）存在，主要以微晶形式存在于有色体中。因此，植物细胞壁是防止番茄红素释放的结构屏障。番茄红素经过机械加工，在机械作用下释放到番茄汁中。Gonzalez-Casado 等 [80] 将番茄切成大块、榨汁或磨碎的番茄泥并加入油，然后通过体外模拟观察这些形状对胃肠道消化过程中番茄红素浓度和生物利用率的影响。他们发现番茄泥中的番茄红素浓度显著下降，但生物利用率是大块番茄的 2.54 倍。高压均质作用可使植物细胞壁超微破碎，严重破坏植物的天然结构屏障（质体亚结构、细胞壁），从而释放番茄红素。高压均质和细胞壁降解酶水解之间的协同作用可以提高番茄红素的生物可及性。据报道，随着均质压力的增加，番茄细胞的团聚结构被破坏，纤维网络强度增强，颗粒尺寸减小。在过高的均质化压力下，它并不总是与生物可及性呈正相关，这需要进一步通过动物实验或人体试验进行验证。动态高压微流化是一项新兴的技术。Mert[43] 利用该技术对番茄进行加工，研究了其对番茄红素物理特性和浓度的影响。动态高压微流态化处理番茄红素释放量高，生物利用率高。因此，胶体研磨、高速剪切、高压均质机和动态高压微流态化对食物基质的机械作用是番茄红素从组织中释放的重要手段。

事实上，热处理通常通过破坏细胞膜来提高番茄红素的生物利用率，这使得番茄红素能够从组织基质中释放出来。多项研究表明，来自热加工番茄产品的番茄红素比来自新鲜番茄的番茄红素更具生物利用率。然而，有研究发现番茄红素吸收的绝对量似乎更多地取决于个体间的差异，而不是其剂量。一项人类研究表明，与无脂沙拉酱相比，沙拉酱和菜籽油的组合增加了血浆乳糜微粒中的番茄红素含量。

2. 分子结构对番茄红素生物利用率的影响

由于番茄红素在人体中的分子结构、含量受到在食品中的分布和位置等诸多因素的影响，因此，通过对番茄红素及其制品的加工，可以使其分子结构和在食品中的分布形式发生变化，进而影响其生物利用率。番茄红素的异构化影响其吸收效率。有研究表明，番茄红素分子顺式构型具有短小的分子结构，具有球形粒子结构，不易聚合，在消化时容易溶解于混合胶团，具有很高的生物可给性 [81]。全反式番茄红素是一种长线性分子，可能不太溶于胆汁酸胶束。相比之下，番茄红素的顺式异构体可以更有效地穿过质膜，并优先掺入乳糜微粒中。番茄红素的加工与贮藏对其结构与稳定性的影响具有重要意义。不当的加工和贮藏（即暴露于光和氧气）可能会改变番茄红素异构体的比例或完全降解番茄红素，使这些食品对消费者来说变得不理想。

3. 外源成分对番茄红素生物利用率的影响

很多促进或抑制因子都会影响膳食中番茄红素的吸收。尤其是在饮食中添加 5~10g 脂肪，可以最大限度地促进番茄红素的吸收。脂肪酸的种类和温度也会对人体的吸收产生作用，从而使番茄红素从蛋白质结合中被释放。不同种类的脂质对番茄红素降解的影响差异很大。Honda 等[82] 研究了食用植物油（紫苏、亚麻籽、葡萄籽、大豆、玉米、芝麻、油菜籽、米糠、红花籽、橄榄、葵花子）中番茄红素的全反式异构体和相应的顺式异构体之间的热异构化反应。实验证明，香油中的全反式番茄红素主要转化为顺式番茄红素。Gonzalez Casado 等[83] 制备了番茄块和番茄泥，并将其添加到椰子油、葵花子油或橄榄油中，研究了这些油对番茄红素总浓度和生物利用率的影响。与未添加油的对照组相比，三种油的加入均显著提高了番茄红素的浓度和生物利用率，其中橄榄油提高番茄红素的生物利用率最为显著。胡萝卜素首先与脂质微粒混合，在小肠内形成微胶束，然后可被小肠细胞吸收，输送到身体的各个部位。因此，脂质的存在对于提高番茄红素的生物利用率至关重要。不同油脂提高番茄红素生物利用率的机制主要有两点：一方面，脂质可以刺激乳糜微粒携带番茄红素，实现跨膜运输；另一方面，脂质可以保护番茄红素不受胃肠道极端环境的影响，从而延缓番茄红素在体内的代谢，从而提高其生物利用率。膳食纤维、植物固醇等物质会与 β- 胡萝卜素结合阻碍番茄红素的吸收。这些物质可使其血浆浓度下降 40%。

由于番茄红素水溶性低、不稳定、肠通透性极低，其生物利用率仅为 0.1%~1.6%，进一步限制了其在食品和医疗领域的应用。胡萝卜素的生物利用率还与种类、分子结构、摄食和食物基质、遗传和饮食相互作用有关。

（二）β– 胡萝卜素的生物利用率

1. 食物基质对 β- 胡萝卜素生物利用率的影响

β- 胡萝卜素吸收途径的第一步是从食物基质中释放，即从食物基质的物理破坏（咀嚼）开始。食物基质对生物利用率有显著影响，因为从食物基质中释放出来是限制 β- 胡萝卜素生物利用率的主要因素。单个细胞的细胞壁和相邻细胞群的细胞壁是食物消化过程中阻止胡萝卜素释放并融入脂滴的天然屏障。因此，破坏细胞团簇、细胞壁和色素细胞膜的处理方法可以促进胡萝卜素从基质中释放，促进生物可及性。

β- 胡萝卜素可以在植物中以不同的形式存在（即叶绿体、色素细胞），研究表明 β- 胡萝卜素的物理形式对消化过程中的释放也有显著影响。芒果（胶束相 10.1%）、番木瓜（5.3%）、番茄（3.1%）和胡萝卜（0.5%）的体外 β- 胡萝卜素生物利用率的差异可以归因于 β- 胡萝卜素在食物中的形式。

胡萝卜素释放取决于食物基质的结构降解程度，在消化之前可以通过热处理或机械处理来辅助降解。机械加工（即制浆）通过减小颗粒大小，使更大的表面积与消化液接触，从而提高生物利用率，促进消化和释放。Lemmens 等[84] 发现与粒径大于 160μm 的颗粒相比，粒径在 41~80μm 的颗粒在体外的生物利用率明显更高。同样，与切成片的生胡萝卜相比，均质胡萝卜的体外释放增加了 18%，表明机械加工的程度显著影响释放。与机械加工相比，热处理已被证明可以提高 β- 胡萝卜素的生物利用率和吸收。在体内对热处理和均质处理组合的效果进行了测试，发现在热处理后再进行均质处理并没有显著

增加血浆中 β- 胡萝卜素的浓度。体外实验研究发现，限制生物利用率的颗粒尺寸随着热处理的增加而增加。因此，β- 胡萝卜素的生物利用率主要取决于热处理的程度。这些发现可以解释为，只有热处理促进了有色体和胡萝卜素蛋白复合物的降解，这不是通过粒径减小或均质化实现的。大量研究表明，生蔬菜的热处理（即煮沸）能够导致植物细胞的软化、破坏和胡萝卜素蛋白质复合物的变性，进而可以提高 β- 胡萝卜素的生物利用率。例如，生胡萝卜和菠菜在装罐和灭菌后置于 121℃下 40min，血浆中 β- 胡萝卜素浓度增加 3 倍以上；此外，与生胡萝卜相比，去皮切碎的细胡萝卜在 100℃下煮 15min，体外生物利用率提高了 29%。

2. 分子结构和摄入剂量对 β- 胡萝卜素生物利用率的影响

β- 胡萝卜素顺反异构可能影响胡萝卜素的生物利用率，反式异构体的生物利用率是顺式 β- 胡萝卜素的 1.5 倍。而对于 α- 胡萝卜素和 β- 胡萝卜素之间的生物利用率差异可能是由于两种异构体从其所含基质中释放速率的差异（胶囊形式的 α- 胡萝卜素和胡萝卜中的 β- 胡萝卜素）。

摄入的 β- 胡萝卜素总量会影响血浆中 β- 胡萝卜素的水平。与单次高剂量相比，将 β- 胡萝卜素分为 3 次不同剂量（每餐服用）可导致 β- 胡萝卜素血浆水平更有效升高。在体外消化后，尽管粉红葡萄柚的 β- 胡萝卜素浓度很高，但只有 2.1% 的 β- 胡萝卜素可以被生物体利用。在与其相反的研究中发现，每天给予 45mg β- 胡萝卜素会导致皮肤发黄（胡萝卜素），而每天摄入 15mg β- 胡萝卜素的受试者则没有表现出这种体征。基于上述观察结果，建议可以摄入多个小剂量的 β- 胡萝卜素以提高生物利用率，而不是一次性摄入高剂量。然而，还需要进行更多的研究，以便就剂量和分数吸收之间的关系得出更明确的结论。

3. 膳食脂质对 β- 胡萝卜素生物利用率的影响

脂质通常是递送 β- 胡萝卜素最常见的载体，它们被认为是递送脂溶性微量营养素的关键参与者。脂质通过多阶段过程控制食物中脂溶性微量营养素的吸收。该过程始于亲脂性微量营养素从食品基质扩散到油相中，其中的亲脂性微量营养素保持溶解状态。在接下来的阶段，这些脂质刺激胆汁的分泌，从而促进混合胶束的形成。此外，肠道中的脂质（脂肪酸和磷脂）经过酶代谢并发生裂解，生成具有乳化特性的产物，可以形成更多的胶束，可以溶解更多的亲脂性营养物质。在最后阶段，在细胞摄取后，脂质促进亲脂性营养物质以乳糜微粒的形式从肠细胞释放，防止 β- 胡萝卜素在肠细胞中积累，并增强 β- 胡萝卜素吸收到循环系统中。因此，这些阶段受甘油三酯和磷脂的数量和类型（如长度）等的影响[85]。

摄入 β- 胡萝卜素和膳食脂肪（200g）后，β- 胡萝卜素血浆水平升高 2.5 倍，而仅摄入 β- 胡萝卜素时血浆水平变化无法检测到。随着饮食中膳食脂肪从 10% 增加到 30%，更多的 β- 胡萝卜素转化为维生素 A 导致维生素 A 储存量升高，而肝脏 β- 胡萝卜素储存量降低[86]。然而，当摄入 8mg β- 胡萝卜素并增加脂肪量（从 3~36g）时，观察到 β- 胡萝卜素血浆水平增加。这些观察结果表明，促进 β- 胡萝卜素的吸收需要达到膳食脂肪的最低阈值（3g 膳食脂肪对 8mg β- 胡萝卜素）。然而，超过该阈值（3g 膳食脂肪对应 8mg β- 胡萝卜素）的膳食脂肪不会显著影响 β- 胡萝卜素的生物利用率。最佳 β- 胡萝卜素生物利用率所需的膳食脂肪量尚不清楚。

除了脂肪的含量，甘油三酯的类型还会影响 β- 胡萝卜素的生物利用率。研究发现，在饮食中添加具有一定链长的脂肪酸时 β- 胡萝卜素生物利用率降低，即 β- 胡萝卜素在长链脂肪酸存在下的生物利用率高于中链脂肪酸。更具体地说，一些中链脂肪酸可能通过门静脉吸收，因此不会导致乳糜微粒螯合增加。脂肪酰基链长度的增加，有利于混合胶束的形成，从而提高 β- 胡萝卜素的生物利用率。此外，随着脂肪酸的酰基链长度从 4 个碳增加到 8 个碳再到 18 个碳，胶束形成的效率从 4.9% 增加到 8.6% 再到 14.9%。与长链脂肪酸不同，中链脂肪酸（不易整合到胶束中）可能会通过增加胶束尺寸来阻碍 β- 胡萝卜素的吸收，从而减缓肠细胞对 β- 胡萝卜素的吸收。然而，当药理学剂量的 β- 胡萝卜素与中链甘油三酯一起使用时，没有观察到类似的结果。这些观察结果可能表明脂质含量和种类对 β- 胡萝卜素生物利用率的影响有限[87]。

另一个因素可能是脂肪酸的饱和度。β- 胡萝卜素与单饱和脂肪酸和饱和脂肪酸一起摄入时似乎并未显著影响其生物利用率。由于来自不饱和脂肪酸的胶束比来自饱和脂肪酸的胶束更能刺激亲脂性物质的分泌，因此与饱和植物油相比，不饱和植物油促进了乳糜微粒的组装（胶束）和分泌，使得 β- 胡萝卜素具有更高的生物利用率。但需要更多的科学证据来得出确切的结论。

4. 膳食纤维

膳食纤维也被认为是影响肠道中 β- 胡萝卜素生物利用率的关键因素。它能以多种方式影响 β- 胡萝卜素的生物利用率：①阻碍胶束形成；②影响脂溶性食品化合物的三酰基甘油酯解和乳化；③调节脂肪滴（油相）中亲脂性营养物质的释放；④增加乳糜的黏度，限制亲脂性化合物从胶束向肠细胞的扩散。

随着人们对其健康益处的认识不断提高，膳食纤维正在食品中得到强化，从而阻碍了食物中天然成分的吸收。在一些人体试验中，高纤维摄入量被认为是 β- 胡萝卜素吸收减少的原因。研究表明，当纯化的 β 胡萝卜素随餐摄入时，果胶可以降低 β- 胡萝卜素血浆水平[88]。当 β- 胡萝卜素与液化菠菜一起食用时，膳食纤维不会抑制人体对胡萝卜素的吸收作用。这是因为膳食纤维的细胞壁被破坏，即一旦细胞被破坏，纤维的添加不会抑制人体对胡萝卜素的吸收。

纤维对 β- 胡萝卜素的吸收具有抑制作用，当女性志愿者分别摄入 β- 胡萝卜素以及海藻酸盐、果胶和瓜尔豆胶时，β- 胡萝卜素的吸收率分别降低了 33%、42% 和 43%。β- 胡萝卜素血浆水平的降低归因于两个因素，一方面，可溶性纤维增加了粪便中胆汁液的排出，限制了胆汁的可用性和混合胶束形成；另一方面，可溶性膳食纤维增加食糜的黏度，阻碍胶束和肠细胞之间的接触[89]。

此外，维生素 A 的储存还取决于膳食纤维的类型，与柑橘果胶相比，β- 胡萝卜素与燕麦胶一起摄入时，β- 胡萝卜素转化为维生素 A 的程度更高。与这些观察相反，Unlu 等[90]

发现，在摄入含有150g鳄梨（牛油果）的餐后9h，β-胡萝卜素血浆水平为（7.9±3.0）nmol/L，而在摄入不含鳄梨的餐后9h，β-胡萝卜素血浆水平为（1.9±0.5）nmol/L。尽管鳄梨的纤维含量很高，但摄入鳄利（150g）提高了β-胡萝卜素的生物利用率，这是因为摄入膳食纤维的同时也摄入了较高含量的脂质，因此还需要考虑脂质与纤维的比例。总之，膳食纤维阻碍了β-胡萝卜素的吸收，其影响取决于纤维的类型和数量，以及所提供的测试餐中存在的其他化合物。

5. 与其他微量营养素的相互作用

维生素A、维生素D、维生素E和维生素K以及相关的类胡萝卜素（α-胡萝卜素、β-隐黄质和叶黄素）与β-胡萝卜素吸收模式相同，并可能与肠道对β-胡萝卜素的吸收存在竞争关系，从而减少β-胡萝卜素的吸收[90]。对Caco-2细胞系的一项研究验证了这一假设，其他类胡萝卜素会阻碍β-胡萝卜素的吸收，因为极性较大的类胡萝卜素比极性较低的β-胡萝卜素能更有效地胶束化和被吸收。此外，Caco-2肠细胞中叶黄素和玉米黄质的吸收速率超过了β-胡萝卜素的吸收速率。

叶黄素的生物利用率比β-胡萝卜素高5倍，但是它们的相对血浆浓度无法反映其生物利用率水平的真实差异，这是由于吸收的β-胡萝卜素会转化为维生素A，而叶黄素则不会。总之，叶黄素对β-胡萝卜素的吸收有抑制作用，但不影响β-胡萝卜素生物转化为维生素A。

植物固醇在胃肠道中可抑制胆固醇的摄取。而β-胡萝卜素的吸收与其他脂溶性化合物遵循相似的路径，因此植物固醇被认为也会降低β-胡萝卜素的吸收。

可溶性蛋白质对β-胡萝卜素掺入胶束具有抑制作用，可能是由于阻止酶进入脂质液滴并转变为混合胶束，导致β-胡萝卜素的生物利用率降低。然而，蛋白质本身作为乳化剂，也可能对β-胡萝卜素的生物利用率产生积极影响。

第六节　胡萝卜素在食品和功能食品中的应用

胡萝卜素是一种亲脂性四萜类色素，胡萝卜素的颜色随着共轭双键数的增加而趋于深红色，番茄红素和β-胡萝卜素是两种典型的胡萝卜素，呈红色或深红色，是自然界中存在最广泛的色素。胡萝卜素的自然合成方式有光合作用和生物合成，包括植物和某些种类的藻类、细菌、真菌和酵母。虽然人类和甲壳类等生物不能合成这些化合物，但它们可以从饮食中获得胡萝卜素并将其积累在组织中。市售胡萝卜素主要来自植物提取物或化学合成。胡萝卜素特别是β-胡萝卜素和番茄红素，在维持健康方面起着至关重要的作用，具有抗氧化、保护心血管、抗炎和抗癌等功能特性[91]。这些特性导致食品、饲料、化妆品和药理学行业对胡萝卜素的需求增加，它们经常被用作着色剂、生物强化化合物、免疫调节剂和代谢综合征相关疾病的预防性补充剂。

一、作为食品着色剂

（一）胡萝卜素的市场现状

随着人们对胡萝卜素的认识不断提高，人们对胡萝卜素的使用不断增加。胡萝卜素主要用于饲料、食品、补充剂、化妆品和药品中。由于限制胡萝卜素的法规较少，以及蛋白质饮食趋势和健身文化的不断发展，肉类、家禽和乳制品消费不断增加，从而推动了胡萝卜素饲料市场的发展，预计到2023年，饲料将占胡萝卜素市场的大部分。此外，对动物疾病暴发的日益关注、发展中国家和国际速食餐厅的增加以及对优质肉制品的需求，这些都增加了在饲料市场上对胡萝卜素的需求。2016年，由于欧洲具有主要的胡萝卜素生产商，所以占世界胡萝卜素市场的价值份额最大。欧盟对合成胡萝卜素使用方面的严格规定也推动了该地区天然胡萝卜素市场的发展。

欧洲主要的胡萝卜素市场在德国、法国和西班牙。由于若干国际生产者的投资，亚太区域的胡萝卜素市场预计将会增长。此外，还在该区域开展了广泛的研究和发展活动，以调查胡萝卜素的使用情况。阻碍新兴国家胡萝卜素市场发展的主要因素为相关的健康风险、高剂量的使用，以及严格的监管和批准标准。此外，与胡萝卜素使用有关的另一个主要挑战是它们对动物、人类和环境的有害影响。全球胡萝卜素市场的主要公司是BASF SE（德国）、Royal DSM N.V.（荷兰）、Chr. Hansen A/S（丹麦）、FMC公司（美国）、Kemin工业公司（美国）和Cyanotech公司（美国）。2023年全球胡萝卜素的市场规模预计将达到20.7亿美元，2018—2023年，这一市场的年复合增长率（CAGR）为4%。根据北京恒州博智国际信息咨询有限公司（QYR）的统计及预测，2021年全球β-胡萝卜素市场销售额达到了3亿美元，预计2028年将达到3.7亿美元，年复合增长率为2.9%。

（二）番茄红素食品着色剂

番茄红素是一种天然红色素，具有很好的着色性能。番茄红素是一种细长的针状形晶体，呈鲜红色。细胞内约10%的番茄红素与蛋白质结合。不同的形态下，番茄红素的颜色、色泽强弱都是不一样的，并且可以根据不同的溶剂和媒介表现出不同的色彩。番茄红素在石油醚中会变成黄色，在二硫化碳中会变成红色。番茄红素结晶溶解或萃取后，红色区的色素丧失，如番茄红素在番茄汁中会变成橘红色。番茄在肉类行业中得到广泛的应用，其优势在于它含有丰富的生物活性物质并具有鲜红的颜色，因此可以用番茄粉、浆糊、油脂或萃取物来替代人工的抗氧化剂和色素。在食品工业中，番茄红素可以作为一种着色剂和一种食品添加剂。欧洲食品安全局（EFSA）在2008年4月对番茄红素的安全性和效力进行了评估，并宣称番茄红素是安全的。番茄红素是一种天然的抗氧化剂，它既能保障食品的安全性，又能替代亚硝酸盐，是一种新型的防腐剂和着色剂。烤肉和肉类是最受关注的食物，加工时可以通过番茄给肉制品上颜色。番茄红素不仅能提高腊肠的色泽，还能提高其抗氧化能力。番茄红素还可以用作饮料着色剂。

（三）β– 胡萝卜素食品着色剂

β- 胡萝卜素也广泛应用于任何可能含有脂肪和需要颜色强化的食品或饲料产品中。在食物中加入 β- 胡萝卜素后，食物的颜色可以呈现黄色或橙色。通过调整 β- 胡萝卜素的晶体尺寸，可以广泛地用于各种果汁、饮料、奶油和干酪，提高产品的颜色和营养。

β- 胡萝卜素是一种无毒、安全、有效、营养的食品添加剂，具有优良的着色特性，颜色稳定，如 β- 胡萝卜素应用于片剂的糖衣，其颜色和稳定性都要好于胭脂红、柠檬黄复色，即使是与钙、钾、锌等元素共存，也不会褪色。β- 胡萝卜素自身为黄色或橙色结晶，因其特殊的结构特点，使其具有较高的染色性能。由于其色泽鲜艳、色彩价值高并且染色能力强，使用少量的 β- 胡萝卜素（2~10mg/kg）就能让食物呈现出迷人的色彩。与其他颜料混合后，可调制成明亮的黄色至橘红色，色彩绚丽。

联合国粮食及农业组织（FAO）、世界卫生组织（WHO）、食品添加剂联合专家委员会（JECFA）推荐使用 β- 胡萝卜素，β- 胡萝卜素是一种无毒、有营养的食品添加剂；FDA 证实这是一种营养和健康的产品；1990 年，全国食品添加剂标准化技术委员会将其列入食品添加剂。《食品添加剂使用卫生标准》（GB 2760—1996）将 β- 胡萝卜素用作各种食物中的天然色素，用作固体饮料和增强 β- 胡萝卜素的营养强化剂。β- 胡萝卜素最早用于油脂和蛋白质食物的染色以及作为抗氧化剂使用，如黄油和人造黄油、食用油、奶油、乳制品、色拉调料、方便面、糕点馅、蛋黄酱、肉汁等。随着乳化技术和微囊技术的不断发展，β- 胡萝卜素可以被转化为水溶性的 β- 胡萝卜素乳液或粉剂，它的可溶性和着色稳定性好，适用于各种食品，如果汁饮料、果冻布丁、糖果、固体即冲饮料、液态乳和乳制品、速冻食品、面条、通心粉、饼干、休闲食品等。在禽类身上，色素沉积于喙、爪、皮下油脂甚至皮毛，已有研究显示，禽类的皮肤黄度与其身体健康有直接的联系，适当加入色素能明显改善蛋鸡的品质[92]。将不同浓度的 β- 胡萝卜素加入日粮中，发现加入 β- 胡萝卜素含量达 1.5~2.0g/kg 时，对红白锦鲤的颜色有明显的改善作用。研究发现，在鸡饲料中加入 200mg/kg 的 β- 胡萝卜素对其着色的影响最大。以上研究结果显示，β- 胡萝卜素是一种可以放心食用的安全色素。同时，β- 胡萝卜素作为一种优良的色素，已经被 52 个国家和地区批准用于生产人造黄油、色拉油、芝麻油等食品中。另外，在饲料中加入 β- 胡萝卜素可以提高牲畜的繁殖力，增加海鲜、鱼的颜色，提高家禽肉的品质。

二、功能强化（功能食品）

（一）番茄红素

近年来，由于人们越来越注重身体健康，所以对功能食品的需求也越来越大。番茄红素具有抗衰老、抗肿瘤、抗心血管疾病等多种生理功能，是一种廉价、有效的抗氧化剂[93]。目前，番茄红素已在医药、食品、化妆品等领域得到了广泛应用。在国内外，番茄红素的合成以及与番茄红素有关的产物研制已成为食品与药物研究的热门课题。目前，欧美和日本对番茄红素的使用已得到了广泛认可。针对番茄红素的抗肿瘤、抗辐射、抗衰老等多种生理功能，美国和日本均有公司在生产番茄红素相关药物。临床试验表明，这些药物均有明显的治疗效果。目前，国内外已经有 1000 多篇有关番茄红素的研究报告，其中涉及番茄红素与各种疾病的关系、番茄红素的吸收、代谢机制等多方面内容。国内外以番茄红素为主的产品有 900 余种，其中大部分可制成液体、油剂、片剂、软胶囊和微胶囊等，主要用于食品添加剂。

许多商业公司已经开发了含番茄红素配方的各种功能性饮料，如运动饮料、早餐强化饮料和复合果汁饮料。功能性饮料主要利用番茄红素在抗疲劳方面的生理作用，因为番茄红素可以在短期强化运动后对抗炎症和氧化应激。

番茄红素在人体中的生物利用率很低，所以在食物和药物中适当加入番茄红素是很有意义的。以色列和澳大利亚也有番茄红素产品，可以防止紫外线的伤害和美容。此外，美国、法国等国家也开始研制番茄红素产品以辅助预防前列腺癌。目前国内市场上的番茄红素营养补充剂剂型较为单一，FDA 已制定了 92 项有关番茄红素的产品标准，85 项为胶囊状，7 项为其他片剂。根据全球新产品数据库（GNPD）数据显示，2003—2010 年期间，全球推出了含有番茄红素的补充剂新产品 177 种。目前从我国国家市场监督管理总局可查询到，获得国食健字的番茄红素保健食品有 31 种，其中进口保健食品 2 种（来托康牌番茄红素片、力维牌番茄红素胶囊），其他均为国产保健食品。这 31 种保健食品主要是用于抗氧化、延缓衰老、增强免疫力、调节血脂等，其中 2 种是片剂（来托康牌番茄红素片、雷特康牌番茄红素葡萄籽片），1 种是油剂（康即福尔牌番茄红素玉米胚芽油），其余均为胶囊。从表 3-7 中可以看出，番茄红素是一种以胶囊为主要形式的产品，其作用和用量也有差异。尤其要注意的是，目前所有的番茄红素都是以完全反式结构的番茄红素为原料。所以，开发适用于番茄红素顺式结构的产品剂型是未来番茄红素研究的一个重点。从当前的情况来看，与番茄红素有关的产品在海外的销量仍在持续上升。随着经济、科技的进步，它的应用范围将会越来越广泛，它的开发与应用也会突显出巨大潜力。

表 3-7　番茄红素保健食品

产品功效	产品形式	每 100g 产品中番茄红素含量	常见产品规格	日摄入量
增强免疫力	番茄红素片	1.6g	0.5g/ 片	16.00mg
	番茄红素多酚片	0.94g	0.6g/ 片	11.28mg
	番茄红素葡萄籽片	1.0g	0.4g/ 片	8mg
	番茄红素软胶囊	0.45~2.30g	0.30~0.55g/ 粒	6.0~36.3mg
	番茄红素玉米胚芽油	0.012g	20mL/d	2.4mg

续表

产品功效	产品形式	每100g产品中番茄红素含量	常见产品规格	日摄入量
抗氧化	番茄红素软胶囊	1.00~2.17g	500mg/粒	3.60~24.12mg
	番茄红素片	1.0g	0.6g/片	12mg
抗疲劳和衰老	番茄红素软胶囊	0.76~2.60g	0.1~0.5g/粒	4.26~40mg
美容、抗辐射	番茄红素软胶囊	0.4~1.0g	0.3~0.5g/粒	6.92~20mg
调节血脂	番茄红素软胶囊	0.25~1.07g	0.45~0.70g/粒	10.5~21.4mg
防肝损伤	肝瑞片	0.36~0.76g	0.65g/片	9.36~9.88mg

（二）β-胡萝卜素

β-胡萝卜素的保健作用逐渐被人们所认识和发现，其应用范围由食品着色逐渐扩展到保健食品、药品等。补充适量的β-胡萝卜素可以保证视紫红质正常水平，进而保护视力健康；β-胡萝卜素对男子的生殖系统也有保健作用，补充适量β-胡萝卜素，可以提升精子浓度，降低异常精子的比例，保护生殖系统健康。β-胡萝卜素是一种很好的抗氧化剂，它可以和维生素E、维生素C等物质一起使用，作为一种营养强化剂加入食物中。因此，β-胡萝卜素经常与其他营养物质混合，加入冷饮、冰激凌、糕点等食物中，以达到改善和增强机体免疫力、促进人体健康的作用。

一次性高剂量地摄入维生素A会导致维生素A中毒症，而大量摄入胡萝卜素不会引起中毒，因为胡萝卜素虽在体内可转化为维生素A，但胡萝卜素转化为维生素A的速率非常缓慢，通常不会出现症状。β-胡萝卜素转化为维生素A的过程，主要发生在人体和动物的肠道。这种转化还可以发生在肝脏和其他组织上。虽然一分子的β-胡萝卜素能产生2个维生素A，但是其对β-胡萝卜素的吸收比维生素A要少得多。维生素A在临床上使用过量会引起很大的副作用，而β-胡萝卜素比维生素A更安全，因此，在国外经常采用β-胡萝卜素和维生素A作为补充[94]。β-胡萝卜素保健食品一般包括β-胡萝卜素硬胶囊、β-胡萝卜素软胶囊以及含β-胡萝卜素的复合维生素片。

参考文献

[1] FRASER P D, BRAMLEY P M. The biosynthesis and nutritional uses of carotenoids [J]. Progress in Lipid Research, 2004, 43（3）: 228-265.
[2] O' NEILL M E, CARROLL Y, CORRIDAN B, et al. A European carotenoid database to assess carotenoid intakes and its use in a five-country comparative study [J]. British Journal of Nutrition, 2001, 85（4）: 499-507.
[3] DICKSON M H, LEE C Y, BLAMBLE A E. Orange-curd high carotene cauliflower inbreds, NY 156, NY 163, and NY 165 [J]. HortScience, 1988, 23(4): 778-779.
[4] 徐鲁明. β-胡萝卜素的功能介绍及生化制备 [J]. 内蒙古科技与经济, 2009, (7): 424-426.
[5] SHARIFFA Y N, TAN T B, ABAS F, et al. Producing a lycopene nanodispersion: The effects of emulsifiers [J]. Food and Bioproducts Processing, 2016, 98: 210-216.
[6] ZARIPHEH S, BOILEAU T W M, LILA M A, et al. [^{14}C]-lycopene and [^{14}C]-labeled polar products are differentially distributed in tissues of F344 rats prefed lycopene [J]. The Journal of Nutrition, 2003, 133（12）: 4189-4195.
[7] BOHN T, DESMARCHELIER C, GSTED L O, et al. Host-related factors explaining interindividual variability of carotenoid bioavailability and tissue concentrations in humans [J]. Molecular Nutrition & Food Research, 2017, 61(6).
[8] ZHANG Y, LIU Y, LV Q. DFT study on the quenching mechanism of singlet oxygen by lycopene [J]. RSC Advances, 2016, 6（100）: 98498-98505.
[9] TAKESHIMA M, ONO M, HIGUCHI T, et al. Anti - proliferative and apoptosis - inducing activity of lycopcnc against three subtypes of human breast cancer cell lines [J]. Cancer Science, 2014, 105（3）: 252-257.
[10] KIOKIAS S, PROESTOS C, VARZAKAS T. A review of the structure, biosynthesis, absorption of carotenoids-Analysis and properties of their common natural extracts [J]. Current Research in Nutrition and Food Science Journal, 2015, 4（1）: 25-37.
[11] SOMMERBURG O, LANGHANS C-D, ARNHOLD J, et al. β-carotene cleavage products after oxidation mediated by hypochlorous acid—A model for neutrophil-derived degradation [J]. Free Radical Biology and Medicine, 2003, 35（11）: 1480-1490.
[12] SOSTRES C, GARGALLO C J, LANAS A. Nonsteroidal anti-inflammatory drugs and upper and lower gastrointestinal mucosal damage [J]. Arthritis Research & Therapy, 2013, 15 Suppl 3（Suppl 3）: S3.
[13] GöNCü T, OĞUZ E, SEZEN H, et al. Anti-inflammatory effect of lycopene on endotoxin-induced uveitis in rats [J]. Arquivos Brasileiros de Oftalmologia, 2016, 79（6）: 357-362.
[14] CAMPOS K K D, ARAúJO G R, MARTINS T L, et al. The antioxidant and anti-inflammatory properties of lycopene in mice lungs exposed to cigarette smoke [J]. The Journal of Nutritional Biochemistry, 2017, 48: 9-20.
[15] LEE W, KU S K, BAE J W, et al. Inhibitory effects of lycopene on HMGB1-mediated pro-inflammatory responses in both cellular and animal models [J]. Food and Chemical Toxicology, 2012, 50（6）: 1826-1833.

[16] SATHASIVAM R, KI J S. A review of the biological activities of microalgal carotenoids and their potential use in healthcare and cosmetic industries [J]. Marine drugs, 2018, 16 (1): 26.
[17] LIU C B, WANG R, YI Y F, et al. Lycopene mitigates β-amyloid induced inflammatory response and inhibits NF-κB signaling at the choroid plexus in early stages of Alzheimer's disease rats [J]. The Journal of Nutritional Biochemistry, 2018, 53: 66-71.
[18] LI X N, LIN J, XIA J, et al. Lycopene mitigates atrazine-induced cardiac inflammation via blocking the NF-κB pathway and NO production [J]. Journal of Functional Foods, 2017, 29: 208-216.
[19] BABU C M, CHAKRABARTI R, SAMBASIVARAO K R S. Enzymatic isolation of carotenoid-protein complex from shrimp head waste and its use as a source of carotenoids [J]. LWT-Food Science and Technology, 2008, 41 (2): 227-235.
[20] SONG J, HAN B. Green chemistry: A tool for the sustainable development of the chemical industry [J]. National Science Review, 2015, 2 (3): 255-256.
[21] ŞANAL İ S, BAYRAKTAR E, MEHMETOĞLU Ü, et al. Determination of optimum conditions for SC- (CO_2^+ ethanol) extraction of β-carotene from apricot pomace using response surface methodology [J]. The Journal of Supercritical Fluids, 2005, 34 (3): 331-338.
[22] CADONI E, RITA DE GIORGI M, MEDDA E, et al. Supercritical CO_2 extraction of lycopene and β-carotene from ripe tomatoes [J]. Dyes and Pigments, 1999, 44 (1): 27-32.
[23] KUNTHAKUDEE N, SUNSANDEE N, CHUTVIRASAKUL B, et al. Extraction of lycopene from tomato with environmentally benign solvents: Box-Behnken design and optimization [J]. Chemical Engineering Communications, 2019, 207: 574 - 583.
[24] RAHIMI S, MIKANI M. Lycopene green ultrasound-assisted extraction using edible oil accompany with response surface methodology (RSM) optimization performance: Application in tomato processing wastes [J]. Microchemical Journal, 2019, 146: 1033-1042.
[25] JURIĆ, S, JURIĆ M, FERRARI G, et al. Lycopene-rich cream obtained via high-pressure homogenisation of tomato processing residues in a water-oil mixture [J]. 2021, 56 (10): 4907-4914.
[26] KEHILI M, SAYADI S, FRIKHA F, et al. Optimization of lycopene extraction from tomato peels industrial by-product using maceration in refined olive oil [J]. Food and Bioproducts Processing, 2019, 117: 321-328.
[27] AMIRI-RIGI A, ABBASI S. Extraction of lycopene using a lecithin-based olive oil microemulsion [J]. Food Chemistry, 2019, 272: 568-573.
[28] IBRAHIM F, MONIRUZZAMAN M, YUSUP S, et al. Dissolution of cellulose with ionic liquid in pressurized cell [J]. Journal of Molecular Liquids, 2015, 211: 370-372.
[29] BIALEK-BYLKA G E, PAWLAK K, JAZUREK B, et al. Spectroscopic properties and temperature induced electronic configuration changes of all-trans and 15-*cis* β-carotenes in ionic liquids [J]. Photosynthetica, 2007, 45 (2): 161-166.
[30] VIEIRA F A, GUILHERME R J R, NEVES M C, et al. Recovery of carotenoids from brown seaweeds using aqueous solutions of surface-active ionic liquids and anionic

surfactants [J]. Separation and Purification Technology，2017，196：300-308.
[31] MARTINS P L G，ROSSO V V D. Thermal and light stabilities and antioxidant activity of carotenoids from tomatoes extracted using an ultrasound-assisted completely solvent-free method [J]. Food Research International，2016，82：156-164.
[32] KYRIAKOUDI A，TSIOURAS A，MOURTZINOS I. Extraction of lycopene from tomato using hydrophobic natural deep eutectic solvents based on terpenes and fatty acids [J]. Foods，2022，11（17）：2640.
[33] WANG L，WELLER C L. Recent advances in extraction of nutraceuticals from plants [J]. Trends in Food Science and Technology，2006，17：300-312.
[34] HIRANVARACHAT B，DEVAHASTIN S. Enhancement of microwave-assisted extraction via intermittent radiation：Extraction of carotenoids from carrot peels [J]. Journal of Food Engineering，2014，126：17-26.
[35] ANESE M，BOT F，PANOZZO A，et al. Effect of ultrasound treatment，oil addition and storage time on lycopene stability and *in vitro* bioaccessibility of tomato pulp [J]. Food Chemistry，2015，172：685-691.
[36] SAINI R K，KEUM Y S. Carotenoid extraction methods：A review of recent developments [J]. Food Chemistry，2018，240：90-103.
[37] STRATI I F，OREOPOULOU V. Recovery of carotenoids from tomato processing by-products – A review [J]. Food Research International，2014，65：311-321.
[38] SAINI R K，MOON S H，KEUM Y S. An updated review on use of tomato pomace and crustacean processing waste to recover commercially vital carotenoids [J]. Food Research International（Ottawa，Ont），2018，108：516-529.
[39] ZAGHDOUDI K，PONTVIANNE S，FRAMBOISIER X，et al. Accelerated solvent extraction of carotenoids from：Tunisian Kaki（*Diospyros kaki* L.），peach（*Prunus persica* L.）and apricot（*Prunus armeniaca* L.）[J]. Food Chemistry，2015，184：131-139.
[40] STRATI I F，GOGOU E，OREOPOULOU V. Enzyme and high pressure assisted extraction of carotenoids from tomato waste [J]. Food and Bioproducts Processing，2015，94：668-674.
[41] JURIĆ S，FERRARI G，VELIKOV K P，et al. High-pressure homogenization treatment to recover bioactive compounds from tomato peels [J]. Journal of Food Engineering，2019，262：170-180.
[42] MERT B，TEKIN A，DEMIRKESEN I，et al. Production of microfluidized wheat bran fibers and evaluation as an ingredient in reduced flour bakery product [J]. Food and Bioprocess Technology，2014，7（10）：2889-2901.
[43] MERT B. Using high pressure microfluidization to improve physical properties and lycopene content of ketchup type products [J]. Journal of Food Engineering，2012，109（3）：579-587.
[44] GUERRA A M S，HOYOS C G，VELASQUEZ-COCK J A，et al. Effect of ultra-fine friction grinding on the physical and chemical properties of curcuma（*Curcuma longa* L.）suspensions [J]. Journal of Food Science，2020，85（1）：132-142.
[45] POOJARY M M，PASSAMONTI P. Extraction of lycopene from tomato processing waste：kinetics and modelling [J]. Food Chemistry，2015，173：943-950.
[46] 张泽生，赵娟娟，史珅，等. 乙醇处理对番茄皮中番茄红素提取率的影响 [J]. 食品研究与开发，2008，（4）：15-20.
[47] 赵春玲，万端极，张萍. 超声波法提取番茄红素的工艺研究 [J]. 食品研究与开发，2008，（10）：80-83.

[48] DAVARNEJAD R, KASSIM K M, ZAINAL A, et al. Supercritical fluid extraction of *β*-carotene from crude palm oil using CO_2 [J]. Journal of Food Engineering, 2008, 89（4）: 472-478.

[49] RAHIMI S, MIKANI M. Lycopene green ultrasound-assisted extraction using edible oil accompany with response surface methodology（RSM） optimization performance: Application in tomato processing wastes [J]. Microchemical Journal, 2019, 146: 1033-1042.

[50] STUPAR A, ŠEREGELJ V, RIBEIRO B D, et al. Recovery of *β*-carotene from pumpkin using switchable natural deep eutectic solvents [J]. Ultrason Sonochem, 2021, 76: 105638.

[51] POOJARY M M, BARBA F J, ALIAKBARIAN B, et al. Innovative alternative technologies to extract carotenoids from microalgae and seaweeds [J]. Marine Drugs, 2016, 14（11）: 214.

[52] LIANFU Z, ZELONG L. Optimization and comparison of ultrasound/microwave assisted extraction（UMAE） and ultrasonic assisted extraction（UAE） of lycopene from tomatoes [J]. Ultrasonics Sonochemistry, 2008, 15（5）: 731-737.

[53] 于平，励建荣. 微波辅助溶剂提取钝顶螺旋藻中 *β*- 胡萝卜素的研究 [J]. 中国食品学报，2008，（2）：80-83.

[54] LUENGO E, CONDóN-ABANTO S, CONDóN S, et al. Improving the extraction of carotenoids from tomato waste by application of ultrasound under pressure [J]. Separation and Purification Technology, 2014, 136: 130-136.

[55] SHANMUGAM A. Characterization of ultrasonically prepared flaxseed oil enriched beverage/carrot juice emulsions and process-induced changes to the functional properties of carrot juice [J]. Food and Bioprocess Technology, 2015, 8: 1258.

[56] DEY S, RATHOD V K. Ultrasound assisted extraction of *β*-carotene from *Spirulina platensis* [J]. Ultrasonics Sonochemistry, 2013, 20（1）: 271-276.

[57] LI A N, LI S, XU D P, et al. Optimization of ultrasound-Assisted extraction of lycopene from papaya processing waste by response surface methodology [J]. Food Analytical Methods, 2015, 8（5）: 1207-1214.

[58] 靳学远，李晓，秦霞，等. 超高压提取番茄渣中番茄红素的工艺优化 [J]. 食品科学，2010，31（2）：25-27.

[59] LIANG X, MA C, YAN X, et al. Advances in research on bioactivity, metabolism, stability and delivery systems of lycopene [J]. Trends in Food Science & Technology, 2019, 93: 185-96.

[60] COOPERSTONE J L, RALSTON R A, RIEDL K M, et al. Enhanced bioavailability of lycopene when consumed as *cis*-isomers from tangerine compared to red tomato juice, a randomized, cross-over clinical trial [J]. Molecular Nutrition & Food Research, 2015, 59（4）: 658-669.

[61] HENRY L K, PUSPITASARI-NIENABER N L, JA RéN-GALáN M, et al. Effects of ozone and oxygen on the degradation of carotenoids in an aqueous model system [J]. Journal of Agricultural and Food Chemistry, 2000, 48（10）: 5008-5013.

[62] GOLDMAN M, HOREV B, SAGUY I. Decolorization of *β*-carotene in model systems simulating dehydrated foods. mechanism and kinetic principles [J]. 1983, 48（3）: 751-754.

[63] MARX M, STUPARIC M, SCHIEBER A, et al. Effects of thermal processing on *trans–cis*-isomerization of *β*-carotene in carrot juices and carotene-containing

preparations [J]. Food Chemistry，2003，83（4）：609-617.

[64] RAMAKRISHNAN T V，FRANCIS F J. Stability of carotenoids in model aqueous systems [J]. Journal of Food Quality，1979，2：177-189.

[65] AGRAWAL M，SARAF S，SARAF S，et al. Recent strategies and advances in the fabrication of nano lipid carriers and their application towards brain targeting [J]. Journal of Controlled Release，2020，321：372-415.

[66] AGRAWAL M，SARAF S，SARAF S，et al. Recent strategies and advances in the fabrication of nano lipid carriers and their application towards brain targeting [J]. Journal of Controlled Release，2020，321：372-415.

[67] RIANGJANAPATEE P，OKONOGI S. Effect of surfactant on lycopene-loaded nanostructured lipid carriers [J]. Drug Discoveries & Therapeutics，2012，6（3）：163-168.

[68] RIANGJANAPATEE P，MüLLER R H，KECK C M，et al. Development of lycopene-loaded nanostructured lipid carriers：Effect of rice oil and cholesterol [J]. Die Pharmazie，2013，68（9）：723-731.

[69] AKHOOND ZARDINI A，MOHEBBI M，FARHOOSH R，et al. Production and characterization of nanostructured lipid carriers and solid lipid nanoparticles containing lycopene for food fortification [J]. Journal of Food Science and Technology，2018，55（1）：287-298.

[70] DOS SANTOS P P，PAESE K，GUTERRES S S，et al. Development of lycopene-loaded lipid-core nanocapsules：Physicochemical characterization and stability study [J]. Journal of Nanoparticle Research，2015，17（2）：107.

[71] STOJILJKOVIC N，ILIC S，JAKOVLJEVIC V，et al. The encapsulation of lycopene in nanoliposomes enhances its protective potential in methotrexate-induced kidney injury model [J]. Oxidative Medicine and Cellular Longevity，2018，2018：2627917.

[72] ZHAO C，WEI L，YIN B，et al. Encapsulation of lycopene within oil-in-water nanoemulsions using lactoferrin：Impact of carrier oils on physicochemical stability and bioaccessibility [J]. International Journal of Biological Macromolecules，2020，153：912-920.

[73] LV P，WANG D，LIANG R，et al. Lycopene-loaded bilayer emulsions stabilized by whey protein isolate and chitosan [J]. LWT-Food Science and Technology，2021，151：112122.

[74] LI D，LI L，XIAO N，et al. Physical properties of oil-in-water nanoemulsions stabilized by OSA-modified starch for the encapsulation of lycopene [J]. Colloids and Surfaces A：Physicochemical and Engineering Aspects，2018，552：59-66.

[75] MASHAL M，ATTIA N，PURAS G，et al. Retinal gene delivery enhancement by lycopene incorporation into cationic niosomes based on DOTMA and polysorbate 60 [J]. Journal of Controlled Release，2017，254：55-64.

[76] SHARMA P，P S，ALBERT J，et al. Novel encapsulation of lycopene in niosomes and assessment of its anticancer activity [J]. Journal of Bioequivalence & Bioavailability，2016，8：224-232.

[77] LIANG X P，MA C C，YAN X J，et al. Advances in research on bioactivity，metabolism，stability and delivery systems of lycopene [J]. Trends in Food Science & Technology，2019，93：185-96.

[78] SRIVASTAVA S，SRIVASTAVA A K. Lycopene，chemistry，biosynthesis，metabolism and degradation under various abiotic parameters [J]. Journal of Food

Science and Technology-Mysore，2015，52（1）：41-53.
[79] HU K-Q，LIU C，ERNST H，et al. The biochemical characterization of ferret carotene-9′，10′-monooxygenase catalyzing cleavage of carotenoids *in vitro* and *in vivo* [J]. Journal of Biological Chemistry，2006，281（28）：19327-19338.
[80] GONZALEZ-CASADO S，MARTIN-BELLOSO O，ELEZ-MARTINEZ P，et al. *In vitro* bioaccessibility of colored carotenoids in tomato derivatives as affected by ripeness stage and the addition of different types of oil [J]. Journal of Food Science，2018，83（5）：1404-1411.
[81] BOILEAU T W M，BOILEAU A C，ERDMAN J W. Bioavailability of all-*trans* and *cis*-isomers of lycopene [J]. Experimental Biology and Medicine，2002，227（10）：914-919.
[82] HONDA M，HORIUCHI I，HIRAMATSU H，et al. Vegetable oil-mediated thermal isomerization of（all-*E*）-lycopene：Facile and efficient production of *Z*-isomers [J]. European Journal of Lipid Science and Technology，2016，118（10）：1588-1592.
[83] SUN X F，ZHU W X，LI X L，et al. Effects of heat pump drying temperature and dietary fat on carrot beta-carotene bioaccessibility [J]. International Journal of Agricultural and Biological Engineering，2017，10（4）：234-242.
[84] LEMMENS L，VAN BUGGENHOUT S，VAN LOEY A M，et al. Particle size reduction leading to cell wall rupture is more important for the beta-carotene bioaccessibility of raw compared to thermally processed carrots [J]. Journal of Agricultural and Food Chemistry，2010，58（24）：12769-12776.
[85] TYSSANDIER V，REBOUL E，DUMAS J F，et al. Processing of vegetable-borne carotenoids in the human stomach and duodenum [J]. American Journal of Physiology-Gastrointestinal and Liver Physiology，2003，284（6）：G913-G923.
[86] DEMING D M，BOILEAU A C，LEE C M，et al. Amount of dietary fat and type of soluble fiber independently modulate postabsorptive conversion of ss-carotene to vitamin A in mongolian gerbils [J]. Journal of Nutrition，2000，130（11）：2789-2796.
[87] FAULKS R M，SOUTHON S. Challenges to understanding and measuring carotenoid bioavailability [J]. Biochimica Et Biophysica Acta-Molecular Basis of Disease，2005，1740（2）：95-100.
[88] ROCK C L，SWENDSEID M E. Plasma beta-carotene response in humans after meals supplemented with dietary pectin [J]. American Journal of Clinical Nutrition，1992，55（1）：96-99.
[89] VAN DEN BERG H，FAULKS R，GRANADO H F，et al. The potential for the improvement of carotenoid levels in foods and the likely systemic effects [J]. Journal of the Science of Food and Agriculture，2000，80（7）：880-912.
[90] UNLU N Z，BOHN T，CLINTON S K，et al. Carotenoid absorption from salad and salsa by humans is enhanced by the addition of avocado or avocado oil [J]. Journal of Nutrition，2005，135（3）：431-436.
[91] LIU C，HU B，CHENG Y，et al. Carotenoids from fungi and microalgae：A review on their recent production，extraction，and developments [J]. Bioresource Technology，2021，337：125398.
[92] NABI F，ARAIN M A，RAJPUT N，et al. Health benefits of carotenoids and potential application in poultry industry：A review [J]. Journal of Animal Physiology and Animal Nutrition，2020，104（6）：1809-1818.

[93] MARZOCCO S，SINGLA R K，CAPASSO A. Multifaceted effects of lycopene：a boulevard to the multitarget-based treatment for cancer [J]. Molecules，2021，26（17）：5333.
[94] WEBER D，GRUNE T. The contribution of beta-carotene to vitamin A supply of humans [J]. Molecular Nutrition & Food Research，2012，56（2）：251-258.

第四章

含氧类胡萝卜素的制备及应用

第一节 概述

类胡萝卜素可以分为胡萝卜素和含氧类胡萝卜素两大类，其中含氧类胡萝卜素分子含有一个或多个氧原子，形成羟基、羰基、甲氧基或环氧化物，如叶黄素（lutein）和虾青素（astaxanthin）等。

一、食物来源

（一）虾青素

在水生环境中，微藻合成虾青素，然后被浮游动物、昆虫或甲壳类动物吃掉，从而提供了颜色[1, 2]。

虾青素是鱼类（如鲑鱼和鳟鱼）中主要的含氧类胡萝卜素，以及大多数甲壳类动物（如虾、龙虾、螃蟹等）呈现的红色均因虾青素积累所致。野生鲑鱼和大西洋鲑鱼中的虾青素含量分别为 4.45mg/100g 和 0.61mg/100g[3]。在人工饲养的大西洋鲑鱼中，虾青素水平由其饮食决定。虾是虾青素另一个重要的膳食来源，虾类中色素主要分布于头胸、腹部表皮层和腹部外骨骼中。大多数有关虾中虾青素的报道都是关于加工过的废料。在新鲜的印度对虾的头胸和壳中，虾青素含量大致在 4.79mg/100g。从这些海产品废弃物中可提取虾青素，但会衍生出大量的副产品。一般而言成年人一般要食用 600~2000g 的鲑鱼，或者 260g 虾，才能获得 4mg 的虾青素[4]。美国、欧洲和日本的几家公司出售主要来自雨生红球藻的虾青素补充剂。这些补充剂中虾青素的含量从 4~20mg 不等，以补充人体所需的虾青素含量。

（二）叶青素

叶黄素是最为常见的含氧类胡萝卜素之一，主要分布在绿叶蔬菜（如羽衣甘蓝、菠菜、西蓝花、豌豆和生菜等）和蛋黄中。在真角小麦、硬粒小麦和玉米及其食品中也有较高的含量[5]。与水果和蔬菜相比，蛋黄被认为是叶黄素的极佳来源。鸡蛋黄中叶黄素的浓度一般为（1622 ± 650）μg/100g。由于鸡蛋黄中脂肪含量高，因此鸡蛋中的叶黄素在人体的生物利用率更高[6]。在一些水果中，去除一些不可食用的植物组分，如种子、茎、皮等，更有利于提取叶黄素，并且对叶黄素总含量没有显著的影响。不适宜叶黄素的加工方式，会导致总叶黄素含量降低，如冷冻和漂白等。此外，影响叶黄素含量的因素还包括植物基质本身（品种）和贮藏条件（温度、湿度、包装）等。

在绿色蔬菜中，叶黄素（1290~7703μg/100g 植物材料）主要存在于西蓝花、生菜、香菜、羽衣甘蓝中[7]。叶黄素含量在水分较高的水果中较少，如番石榴、腰果和菠萝蜜中，叶黄素含量为 3~55.61μg/100g。这可能是由于类胡萝卜素在水中溶解度低，或这种高含水量的存在可能会影响有机溶剂的提取率。此外，可以通过果蔬的色泽预测叶黄素在水果和蔬菜中的含量，如橙黄色的蔬菜中含有大量的类胡萝卜素。因此，橙黄色作物（辣椒、南瓜、红薯）是叶黄素的良好来源，含有 623~1100μg/100g 植物源[6,8]。

有研究人员致力于通过修饰叶黄素酶生产出的基因来改善植物的叶黄素生产。虽然人们普遍认为类胡萝卜素是以全反式形式存在于蔬菜中，但了解顺式异构体是否存在于新鲜植物中也很重要。有研究报道了植物中存在一种类胡萝卜素异构酶，该酶催化全反式类胡萝卜素异构化为顺式类胡萝卜素。众所周知，全反式叶黄素会发生异构化。目前已经检测到几何顺式异构体 9- 顺式和 13- 顺式异构体的存在，化学结构如图 4-1 所示。

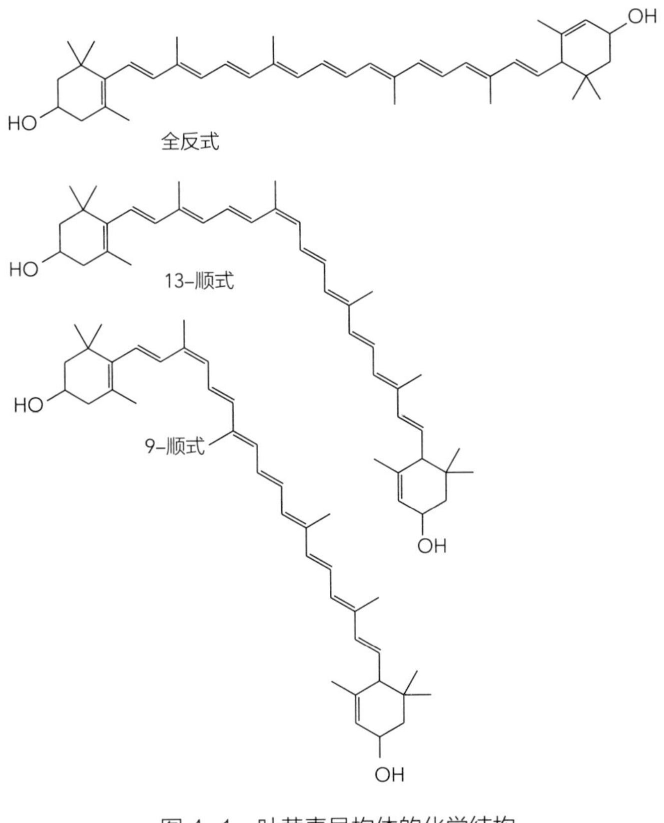

图 4-1 叶黄素异构体的化学结构

二、天然分布

（一）虾青素

虾青素来源于高等植物、微观浮游植物藻类（如雨生红球藻、小球藻、绿球藻），以及一些微生物，如红发夫酵母和细菌（如乳杆菌、分枝杆菌、短杆菌、农杆菌、碱性杆菌）。

1. 虾青素的植物来源

夏侧金盏花（*Adonis aestivalis* L.），隶属于毛茛科侧金盏花属，是虾青素最丰富的来源。虾青素约占这些植物花瓣干物质的1%。且由于来自栽培区域的花的生物量产量较低，因此该植物并不是一个成本效益高的色素来源。早期一般将该类种属作为虾青素的工业来源，但目前研究更多的是从这类植物中分离出虾青素生物合成的编码基因，并将其转移到其他植物中，以保证含氧类胡萝卜素的产量。

2. 虾青素的微生物来源

目前，虾青素的微生物合成是研究最深入领域之一，它比工业生产虾青素更有优势。雨生红球藻淡水微藻是市场上天然虾青素的基本来源，干重的雨生红球藻约占有4%的虾青素，是目前研究发展占据最高天然浓度的藻类来源。雨生红球藻中的虾青素以单酯型为主。然而，将雨生红球藻作为虾青素的来源非常困难，因为在自然环境下繁殖微藻，容易被其他藻类、细菌、真菌等污染。倘若要获得纯净的虾青素，则依赖于昂贵和高容量的光生物反应器。此外，雨生红球藻生长周期长，在传统培养基上生长时产量较低。再则，虾青素的生长非常依赖于特定的条件。它们只有在较少的氮或磷的环境下，并同时具备水杨酸和乙醇、高盐环境或强光环境时，才能积累虾青素。在这种条件下，它们形成含有色素的静止的厚壁血肿。而为了从血肿中分离出虾青素，需要分解厚细胞壁。由于这些程序烦琐，因此虾青素非常昂贵[9]。

红发夫酵母是虾青素的另一重要来源，与雨生红球藻不同，该酵母合成的未酯化虾青素的形式大多为3R，3′R。它与其他含氧类胡萝卜素集中在细胞质中的脂滴，或集中在脂质层的细胞质膜中（在显微镜研究中不可见）。这种形式是非常稳定的。但利用红发夫酵母工业化生产色素所得到的虾青素浓度较低。

3. 甲壳类副产品

虾、蟹和其他甲壳类动物的不可食用部分，如头、壳、尾等，可作为水产养殖中天然虾青素的来源。全球每年捕获的海洋甲壳类动物为320万t，不可食用的副产品占原料重量的40%~56%。但使用甲壳类副产品作为水产养殖虾青素的基本来源存在一些局限性。第一，甲壳类动物副产品存在季节性；第二，为避免产品腐烂，一般采用温和的乳酸发酵或有机酸处理，因此储存成本高；第三，这些副产品的虾青素含量较低，约为0.15%。因此，必须提高它们饲料中的虾青素含量（10%~25%），才能达到动物组织需要的颜色[9]。

（二）叶黄素

目前，叶黄素的主要来源是万寿菊（*Tagetes erecta* L.）。其橙黄色花瓣中有丰富的叶黄素，且花瓣的颜色越深，叶黄素含量越高（橙色至深橙色）。国内提取叶黄素主要以万寿菊为原料，因为万寿菊中叶黄素含量高，约为20g/kg，并且主要以酯化形式存在。以万寿菊作为叶黄素来源的生产成本很高，因为万寿菊必须在每年7月至10月开花期内采摘。

另外，部分微藻种类也是叶黄素的潜在来源，由于其生长速度快，为植物的5~10

倍。叶黄素在微藻中的含量约 5g/kg，并主要以游离叶黄素的形式存在。微藻可以在废水或海水中培养，不依赖传统农业所占据的环境资源，是一种具有吸引力的替代来源。微藻利用水和阳光吸收二氧化碳作为其主要碳源，通过光合作用形成类胡萝卜素。微藻的来源广泛，分布于世界各地，且可以适应各种极端环境，如冰水、高渗透压及紫外环境。与万寿菊相比，微藻具有生长速度快、需水量少等优点，且对二氧化碳固定率高，1kg 的微藻可以储存 1.85kg 的二氧化碳，对温室效应具有一定的缓解作用。尽管微藻中的叶黄素含量低于万寿菊，但微藻产生的叶黄素可与其他藻类代谢产物如维生素、色素和多糖结合。研究发现了小球藻属在与龙舌兰酒培养后显著增加，可以成功固定所有存在的二氧化碳。结合这些优点，可开发一种持续的工业过程，使微藻适合叶黄素生产，同时带来环境效益。目前还没有将微藻叶黄素生产流程商业化，亟待进一步的研究，以克服微藻叶黄素生产的技术壁垒[8]。

三、化学结构和理化性质

（一）虾青素

虾青素是由 β- 胡萝卜素通过 3- 羟基化和 4- 酮化在两个离子酮端基上衍生化构成。这些反应分别由 β- 胡萝卜素羟化酶和 β- 胡萝卜素酮醇酶所催化。一般而言，羟基化在高等植物中广泛存在，但酮基化仅限于少数细菌、真菌和一些单细胞绿藻。虾青素分子式为 $C_{40}H_{52}O_4$。晶体状虾青素是一种精细深紫褐色粉末，熔点大约为 224℃，脂溶性，不溶于水，易溶于氯仿、丙酮等有机溶剂。

1. 立体异构体

由于在 C3 和 C3′ 位置存在两个立体碳原子，虾青素有三个立体异构体：3R，3′R、3S，3′S 和 3R，3′S。3S，3′S 和 3R，3′R 异构体互为镜像（对映体），3S，3′R 无旋光性。自然界中的虾青素大多以 3S，3′S 形式存在，不同的生物体中存在不同比例的虾青素异构体[10]。合成虾青素中，3R，3′R、3R，3′S 和 3S，3′S 异构体的立体异构比分别为 1∶2∶1。

2. 几何异构体

虾青素也以反式（*E*）和顺式（*Z*）几何异构体的形式存在（图 4-2），这取决于多烯链中双键的构型。全反式虾青素是主要的异构体，但自然界中至少有两种顺式异构体（9-顺式和 13- 顺式），这取决于物种的种类和身体部位。在虹鳟鱼中，大多数虾青素以全反式形式（97%）存在，其次是 9- 顺式（0.4%）、13- 顺式（1.5%）和其他异构体（1.1%）。此外，在中国各种野生和养殖虾、对虾中除 9- 顺式异构体外，还存在 15- 顺式和二顺式异构体。

3. 游离虾青素和虾青素酯

天然虾青素大多以酯化的形式存在，虾青素可能与不同的脂肪酸酯化，如棕榈酸、油酸、硬脂酸或亚油酸；它也可能是游离的，具有非酯化的羟基，但这使得它相当不稳定，特别容易被氧化；或者它可能与蛋白质（类胡萝卜素蛋白）或脂蛋白（类胡萝卜素 -

脂蛋白）复合。合成的虾青素是非酯化的，而藻类中的虾青素是酯化的。另外，甲壳类动物包含了上述三种形式的混合物[4]。

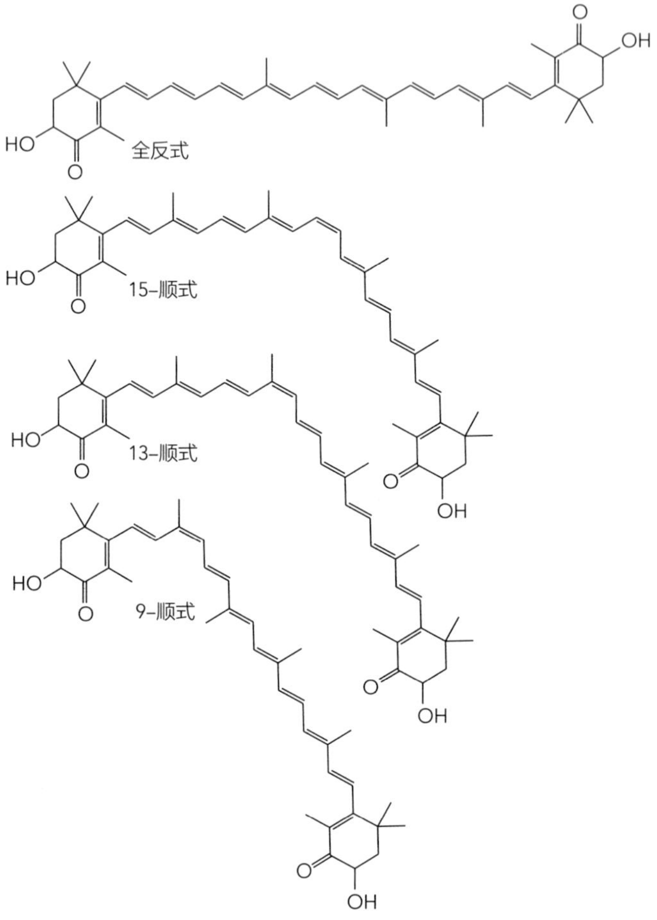

图 4-2　虾青素异构体的化学结构

（二）叶黄素

纯叶黄素一般为黄橙色结晶，亲脂性，固体，化学名称为 β, ε- 胡萝卜素 -3，3′ -二醇（$C_{40}H_{56}O_2$）。与所有的类胡萝卜素一样，叶黄素包含一个共轭碳碳双键的主干，它允许自由电子运动，并引起可见光光谱蓝色区域的光吸收，使其呈现出强烈的黄橙色。叶黄素在自然界中通常与其立体异构体玉米黄质共存，异戊二烯主链的双键可以以全反式或顺式构型存在，也称为 *E*/*Z* 构象。胡萝卜浆废弃物中存在 13- 顺式 - 叶黄素和 9- 顺式 -叶黄素；在新鲜西蓝花、青豌豆、菠菜和黄玉米中存在叶黄素的 13- 顺式异构体。在自然界中，叶黄素最常见的几何异构体是全反式异构体，它在热力学上比顺式更稳定。叶黄素可以与脂肪酸酯化或非酯化，最常见的是与棕榈酸酯化。在万寿菊中，叶黄素主要以酯化形式存在，用溶剂提取后，需要进一步纯化为游离叶黄素形式。这是通过与乙醇等低分子质量醇中的强碱（如 KOH）反应来完成的。

由于叶黄素呈现强烈的黄色，它被广泛用作食品着色剂。近年来，这些化合物因其潜在的健康益处而受到更大的关注。然而，天然色素添加剂的低稳定性是阻碍其工业化生产的重要因素之一[8]。

第二节　含氧类胡萝卜素的有益功效

一、抗氧化、抗炎作用

在所有天然类胡萝卜素中，虾青素的抗氧化活性最高，约为 α- 生育酚的 100 倍。虾青素可以更高效地清除 ROS，进一步防止 DNA 氧化、脂质过氧化和蛋白质氧化所带来的损伤。此外，虾青素可增加患者血清、肝脏和皮肤中内源性抗氧化酶的活性，如过氧化氢酶（CAT）、超氧化物歧化酶（SOD）和谷胱甘肽（GSH）。虾青素的抗氧化活性与其结构有关。与全反式 - 虾青素相比，10μmol/L 浓度下的顺式虾青素具有更强的体外抗氧化能力，特别是 9- 顺式 - 虾青素，其清除 DPPH 自由基的活性约为全反式 - 虾青素的 4 倍。对于虾青素立体异构体，不论是体内和体外实验，均发现 3S，3′S 虾青素比 3R，3′R 虾青素和混合虾青素（3S，3′S ∶ meso ∶ 3R，3′R=1∶2∶1）具有更好的抗氧化和抗衰老活性，说明不同的虾青素立体异构体可以调节不同的细胞内靶点。

叶黄素具有抗氧化、抑制膜脂过氧化和抗炎功能。在内毒素诱导的葡萄膜炎大鼠模型中，叶黄素可以抑制 κB-a 的降解，并阻止核因子 κB（NF-κB）易位，减少诱导基因的转录和炎症介质的合成（图 4-3）。在脂多糖（LPS）刺激的巨噬细胞系中，叶黄素通过清除超氧阴离子和过氧化氢（H_2O_2）来减少细胞内 H_2O_2 的积累，还可以通过抑制核因子 NF-κB 易位以及减少脂多糖诱导的肿瘤坏死因子 -α（TNF-α）和白细胞介素 -1β（IL-1β）的分泌来抑制促炎基因的表达。在体外胃上皮细胞和小胶质细胞模型中曾观察到类似的抗炎机制。此外，叶黄素还能显著降低紫外线照射下角质形成细胞的皮肤炎症反应[11]。

二、保护心血管作用

氧化应激、高脂血症和炎症导致了心血管疾病（CVD）发病的可能，特别是动脉粥样硬化、内皮功能的氧化损伤和次生的炎症加速了动脉粥样硬化，进而引发心血管疾病[12]。

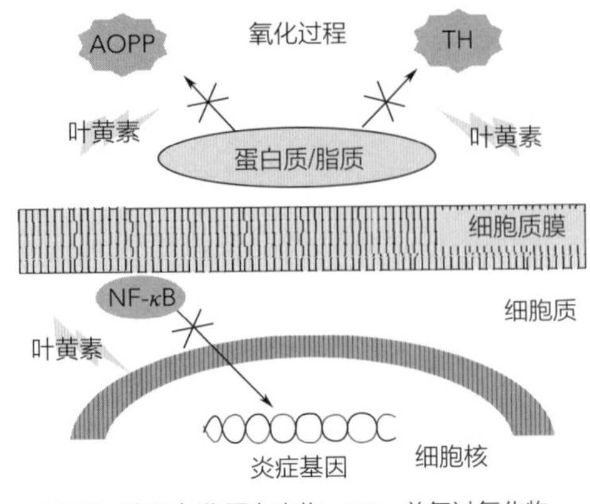

AOPP—高级氧化蛋白产物；TH—总氢过氧化物。

图 4-3　叶黄素的抗炎和抗氧化作用示意图

（一）降血脂作用

众所周知，在全球范围内，高水平的低密度脂蛋白胆固醇（LDL-C）、低水平的高密度脂蛋白胆固醇（HDL-C）、低密度脂蛋白（LDL）氧化和高脂血症是发生心血管疾病的主要因素，如动脉粥样硬化病变、血栓和冠心病。在这种情况下，类胡萝卜素的降血脂、降血糖和降压特性使它们对心血管疾病具有潜在的保护作用。

类胡萝卜素有几种降血脂作用。例如，虾青素降低甘油三酯（TAG）和 LDL- C 水平，并以剂量依赖性的方式抑制脂质过氧化和 LDL 氧化。在饲料中添加 1%（质量分数）虾青素，检测大鼠的 LDL-C 水平，发现 LDL-C 水平有所下降，而 HDL-C 水平有所升高。此外，虾青素降低了轻度高脂血症患者中的 TAG 水平，提高了 HDL-C 和脂类素水平。

（二）抗高血压作用

这些类胡萝卜素能维持内皮细胞生成的一氧化氮（NO）水平和生物利用率，对血管舒张有积极的影响，还具有抗动脉粥样硬化的功效，可以用于制备抗动脉粥样硬化的药物。虾青素能够调节 NO 水平、降低血压，这与抵抗血管中增强的内皮依赖性血管舒张作用有关。一项对为期 5 周的自发性高血压大鼠的研究表明，虾青素除了能降低血压，还能增加血流量，减少主动脉弹性蛋白束的数量，减少冠状动脉和小动脉的壁管比，以及血浆中亚硝酸盐（NO^{2-}）和硝酸盐（NO^{3-}）的水平，进而引起血管舒张。在同一实验模型中进行的另一项研究也验证了这些结果，并进一步强调虾青素可以增加脑血管中 NO 的生物利用率。

（三）抗动脉粥样硬化作用

血清脂联素水平与 HDL-C 呈正相关，是一种抗动脉粥样硬化因子，可以抑制动脉粥样硬化斑块的形成。类胡萝卜素可以改善脂联素水平，有利于抗动脉粥样硬化。虾青素通过巨噬细胞浸润、凋亡，降低动脉粥样硬化易损性，可以提高患有高脂血症和动脉粥样硬化兔子的脂联素水平以及动脉粥样硬化斑块的稳定性。此外，在患有代谢综合征的人群中，也发现了虾青素对脂联素的积极影响。Kishimoto 等[13] 已经证明虾青素可以抑制人类单核细胞系中巨噬细胞的激活。

叶黄素对（早期）动脉粥样硬化也有潜在的预防作用。Dwyer 等[14] 通过流行病学研究、体外实验和小鼠模型，研究了叶黄素对早期动脉粥样硬化的影响。流行病学研究表明，血清叶黄素水平最高（0.42μmol/L）的受试者动脉壁增厚程度比血清叶黄素水平最低（0.15μmol/L）的受试者少 80%。在关于共培养模型中单核细胞迁移的研究中，叶黄素可以抑制低密度脂蛋白诱导的单核细胞迁移，且该能力与叶黄素剂量相关。补充叶黄素可减少小鼠模型中动脉粥样硬化病变的形成。Wang 等[15] 研究了叶黄素对高同型半胱氨酸血症介导的动脉粥样硬化的影响。高同型半胱氨酸血症降低了 NO 水平，增加了内皮素 -1 水平，这些水平变化则会导致人体血管内皮功能障碍，但叶黄素可以有效逆转这些变化。此外，叶黄素干预还能抑制高同型半胱氨酸血症诱导的氧化应激，并下调炎症因子，如 NF-κB、p65、TNF-α 和细胞间黏附分子等。在 TNF-α- 处理的血管内皮细胞中，叶黄素通过抑制 NF-κB 信号，增加 NO 水平，减少内皮素 -1 的释放，改善了基本的内皮功能[16]。

（四）对中风、心肌梗死等心血管疾病的保护作用

为有中风倾向的自发性高血压大鼠喂食虾青素，可减轻中风的症状。饲料中添加 0.08% 浓度的虾青素还能有效提高小鼠心肌线粒体膜电位和收缩力指数，从而具有心脏保护作用。类比于虾青素，叶黄素也具有降低或预防中风的可能。此外，血浆中高水平叶黄素还具有降低心肌梗死的风险。其他含氧类胡萝卜素也被发现具有预防和治疗与心血管疾病相关的疾病的作用，如心肌损伤和再血栓形成、缺血和再灌注损伤以及急性冠状动脉综合征、冠状动脉性心脏病（CHD）等[13]。

三、抗癌作用

（一）虾青素

由于虾青素的抗氧化潜力，可以作为一种有价值的治疗候选药物，运用于相关临床领域，如神经保护、胃溃疡护理、脑卒中损伤改善、肾、肝保护等。从某种程度上而言，虾青素可以通过这些途径预防癌症。事实上，虾青素治疗减少了由脂多糖刺激的 BV2 小胶质细胞中白细胞介素、COX-2 和 NO 的释放，而虾青素（50μmol/L）预处理通过减少炎症介质可以改善星形胶质细胞模型的拉伸损伤。虾青素的亚细胞位置显示了其对线粒体膜的特殊作用，表明其可以调节细胞色素 c 和促凋亡因子的释放，从而治疗氧化应激。此外，虾青素通过激活 PPAR-γ 和过氧化氢酶，降低了胃上皮细胞中线粒体和细胞内氧 ROS 水平和 IL-8 的表达[17]。虾青素还具有调节许多炎症有关通路的能力，可以预防脂

肪变性肝细胞缺血 - 再灌注损伤以及人 LX-2 细胞肝纤维化 [18]。虾青素对 Nrf2/ARE 信号的激活治疗了肾小球系膜细胞肾纤维化，增加了Ⅱ期解毒 / 抗氧化酶活性，如 NAD(P)H、NQO1、GSTM2、血红素加氧酶 1(HO-1)和 SOD，并降低了肿瘤转化的可能性 [19]。研究表明，虾青素是通过抑制组蛋白去乙酰化酶 SIRT1 和相关 FoxO3 转录因子，以减轻急性肾损伤，并且可以减少小管上皮细胞凋亡。虾青素也可以改善肾病相关的并发症，以及腹膜纤维化，限制上皮 - 间充质转化，这得益于腹膜间皮细胞的抗炎、抗氧化和线粒体 ROS 清除活性的功能。

鉴于这些途径，虾青素很容易发挥抗癌功效，因为癌症源于氧化状态的不平衡。由于 DNA 突变和蛋白质畸变会导致相关细胞损伤，使得氧化应激会引起癌变。自 20 世纪 90 年代以来，研究人员关注于虾青素等天然叶黄素与癌症之间的关系，试图通过激活解毒机制对抗舌头和大肠癌变 [20]。这些特性主要归因于其清除自由基的活性。研究表明，虾青可减少长波黑斑效应紫外线(UVA)辐射引起的 DNA 损伤，通过增加角质形成细胞的数量，以剂量依赖的方式来促进伤口的再上皮化 [21]。近年来，研究人员关注虾青素对皮肤癌的防治作用，发现虾青素可抑制小鼠表皮细胞系 JB6 P^+ 细胞的肿瘤转化，50μmol/L 的虾青素处理 5d 后，细胞活力下降 94%[22]。而 168μmol/L 虾青素对两种黑色素瘤细胞系 A375 和 A2058 的增殖抑制作用分别提高了 50% 和 80%。

在白血病细胞(K562)的研究中，虾青素显示出比其他被测试的类胡萝卜素更强大的细胞生长抑制作用，即使在低浓度(5μmol/L 和 10μmol/L)下也具有很强的活性 [23]。虾青素抗癌活性的多种机制还包括表观遗传修饰和染色质重塑。在前列腺癌中，通过 DNA 甲基化控制抑癌基因的沉默是保护细胞免受癌变的关键策略。此外，前列腺癌通过抑制 5- 还原酶发挥预防和治疗作用。综上所述，虾青素通过多种机制揭示了抗癌活性，包括诱导细胞凋亡、抑制细胞生长和干扰细胞周期(图 4-4)[24]。

(二)叶黄素

研究发现膳食叶黄素可以减少乳腺肿瘤生长，表明叶黄素可以诱导细胞凋亡。除了证实这一结果，还阐明了叶黄素对用其喂养的小鼠乳腺肿瘤细胞的作用机制 [25]。实际上，叶黄素通过调控特定基因的表达，降低抗凋亡 *Bcl-2* 基因的表达，增加促凋亡 *p53* 和 *BAX* 基因的 mRNA 表达，从而改变肿瘤细胞中 *BAX*/*Bcl-2* 的比例。同时，叶黄素减少了血液白细胞的凋亡，表明免疫状态增强。因此，该研究证实了叶黄素的选择性作用，表明它可以减少免疫细胞的凋亡，同时促进肿瘤细胞的凋亡。在人类乳腺细胞的体外研究也发现了同样的效果，表明叶黄素具有抗增殖活性，并通过细胞凋亡和基因调控来调节肿瘤免疫 [26]。

有研究证明，当 PC-3 人前列腺癌细胞在叶黄素(一种没有环氧基的叶黄素)的存在下进行体外培养时，其增殖有所下降，当叶黄素与化疗药物联合使用时，这种趋势更加明显。事实上，叶黄素可以调节 PC-3 细胞的生长和生存相关基因的表达，从而增强药物诱导的细胞周期阻滞和凋亡。叶黄素还可以减少大鼠中结肠异常隐窝灶的生长，这是结肠癌的肿瘤前标志物。因此，叶黄素可以小剂量地用作预防结肠癌发生的药物。此外，叶黄素诱导的药物（罗丹明 123）在表达 *MDR1/lrp* 的人结肠癌细胞中积累和早期凋亡[13]。

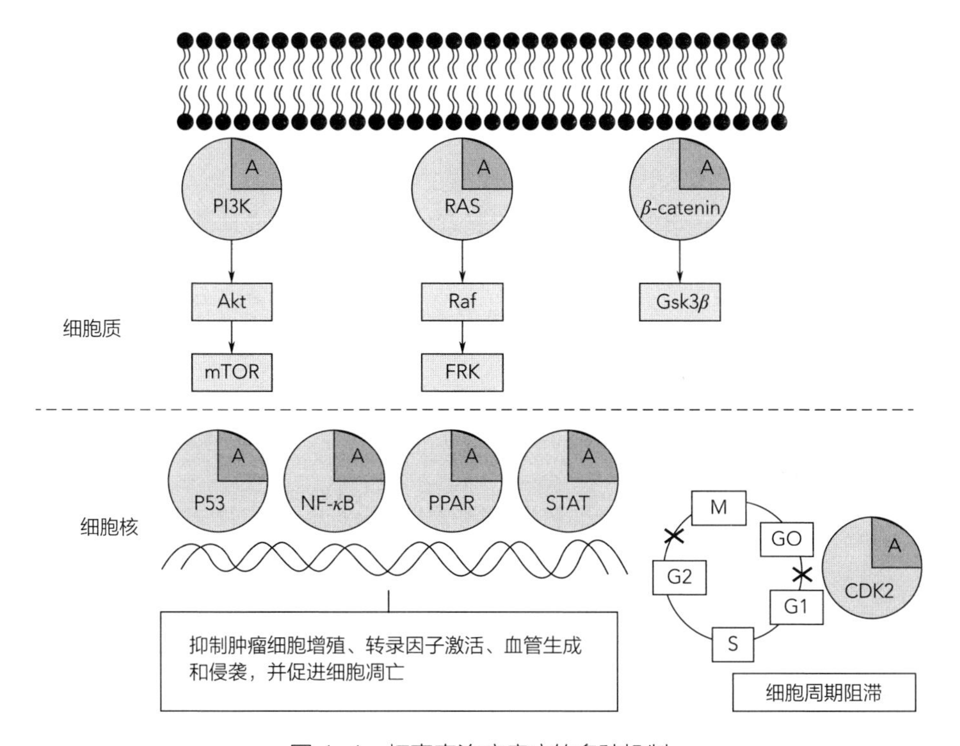

图 4-4 虾青素治疗癌症的多种机制

四、其他功效

（一）保护眼睛

眼睛若长时间暴露在光中会诱导晶状体、视网膜和其他眼部组织的结构损害，导致功能发生改变。动物研究的结果表明，虾青素可以穿过血脑屏障（BBB），在哺乳动物的视网膜中积累。因此，天然虾青素的摄入可能通过影响氧化过程、炎症、视网膜血流和眼睛疲劳来维持眼睛健康。虾青素还可以通过改善眼睛的血液循环和缓解眼疲劳来保护眼睛。正常眼睛的脉络膜循环随着年龄的增长而减少，是眼科疾病发展的一个危险因素，如年龄相关性黄斑变性。在一项双盲、安慰剂对照研究中，评估了服用 4 周虾青素对健康受试者眼部微循环的影响。考虑到脉络膜血流速度增加而眼灌注压没有明显变化，推测虾青素可能通过脉络膜血管舒张或改变血液流变学来改善脉络膜血流速度，而不是改善全身血流动力学。

叶黄素作为黄斑色素的组成部分，可以保护黄斑免受光氧化损伤，增强视觉功能[27]。叶黄素是一种眼部抗氧化剂，可以熄灭单线态氧和脂质过氧自由基。此外，叶黄素可抑制视网膜中 STAT3 和 IL-6 表达的激活。补充叶黄素对治疗年龄相关性黄斑变性非常有效。氧化应激是老年黄斑变性发病的重要因素，因此，叶黄素抗氧化应激的能力是预防或治疗老年性黄斑变性的重要指标。叶黄素是一种非常有效的单线态分子氧和脂质过氧自由基的猝灭剂，在抗氧化过程中其被氧化成相应的自由基阳离子[28, 29]。

白内障的发生是由于晶状体晶体蛋白的聚集造成的晶状体透明度的损失。而引起白内障的因素包括衰老、糖尿病、暴露在紫外线下、高血压和氧化应激[30]。ROS 引起晶状体蛋白的交联和降解，从而引发白内障发生。研究表明，二十碳五烯酸（EPA）和二十二碳六烯酸（DHA）增强了叶黄素的抗白内障活性[31]。因此建议用叶黄素、EPA 和 DHA 来调节氧化应激和炎症来对抗白内障。补充叶黄素有助于通过减少氧化应激来预防年龄相关性黄斑变性和其他眼病[32]。叶黄素抑制氧化应激诱导的眼睛炎症反应的机制如图 4-5 所示。

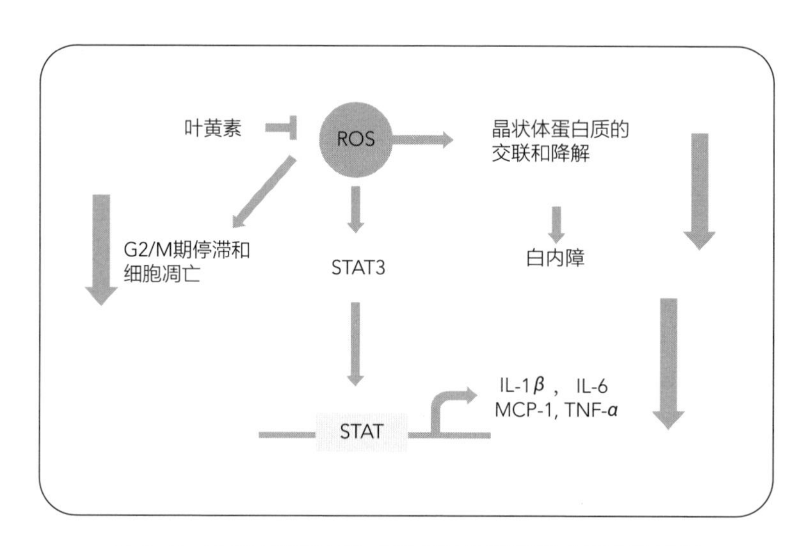

图 4-5　叶黄素抑制氧化应激诱导的眼睛炎症反应的机制

（二）保护皮肤健康

皮肤直接暴露在各种外部环境威胁中，特别是紫外线辐射，会增加皮肤中 ROS 水平增加的风险。随之而来的氧化应激升高引发了多种氧化事件，导致皮肤结构丧失完整性，降低生理功能。口服虾青素后皮肤的积累和代谢缓慢，表明其具有增强皮肤内源性保护的潜力。临床试验多次证明，口服虾青素可以显著改善人类面部皮肤状况，包括皱纹、色素沉着和经皮失水，并保持皮肤弹性。虾青素还具有改善皮肤水分的能力，将虾青素添加到 HaCaT 细胞和三维（3D）人表皮模型中，显著增强了水通道蛋白 -3（AQP3）的表达和活性，且增加了甘油的通透性。

叶黄素减少了紫外线（UV）照射后 ROS 的形成，从而防止了小鼠的光氧化损伤，逆转了 UVB 抑制的接触超敏反应。人体研究表明，口服补充叶黄素和玉米黄质可以改善整体肤色，并诱导皮肤美白效果，这可能是由于它们的抗氧化活性。紫外线辐射刺激免疫抑制和氧化应激诱导机制，导致皮肤癌、光皮肤病、晒伤和光老化。补充叶黄素（叶黄素软凝胶胶囊含有 10mg 游离叶黄素）能降低细胞间黏附分子 1 和金属蛋白酶 -1 的 mRNA 表达，这是光敏性皮肤疾病和光老化的指标。这些研究表明叶黄素对紫外线引起的皮肤损伤具有保护作用。此外，叶黄素摄入可以抑制 UVB 诱导的皮肤肿胀，逆转接触超敏反应的抑制，并减少紫外线照射后 ROS 的产生。这些结果表明，叶黄素可以减少紫外线诱导的炎症和免疫抑制。Palombo 等[33] 证实，口服叶黄素（10mg/d）和玉米黄质（0.6mg/d）12 周可降低皮肤脂质过氧化[丙二醛（MDA）水平]，并在紫外线照射后表现出光保护活性。Balic 和 Mokos[34] 的研究表明，叶黄素和虾青素通过直接吸光特性、清除 ROS 或抑制炎症反应以表现出光保护作用。因此，膳食中摄入叶黄素对维持皮肤健康和功能很重要。

（三）免疫调节

黏膜免疫系统是抵御病原体入侵的第一道防线。对于严格体育训练后氧化应激引起的青少年足球运动员黏膜免疫功能障碍，90d 的虾青素摄入显著提高了静息状态下的唾液免疫球蛋白 A（IgA）水平，抑制了中性粒细胞计数和高敏感性 c - 反应蛋白（hs-CRP）水平的增加。肠道作为哺乳动物免疫系统中最大的隔间，通过肠道黏膜屏障的功能参与控制疾病的过程。虾青素除了抑制肠道氧化应激，不仅能增加 IgA，刺激杯状细胞生长，促进黏液分泌，还能降低 Paneth 细胞数量和抑菌肽的表达。有研究评估并比较了三种虾青素立体异构体的体外免疫调节活性，发现它们均可以显著促进淋巴细胞增殖、腹膜渗出细胞的吞噬能力以及自然杀伤细胞的细胞毒性活性[35]。

第三节 含氧类胡萝卜素的提取和纯化

一、传统提取方法

（一）虾青素

1. 有机试剂萃取

传统上，虾青素的提取使用各种有机溶剂，如丙酮、乙醇、甲醇、乙酸乙酯、二氯甲烷（DCM）和正己烷。Sarada 等[36] 用丙酮处理 24h 后，从冻干的雨生红球藻中获得的虾青素仅为 14%。所使用的溶剂类型及其与其他溶剂的联用是溶剂提取过程中的重要因素。在 65℃条件下，仅使用乙酸乙酯从喷雾干燥后的雨生红球藻中提取虾青素，回收率相当低（<5%）[37]。即使乙酸乙酯和丙酮共处理也不能提高虾青素的提取率。

而二甲基亚砜（DMSO）具有良好的细胞渗透性，常与药物、农药一起作为渗透促进剂使用。DMSO 预处理比甲醇预处理在更大程度上提高了雨生红球藻中虾青素的提取效率（分别为67%、19%）[36]。用相同的DMSO和丙酮的组合，处理细胞2~3次，直到它们变成无色时，可以从干燥的雨生红球藻中提取全部虾青素[38]。

2. 酸辅助处理

Sarada等[36]评价了在70℃下进行各种有机和无机酸预处理冻干的雨生红球藻后，再用丙酮提取虾青素的效率。盐酸对虾青素的提取效率最高（87%），甲醇（19%）、DMSO（67%）、酒石酸（22%）、柠檬酸（3%）、乙酸（19%）和甲酸（8%）的提取效率相对较低。有报道称，使用4mol/L盐酸和丙酮的组合从雨生红球藻中回收了80%的虾青素。傅里叶变换红外光谱（FTIR）的分析结果证实了盐酸对雨生红球藻细胞壁中纤维素、半纤维素和木质素组分的水解反应性[39]。

总体而言，酸处理，尤其是盐酸处理，相对便宜和有效，但大量运用酸处理时，需要仔细考虑中和、化学反应器维护、安全、废水处理等诸多问题[40]。

3. 动植物油萃取

含氧类胡萝卜素是一类油溶性色素。于1975年最先开始出现从虾废弃物中提取含氧类胡萝卜素的方法。1978年的三级反电流提取法可以回收含油脂的虾青素。1992年，开发了一种从小龙虾废弃物中提取含氧类胡萝卜素的方法，同时可以生产甲壳素和壳聚糖。现阶段可以使用植物油从雨生红球藻中直接提取虾青素，如葵花子油、花生油、姜油、芥籽油、大豆油、椰子油、米糠油和鱼肝油。虾青素的油提物作为食品和化妆品添加剂时，具有较高的安全性优势。在油中加入提取物显著提高了样品在低温下的氧化稳定性，提取物越多，越能有效抑制过氧化物的形成[41]。

（二）叶黄素

万寿菊是生产叶黄素的原料之一。原料的质量和脱水条件是影响叶黄素保留的两个关键因素。己烷是提取叶黄素的最佳溶剂，一般可以采用索氏提取技术。有时在较高的温度（40~45℃）下进行提取，以获得更高的叶黄素产量。为了更好地保留叶黄素，萃取温度需要保持在40~45℃，在50~55℃的真空下从杂物中去除溶剂。油树脂的产率为8%~10%，叶黄素含量为8~12g/100g油树脂。有时，在最终产品中加入0.1%~0.3%的抗氧化剂，并在低于45℃的温度下搅拌，以使色素稳定。利用异丙醇等溶剂进行沉淀，经纯化后，可提高万寿菊提取物中叶黄素脂肪酸酯的浓度。叶黄素的富集可以通过70%~90%的甲醇、乙醇、丙酮和己烷的分配相来实现。再则，万寿菊提取物可以用异丙醇沉淀，去除提取物中65%的脂质。沉淀部分含有51.3%的叶黄素酯，用异丙醇-石油醚（80：20，体积比）进行第二次沉淀，得到的产品纯度更高，纯度超过65%。沉淀的叶黄素酯在60℃下可溶于植物油，其含量高达20%（质量分数）。据报道，非皂化万寿菊油树脂中叶黄素含量最低为8%，理论值为9%~11%。

采用商业酶制剂预处理鲜万寿菊，在柠檬酸调节的pH=5，室温保存120 h的条件下，酶处理后，用去离子水洗涤除去水溶性物质。采用混合溶剂进行AOAC提取。通过酶提取，类胡萝卜素的产量从18 g/kg增加到24.7 g/kg。所使用的商业酶是纤维素酶、*β*-葡聚

糖酶和 β- 葡萄糖苷酶的混合物[42]。

高效提取叶黄素最关键的因素之一是选择合适的溶剂或溶剂组合。叶黄素可以用多种有机溶剂提取，如丙酮、正己烷、异丙醇、甲醇、乙醚等。还可以使用多种溶剂组合，这对叶黄素的提取率具有协同效应。溶剂的合适与否取决于含氧类胡萝卜素的碳链长度和极性、样品基质、组成成分和水分含量。极性官能团的存在增加了叶黄素在丙酮或乙醇等溶剂中的溶解度，因此它们是高水分植物体系中提取叶黄素的首选。用于提取的溶剂存在各种安全、健康和环境风险，如慢性和急性毒性、皮肤刺激和在环境中的持久性。为了提高可持续性，应该探索更环保的溶剂和提取方法。若要将叶黄素添加于食品中，可以选择乙醇作为提取溶剂[8]。

二、创新提取方法

（一）离子液体（IL）提取

近年来，离子液体作为一种相对较新型的绿色溶剂，已经被广泛应用于各种藻类生物炼制领域，包括生物燃料和食品生产。Desai 等[37]研究了 7 种不同的离子液体在 45℃的条件下作为新型细胞壁干扰剂的技术可行性，随后用乙酸乙酯辅助提取雨生红球藻中的虾青素。在 40%（体积分数）的 1- 乙基 -3- 甲基咪唑二丁基磷酸（[Emim] DBP）水溶液中提取虾青素的效率可达 77%。当在 90℃条件下，使用 40% 的 1- 丁基 -3- 甲基咪唑氯化铵水溶液（[Bmim] Cl）进行预处理后，在 50℃甲醇萃取下，从冻干的雨生红球藻中提取虾青素的含量可高达到 91%[43]。同样也可以使用已酸乙醇铵作为提取溶剂，在 2.45GHz、350W 的微波照射下，可以有效提取细胞中的虾青素[44]。该试剂可以有效溶解甘露聚糖（细胞壁的主要成分之一），从而能够在 50 s 内快速提取虾青素。不过在藻类生物炼制中的实际应用需要对工艺的工程相关方面进行持续的研究，如降低合成成本、提取溶剂的有效再利用、工艺优化、最终产品的化学污染最小化，以及扩大规模。

（二）低共熔溶剂（DES）提取

DES 具有与离子液体相似的物理性质，但对环境和经济的影响较低，合成途径更简单，毒性较低。Zhang 等[45]描述了用氯化胆碱：1，2- 丁二醇（1∶5，摩尔比），以 10% 的水为共溶剂，从虾壳中提取虾青素的方法。在优化的提取条件下，DES 使虾青素的提取量比乙醇增加了 1.4 倍。使用 DES 水溶液（80%，质量分数）氯化胆碱（CC）：丁酸（BA）（1 ∶ 2，摩尔比），获得的虾青素回收率较高，与 DMSO 相比，回收率提高了约 10%。Rodrigues 等[46]证明，低黏度萜烯基 DES 可用于直接从蟹壳残渣中提取虾青素，使用的是固 - 液萃取法。最佳提取条件下[薄荷醇：肉豆蔻酸（8 ∶ 1，摩尔比），60℃搅拌 2h]，从贻贝和水生虾中提取的虾青素产量比在索氏提取 6h 下的产量高 3~ 657 倍[47]。

（三）超临界 CO_2 萃取

超临界流体萃取是一种现代技术，在制药和食品加工业中的应用越来越广泛。该过程的原理是利用超临界流体从材料中提取所需的色素，由于超临界流体的物理化学性质介于液体和气体之间，因此具有高扩散率、低黏度和低表面张力的特性。超临界流体已应用于从各种海洋产品中提取虾青素，并开发了最佳的提取条件。有研究报道了在 25 MPa 和 45℃下提取磷虾油中虾青素，产率最高，得到 8.62 μg/g 虾青素。还有研究报道了乙醇作为超临界流体 CO_2 的共溶剂对从冷冻红虾废料中提取虾青素产量的影响，当使用 5% 的乙醇比例时，随着乙醇 + 超临界流体二氧化碳混合物中乙醇比例的增加，虾青素提取率显著提高。超临界 CO_2 萃取的初始设计成本很高。但超临界 CO_2 萃取具有无毒、不易燃、不易爆、经济高效、易于从提取物中去除等优点。

（四）高压加工（HPP）辅助萃取

HPP 是一种新兴的提取方法，能够减少加工过程中生物活性化合物的损失。HPP 在食品行业中也被广泛认可，因为它能够保存食品的营养物质、质量、感官特性，并提供更长的保质期。这些性质可归因于它对低分子质量化合物的共价键影响较小。此外，非热技术允许热不稳定化合物的质量被保留，因此加工过程中的压力可以增加传质速率，从而提高样品的渗透性。当 HPP 开始工作时，内部和外部细胞膜之间的压力不同，导致持续渗透，直到它们之间的浓度达到平衡状态。这个过程可以在很短的时间内实现。有研究在 100.0MPa 的高压微流化预处理后，用乙酸乙酯从干燥的雨生红球藻中回收的虾青素含量大于 80%。而在 206.8MPa 的高压细胞均质后，用乙酸乙酯从雨生红球藻中获得了 24pg/L 细胞的高虾青素产量。另一项研究在基于显微细胞分型和库尔特计数器分析的压力（68.9~206.8MPa）和传代数（1~3 倍）优化后，雨生红球藻囊胞的破坏率高达 91%。

（五）表面活性剂萃取

传统的提取方法需要多个有机溶剂提取步骤、蒸发和真空脱水。使用表面活性剂克服了这些缺点，虾青素可以用表面活性剂来提取。疏水性虾青素在胶束内溶解，可在水溶液中提取。胶束是分散在液体胶体中的表面活性剂分子的集合体。水溶液中一个典型的胶束与周围溶剂接触的亲水“头”区域形成聚集体，将疏水单尾区域隔离在胶束中心。在胶束溶液中加入虾青素作为疏水部分清除。胶束溶液中，粒径很小，热力学稳定，易于制造，可通过过滤消毒。因此，该方法也被用于药物传递系统和化妆品研究中。表面活性剂的萃取方法有许多优点，但其实际应用还在进一步开发中[41]。

（六）酶辅助提取

水解酶降低了藻类细胞壁的结构完整性，随后通过后续溶剂提取可回收细胞内化合物。在三种不同酶制剂预处理后，DCM 对雨生红球藻虾青素会得到不同的提取效果 [48]。结果表明，在优化条件下（pH 4.5，55℃，30min），使用β-1、3- 葡聚糖酶和蛋白酶组合的类胡萝卜素提取率为 79.3%。Zhao 等 [49] 利用各种纤维素酶和果胶酶组合的水解活性，用乙酸乙酯从雨生红球藻干粉中提取虾青素，尽管对 pH、温度和水解时间进行了大量优化，但虾青素的提取率仍仅为 67%。酶提取比其他方法更环保，然而，除了相对较低的细胞破坏效率，该过程的生化工程面临的一些挑战，包括生物合成成本高、批量生产困难、反应缓慢以及酶的重复使用问题，阻碍了其实际运用。

三、提取物的纯化方法

（一）皂化水解

虾青素主要以各种脂肪酸的虾青素酯的形式存在。采用皂化法水解虾青素酯，可引起结构的破坏和转变，一般过程如下。将已知体积的不同浓度的甲醇氢氧化钠溶液，以 1 ∶ 5（体积比）的比例与色素提取物混合。虾青素酯的水解反应应在氮环境（22℃）黑暗中进行。对反应混合物进行取样并进行高效液相色谱（HPLC）分析，以监测皂化过程中的水解过程，直到水解反应结束。虾青素酯的水解反应如下：

虾青素 - 脂肪酸 +NaOH →虾青素 + 脂肪酸 -Na

当加入 NaOH 时，羟基阴离子攻击虾青素酯的羰基。有研究采用溶剂提取和皂化法从糖花中提取游离虾青素，虾青素提取率为 29.30μg/g，皂化后，虾青素的量增加到 37.26μg/g。

万寿菊油树脂皂化使色素脱酯化生成游离叶黄素，这些皂化产物可用于家禽饲料，改善蛋黄和肌肉的颜色。大多数商业皂化提取物中含有 1%~4% 的叶黄素。皂化油树脂也通过吸收硅酸钙、饱和脂肪物质、明胶、阿拉伯胶、刺槐胶和淀粉等材料而被修饰成干粉。商用万寿菊提取物有不同的形式。一些专利研究了从万寿菊和油树脂中提取和分离叶黄素和玉米黄素。其中一项专利描述了在不使用有害溶剂的情况下，从植物中同时提取、皂化和分离叶黄素和玉米黄质等高纯度含氧类胡萝卜素混合物的工艺。该工艺从万寿菊的干花瓣中提取了含有 5% 玉米黄质的叶黄素晶体，而从枸杞的浆果中分离纯化了玉米黄质。该方法采用四氢呋喃（THF）和乙醇氢氧化钾组合，在室温和温和条件下定量影响万寿菊和枸杞浆果中的叶黄素和玉米黄质脂肪酸酯水解到自由形态。这种方法可以很容易地去除不需要的叶绿素，如果是绿色植物，则需要清除叶绿素及其衍生物。

根据现有研究，将含有叶黄素二酯的植物提取物在丙二醇和碱水的混合物中皂化，不使用有机溶剂即可获得叶黄素晶体。此外，还有研究发现了制备高纯度反式叶黄素酯精料的方法，通过该方法获得的制剂中，反式叶黄素酯含量是顺式叶黄素酯含量的 4~9 倍。仅以万寿菊花冠为例，可获得高纯度叶黄素酯浓缩物 [42]。

（二）发酵

甲壳类副产物中含有蛋白质（47.7%）和钙（26.8%），需要进行脱蛋白质 - 脱矿处理。工业生产中，从甲壳类副产品中提炼虾青素依赖于高浓度的碱、酸溶液进行化学处理的方法。这意味着虾青素的高能量消耗和降解以及大量水的使用。且虾青素是一种非常敏感的化合物，因此利用细菌发酵和乳酸发酵进行化学还原处理是一种环保的方法，并可以提高虾青素的回收率。众多学者还研究了细菌发酵生产虾青素的优化方法，如糖摄食、pH 控制等。此外，虾青素可以从稳定的发酵废物和发酵液中提取。

（三）其他纯化方法

固相萃取（SPE）被广泛用于纯化目标化合物的样品，并用于去除有毒或活性成分。固相萃取最大限度地克服了液 - 液萃取的缺点。固相萃取是基于在洗脱过程中吸收和解吸的化合物在吸附材料和流动相之间的明显转移。保留率与目标化合物与吸附剂表面之间的疏水、极性、离子交换相互作用有关。离子液体基二氧化硅（IL-Si）具有优良的化学和物理性能，近年来被广泛应用于固相萃取吸附剂。根据虾青素的化学结构，虾青素与 IL-Si 之间的疏水、偶极 - 偶极和 π-π 相互作用可能对提高固相萃取分离效率有很好的作用。

（四）虾青素分离

自然界中存在多种虾青素立体异构体，如反式和顺式，其分子上两个羟基的构型不同。随着虾青素健康益处研究的增加，立体异构体的分离和定量是必要的。

全反式虾青素的分离：许多研究报道了从自然界中分离反式虾青素的方法。大多数研究都是在不同提取方法下测定一种虾青素。一般用分光光度法或色谱法测定虾青素。用 HPLC 可以很容易地分析出全反式虾青素。还可以使用手性固定相分析雪藻中对映体和内消旋虾青素。由于用 C_{18} 色谱柱分离对映体相对困难；因此，若采用手性固定相法用于分离对映体化合物，可以与固体载体结合，或在固体吸附剂表面原位生成，也可以是表面空腔，与一种对映体形式发生特定的相互作用。

同分异构体虾青素的分离：HPLC 是类胡萝卜素分析的首选技术，通常与光电二极管阵列检测器或紫外可见光（UV- 可见光）检测器结合使用。选择 C18 对称色谱柱应用于分离虾青素、虾青素异构体以及虾青素酯被认为是理想的方法之一。该方法采用流动相组合和梯度法分离虾青素异构体。通常采用二氯甲烷、乙腈、甲醇和水作为流动相，其中流动相的浓度与保留系数相关。先前有研究表明使用二氯甲烷（6.5%）、甲醇（82%）、乙腈（7.5%）和水（4%）作为流动相分离反式虾青素、叶黄素和虾青素的顺式异构体。此外、虾青素异构体的分离还包括使用 Sumipax OA-2000 色谱柱的衍生化方法和手性固定相方法。其中，手性固定高效液相色谱是对映体分离最有效的工具之一[41]。

第四节 含氧类胡萝卜素的氧化降解与稳定化

一、含氧类胡萝卜素在加工过程中的变化

（一）光对含氧类胡萝卜素的影响

含氧类胡萝卜素暴露于光下很容易降解，因为光会引起含氧类胡萝卜素分子的激发。有研究表明，激发的类胡萝卜素可以与溶剂反应形成自由基，根据不同的影响因素，可能导致缓慢或快速降解。晒干后的虾，虾青素损失更高，暴晒 4d 后，虾青素损失 75%，这表明光化学反应加速了虾青素的损失。

光照促进叶黄素降解，新鲜菠菜在光照下保存 8d 后，叶黄素浓度下降了 25%，而在黑暗中贮藏菠菜时，叶黄素浓度没有变化。光不会以同样的方式影响所有蔬菜中的叶黄素浓度。叶黄素在贮藏过程中降解的动力学已被报道。研究者研究了从胡萝卜果肉中提取的全反式 - 叶黄素、9- 顺式 - 叶黄素和 13- 顺式 - 叶黄素在黑暗或光照贮藏中的降解情况，在光照贮藏的样品中降解较快。强光的存在会导致类胡萝卜素的断裂，从而形成低分子质量的化合物。研究发现对叶黄素最具破坏性的紫外波长是在 200~400nm 及 463nm。叶黄素在 365 nm 紫外光照射下 72 h，降解率高达 55%。然而，叶黄素在中链甘油三酯（MCT）油中的乳化作用提高了叶黄素酯提取物在 365 nm 紫外光照射下的稳定性。

（二）温度对含氧类胡萝卜素的影响

食品加工过程，特别是热加工（如漂白、巴氏杀菌、烹饪、罐装、油炸和干燥）会导致含氧类胡萝卜素的浓度降低，但同时，高温可能破坏原料的细胞壁和细胞膜，有利于人体对营养物质的吸收。高温加速了类胡萝卜素降解反应的速率。因此，在食品加工过程中，保持一个不会促进含氧类胡萝卜素降解的安全温度范围是至关重要的。

热降解是虾青素中常见的一种现象。食物基质的热处理，特别是在氧气存在的情况下，会导致虾青素异构化和降解。研究发现，在 4℃时，69% 的虾青素热处理 120h 才会降解；而在 25℃和 50℃时，分别在 80h 和 32h 内就能完全降解。同时，微波烹饪比煮沸更易使虾青素降解。

一般来说，叶黄素所有的双键都以反式异构体的形式存在，在热暴露过程中，特别是在有氧气存在的情况下，会导致叶黄素的降解以及异构化为顺式，这种形式的热力学稳定性不如反式异构体。不同加热条件下叶黄素的降解符合一级动力学，当温度达到 40℃时，叶黄素的总体损失较低。在 50~60℃温度下，叶黄素损失显著增加，但在高温（≥ 80℃）下贮藏时，叶黄素损失显著。由于在加热过程中全反式叶黄素的变化，它们的浓度下降。烹饪降低了绿叶蔬菜中叶黄素的含量。茼蒿在煮沸或微波处理后检测到叶黄素浓度降低，常规处理的损失高于微波处理。若在烹饪过程中叶黄素浓度增加，可能是热处理使类胡萝卜素的化学可提取性增加引起的。再则，若罐头产品中的叶黄素总浓度高于新鲜产品，则可能是：①可溶性固形物的损失进入罐装介质；②类胡萝卜素氧化酶

的失活；③由于类胡萝卜素-蛋白质复合物的破坏而增加了提取效率。

（三）氧化对含氧类胡萝卜素的影响

叶黄素降解最常见的原因是由于氧化，通常通过化学或酶反应（如脂氧合酶）发生，最常见的是在水果和蔬菜的干燥过程中。在食物基质中，叶黄素的氧化机制是非常复杂的，因为它依赖于许多因素。当暴露在大气中的氧气中时，叶黄素可能会经历自氧化，氧化发生的速率会根据光、高温、促氧化剂和抗氧化剂的存在而变化，氧化过程中可能形成异胡萝卜素、含有少于40个碳原子的类胡萝卜素，以及类似于脂肪酸氧化后的低分子质量化合物，从而导致色素沉着和生物活性特性丧失[8]。

（四）干燥方式对含氧类胡萝卜素的影响

冷冻干燥广泛应用于食品保存。有研究表明，冷冻干燥后的色素比未干燥的更稳定，但冷冻干燥的过程可能会影响虾青素的稳定性，因为冻干样品有多孔表面，它们增加了在贮藏期间暴露于氧气的面积。

叶黄素的原料——胡萝卜粉末可以通过不同的方法获得，如喷雾干燥或冷冻干燥。研究者对这两种方法获得的胡萝卜粉贮藏数月后进行比较，发现喷雾干粉比冻干粉更容易发生叶黄素异构化。在喷雾干燥过程中粉末颗粒可能会因为热风的渗透而收缩，从而导致粉末表面形成大量的微小孔隙，而在冷冻干燥过程中，由于冰晶的水在冷冻温度下的升华，粉末颗粒不会发生收缩或变形。当处理温度不高（105℃或115℃）时，在不同温度下通过喷雾干燥或空气喷泉干燥得到的红辣椒粉中叶黄素的浓度降解遵循一级反应。

（五）加工方式对含氧类胡萝卜素的影响

烹饪过程对虾青素稳定性的影响取决于烹饪类型；与煮沸相比，微波烹饪造成的损害通常更高。由于复合虾蛋白的部分溶解，与生虾相比，煮沸的虾中虾青素的损失更大。

其他食品添加剂也可能影响虾青素在食品加工过程中的稳定性，如酸和碱。酸和碱可以引起双键的异构化和酯化。含氧类胡萝卜素暴露于不同的酸中可以产生离子对，这些离子对可以被裂解形成碳正离子，如下式所示：

$$\text{Car}+\text{AH}\leftrightarrow(\text{CarH}^{+}\text{-A}^{-})\leftrightarrow\text{CarH}^{+}+\text{A}^{-}$$

虾青素在碱性介质中非常不稳定，在pH为4时稳定性增加，而当pH从4增加到7时，其浓度降低了60%。

此外，挤压和造粒在食品加工中应用广泛。研究发现，鱼粉食品配方中的虾青素在挤压过程中非常稳定，挤压后的保留值在86%~94%。绿豌豆在90℃以上的温度下挤压烹饪后，叶黄素浓度下降。不同研究得到的结果是不同的，因为即使是同一产品的不同品牌，由于基质、处理类型、保存方法等的不同，结果也可能不同[50]。

发酵用于一些食品生产，在发酵过程中，pH 有所降低，但这种降低对叶黄素浓度没有影响。据统计，在加工新鲜茶叶的过程中，叶黄素的损失为 21%[51]。腌制是影响叶黄素浓度的另一种工艺。在蔬菜中腌制 50d 后，发现叶黄素浓度下降了约 1/3。

在胡萝卜和血橙汁的加工过程中，叶黄素的降解范围在 26%~50%，因为在榨汁过程中，细胞完整性丢失，提供了轻微的阻力，并导致严重降解。一些食品加工会导致叶黄素的部分脱水；有研究报道了在番茄泥中存在脱水叶黄素 Ⅰ。处理过的辣椒粉、黑莓和其他水果和蔬菜中叶黄素酯化生成 3- 叶黄素［（3R，3R，6r）-β-ε- 胡萝卜素 -3-3 - 二醇］及脱水生成脱水叶黄素 Ⅰ。

二、含氧类胡萝卜素的稳定化手段

包封是指活性材料嵌入或被保护壁材料覆盖的过程。由此产生的系统通常由含有活性物质的胶体颗粒悬浮组成。通过防止蒸发、迁移或产品与任何不利环境条件的反应来提高活性。此外，包封可以防止叶黄素等具有高疏水性和高熔点的生物活性物质的结晶和沉淀。

1. 基于脂质体的包封系统

脂质体由表面活性分子的双层壳组成，它们可能具有多种结构，包括单壳或多壳。由于其内部既有极性结构域，也有非极性结构域，因此脂质体在亲水性、两亲性和亲脂性营养药物的包封和输送方面也有极大的作用。脂质体中能够承载疏水生物活性的。非极性结构域位于由表面活性剂形成的双层之间，而极性结构域位于脂质体的水内部。表面活性剂双分子层可以由天然成分如磷脂、胆固醇、磷脂酰胆碱和合成成分如吐温制成[52]。当表面活性剂分散在超过临界胶束浓度的水中时，这些体系会自发形成，但需要特定的处理方法来获得具有不同大小和组成的双层脂质体，如溶剂蒸发、抗溶剂沉淀或微流化。

脂质体系统包裹的类胡萝卜素的化学稳定性可以通过表面活性剂尾部的结晶增强。有研究利用薄膜分散超声技术，以大豆磷脂酰胆碱为脂质，制备了含虾青素的纳米脂质体（AST-LN），并与纯分子进行了比较。AST-LN 的可溶性是纯 AST 的 17 倍，具有良好的水分散性，无不溶性颗粒或沉淀。X 射线衍射（X-ray diffraction，XRD）分析表明，虾青素的水溶性改善可能是由于其天然结晶形态转变为纳米脂质体所致。拉曼光谱研究表明叶黄素比 β- 胡萝卜素或番茄红素更有效地被包裹在磷脂酰胆碱脂质体中[53]。对于使用超临界二氧化碳处理形成的脂质体，有报道称，叶黄素在脂质体膜内的包封率和位置取决于其形成过程中使用的压力，这归因于减压阶段磷脂和叶黄素的重排[54]。

2. 基于乳液的包封系统

水包油（O/W）乳液由分散在水介质中的球形脂滴组成，这些脂滴具有核壳结构。疏水核由乳化剂、载体油和疏水的生物活性分子的任何非极性部分组成，而极性壳则由乳化剂的极性部分组成。疏水生物活性物质通常分散在脂滴的疏水核心内。微乳液是热力学稳定的体系，而纳米乳液和常规乳液是热力学不稳定的，因此往往会随着时间的推移而分解。通过控制液滴的大小、涂层、位置和物理状态，可以创建不同复杂性的基于乳化的包封系统。

（1）微乳液　如前所述，水包油微乳液是一种热力学稳定的体系，由分散在水中的小的富含脂质的颗粒（通常为 < 100 nm）组成。该颗粒由包含表面活性剂尾部和任何非极性载体油或生物活性分子的疏水核，以及包含表面活性剂头基团的亲水壳组成。研究表明，微乳液的成功制备取决于各种因素，包括正确选择表面活性剂、共表面活性剂和含有疏水药物的油相[55]。有研究开发了虾青素油 / 水微乳液，并检测了不同抗氧化剂单独或联合作为添加剂的效果，以提高其稳定性。用虾青素单独制备的微乳液，即以 Tween 80 为乳化剂，乙醇为缓冲液，能延缓虾青素降解，因此是一种改善虾青素输送乳液的良好选择。使用食品级非离子表面活性剂（Tween 80）制备的微乳液已被证明可以有效地包封饮料中的叶黄素，并增加其食用后的生物利用率。用 Tween 80、丙二醇单辛酸酯和超声处理形成的微乳液白鹤灵芝提取物中的叶黄素比蒸馏水中悬浮提取物的生物利用率提高了 6.25%，而含氧类胡萝卜素在微乳液中的包封率为 98.6%[56]。

（2）纳米乳液和乳液　纳米乳液（r=50~100nm）和乳液（r=100nm~100μm）可以根据它们的液滴大小来区分。脂质液滴大小的差异导致了其理化性质和功能性质的差异。与乳液相比，纳米乳液具有更稳定的乳化和絮凝作用，更快速地消化。有研究制备了羧甲基壳聚糖功能化的虾青素纳米乳液，结果表明纳米乳液的化学稳定性和皮肤通透性得到了改善。大量研究表明，乳液和纳米乳液是叶黄素和其他含氧类胡萝卜素的有效包封体系。乳清分离蛋白（WPI）和聚合乳清蛋白（PWP）都被证明是包封叶黄素的良好乳化剂，但其稳定乳液的能力存在差异[57]。特别是在贮藏一周后，PWP 稳定的叶黄素纳米乳液在所有温度下形成视觉分层，可能是由于残留的乙醇，而 WPI 稳定的纳米乳液则保持均匀。山羊蛋白和牛酪蛋白也是包封叶黄素的良好乳化剂，但山羊蛋白在 25℃下贮藏 96h 后具有更好的稳定性[58]。与 WPI 相比，酪蛋白酸钠能更好地保护叶黄素免受化学降解，这是由于两种蛋白质的初级结构的差异[59]。酪蛋白酸钠含有可以螯合过渡金属的磷酸基团，并含有更多可以清除自由基的氨基酸。

（3）多层乳液　多层乳液由一层或多层生物聚合物用静电沉积法包被乳化剂的脂滴组成[60]。最常用的生物聚合物是带电的蛋白质和多糖。当暴露在其等电点附近的 pH、高温、高离子强度和其他环境应激源时，蛋白质涂层的脂滴是不稳定的。然而，通过涂一层带电的多糖，可以提高它们的稳定性。含乳清蛋白分离物、亚麻籽胶和壳聚糖包覆的脂滴的多层乳液比单独含蛋白质包覆的乳液具有更高的化学稳定性。有研究通过多重乳液 / 溶剂蒸发法将壳聚糖基质与戊二醛交联，制备了直径为 5~50μm 的非均质虾青素微胶囊。每周用 HPLC 定量微胶囊在 25、35、45℃保存期间的保留色素数量，以此评估系统稳定性。任何一种处理的结果都显示虾青素在微胶囊中的浓度保持稳定[61]。此外，研究表明由鱼胶、乳清分离蛋白和十二烷基三甲溴化铵形成的多层膜可以提高叶黄素的稳定性。

（4）固体脂质纳米颗粒　与纳米乳液类似，固体脂质纳米颗粒是由分散在水介质中的小的乳化剂包覆的脂质颗粒组成的。已被证明适用于包封（包封率 86%~98%）番茄红素，并在保持其生物利用率的同时提高其贮藏稳定性（在 4℃下稳定 3 个月）。MCT 与甘油三棕榈酸酯或巴西棕榈蜡混合可形成稳定的叶黄素固体脂质纳米颗粒水溶液分散体 [11]。此外还报道了叶黄素在固体脂质纳米颗粒中的降解率为 0.06%，在玉米油纳米乳液中的降解率为 14%，而以粉末形式悬浮在玉米油中的降解率为 50%，可能是由于固体脂质纳米颗粒能够抵御紫外线，并增加叶黄素的稳定性，因为叶黄素主要定位在颗粒的核心。

（5）复合型乳液　多重乳液本质上是乳液中加乳液。由于它们具有保护和维持生物活性分子可控释放的能力，许多领域正在探索多种乳液作为包封系统。疏水生物活性被包裹在由生物聚合物形成的稳定的多重乳液中，如乳清蛋白和阿拉伯树胶 [62]。尽管还没有关于叶黄素单独被包封在多种乳液中的研究报道，但这些类型的系统已经成功地用于包封其他含有叶黄素的含氧类胡萝卜素和富类胡萝卜素提取物。

3. 基于生物聚合物的包封系统

（1）生物聚合物微凝胶　生物聚合物微凝胶由小颗粒组成，直径通常在 100nm~1000μm，由蛋白质和 / 或多糖制成 [63]。它们可以用多种方法制备，包括凝聚法、热力学不相容驱动相分离法、注射凝胶法和模板法。许多这样的微凝胶系统已经被研究其包封叶黄素和其他含氧类胡萝卜素的潜力。复合凝聚物可以由两种生物聚合物制备，这两种生物聚合物由于相反的电荷而相互强烈吸引，产生一个由富生物聚合物相和富生物聚合物耗尽相组成的两相体系。该相分离体系可以搅拌形成 W/W 型乳液，生物活性被困在内部水相中。生物高聚物通过抗溶剂沉淀法在不良溶剂中可以形成简单的凝聚物。卵磷脂与玉米蛋白通过抗溶剂沉淀法形成纳米颗粒，该纳米颗粒能抑制叶黄素的化学降解 [64]。由交联羧甲基普鲁兰聚糖形成的生物聚合物微凝胶已被证明能够包封、保护和释放叶黄素，因此也可能是合适的包封体系。

（2）分子包合物　当活性剂被困在含有空腔的衬底中时，就会形成包合络合物。它们可以以溶液或干燥的形式制备。所涉及的物理相互作用通常是氢键、范德华力、疏水效应和静电效应的组合。常见的空腔底物是环糊精。环糊精是由淀粉产生的 6、7 或 8 元环葡萄糖低聚物，淀粉的中空腔约为 5~8nm，可以包含约 6~17 个水分子。由于环糊精能够容纳和稳定分子在其腔内，因此被广泛用于包封。包合物在水溶液和固态中都存在 [65]。研究表明，与天然虾青素相比，虾青素与 β-CD（1 ∶ 4，摩尔比）的包合物对温度和光的稳定性显著提高，但其水溶度仅略有提高（<0.5mg/mL）。虾青素与羟丙基 -β- 环糊精（HP-β-CD）的包含复合物，具有高虾青素溶解度（>1.0mg/mL）。在 40℃时，HP-β-CD 能保护虾青素免受热降解。结晶虾青素与衍生形式的 β-CD 和增溶剂胶囊［磺基丁基醚 β- 环糊精（钠）］络合后，水溶性增加了约 71 倍，达到 2 μg/mL。许多研究人员对叶黄素在包含物中的包封进行了研究。例如，叶黄素已经用甲基 -β- 环糊精包封，这极大地改善了其水溶性和生物利用率 [66]。叶黄素 - 聚乙烯基吡咯烷酮配合物也被证明可以提高叶黄素的溶解度和稳定性。

（3）喷雾干燥的包封系统　喷雾干燥是目前食品工业中最常用的干燥技术，也是目前最广泛使用的生产微胶囊的方法之一。在雾化和干燥过程中，每立方米雾化材料形成数千平方米的接触面，导致溶剂快速蒸发，活性化合物几乎瞬间被捕获。通过喷雾干燥包封叶黄素的研究已经进行，从而创造出一种由于缺水而更耐用、运输更便宜的产品。用相等比例的麦芽糊精、阿拉伯树胶和改性淀粉，成功地将叶黄素包封在喷雾干燥微胶囊中。与未包封的叶黄素提取物相比，该体系在 40℃、75% 相对湿度条件下的包封率达到 65%，保质期延长 30%。凝胶和多孔淀粉的组合也被用于包封叶黄素，通过喷雾干燥，实现了 94.4% 的包封率，并创建了一个 100% 水溶性的包封系统，稳定叶黄素在几种不利条件下的降解，如暴露在氧气、光和低 pH 下[67]。

第五节 含氧类胡萝卜素的消化、吸收和代谢

一、消化和吸收

肠上皮细胞对含氧类胡萝卜素的摄取是影响其生物利用率的关键因素。可接触的含氧类胡萝卜素只有一部分被肠上皮细胞吸收，并以乳糜微粒的形式分泌到淋巴中，在血流中循环。乳糜微粒被脂蛋白脂肪酶降解后，残体中的含氧类胡萝卜素被肝脏吸收，储存在肝脏中，或作为极低密度脂蛋白（VLDL）分泌到血液中，然后作为 LDL 输送。最后，含氧类胡萝卜素通过低密度脂蛋白受体进入组织。含氧类胡萝卜素的肠道吸收一直被认为是由简单的扩散介导的。为了表征人类肠道对含氧类胡萝卜素的吸收，Sugawara 等[68]比较了人类肠道 Caco-2 细胞对各种含氧类胡萝卜素的吸收。将相同浓度的含氧类胡萝卜素溶于混合胶束中，与 Caco-2 细胞孵育。含氧类胡萝卜素的吸收与它们的亲脂性相关，表明简单扩散介导了含氧类胡萝卜素的肠道吸收[69]。

虾青素经历了复杂的消化和吸收过程，包括从食物基质释放，转移到食用油相，在胰脂酶和胆盐溶解下形成混合胶束，通过微绒毛、肠上皮细胞吸收，以乳糜微粒形式进入淋巴系统，在肝脏循环（图 4-6）。含氧类胡萝卜素从肠道（主要是在十二指肠）进入肠细胞的吸收过程以被动吸收为主，摄入的剂量转入胶束的百分比称为生物可及性。然而，口服虾青素在水中的溶解度差，化学稳定性差，因此生物可及性不高。口服虾青素在大鼠体内的药代动力学参数在 100~200mg/kg，与剂量无关。为了提高虾青素的生物利用率，有研究制备了含有不同合成表面活性剂的脂基配方，以促进人体胆盐分泌、脂肪酶活性并增加乳糜微粒的形成。一方面，还需要进一步的研究，确定膳食脂肪的适当含量，以实现食物中虾青素或虾青素酯的最大吸收。另一方面，更成熟的传递系统，如乳液、纳米颗粒和脂质体，已被用于提高虾青素的稳定性和生物利用率。自 21 世纪初以来，研究人员研究了几种脂类转运体在肠道细胞摄取含氧类胡萝卜素中的作用，以重新探索是否存在转运体依赖的过程。然而，对虾青素这方面的研究尚未进行。

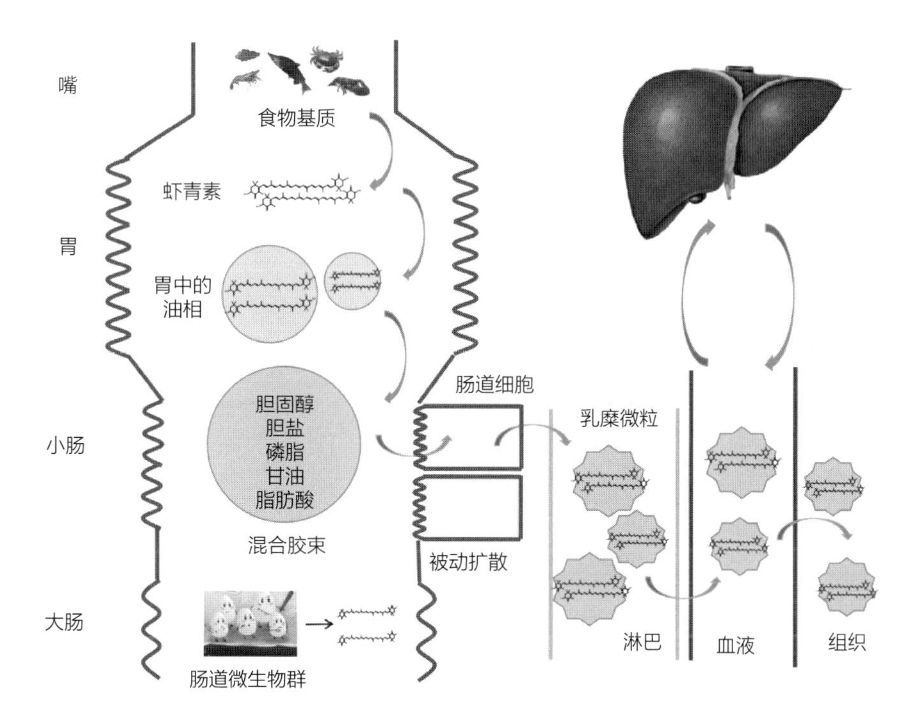

图 4-6　虾青素消化道吸收的原理图

除了肝组织少量摄入，大多数含氧类胡萝卜素（包括虾青素和叶黄素）通过淋巴和血液运输到肝脏。它们可能被储存于肝脏或以脂蛋白的形式重新分泌到血液中。有研究报道了虾青素在脂蛋白组分中的分布，发现 36%~64% 的血浆虾青素积累在含有乳糜微粒的 VLDL 中，而其余几乎平均分布在 LDL（29%）和 HDL（24%）之间 [35]。在空腹血液中，叶黄素（> 50%）主要由 HDL 运输；然而，在欧洲人群中，叶黄素的 LDL 水平似乎对血浆叶黄素水平有显著贡献 [70]。有研究表明，叶黄素的摄取由 SR-BⅠ和 CD36 介导，并在 LDL 存在时增强。有研究发现，血清叶黄素与脂蛋白浓度显著相关，改变脂蛋白水平可能会影响这些视网膜叶黄素的水平。

二、代谢

（一）虾青素

膳食含氧类胡萝卜素在多种组织中积累，如肝脏、血清、大脑、脂肪组织和皮肤，其中肝脏被广泛认为是主要的代谢器官。由于虾青素的末端环结构中存在羟基和酮基，虾青素在哺乳动物中缺乏原维生素 A 活性。尽管对虾青素进行了一些研究，但只有四种物质被确定为其在人类体内的分解代谢产物。在经过虾青素预处理的大鼠肝细胞原代培养物中，通过 HPLC 和气相色谱 - 质谱（GC-MS）的时间过程研究，对 3- 羟基 -4-*oxo*-*β*-紫罗兰酮及其还原形式 3- 羟基 -4-*oxo*-7，8- 二氢 -*β*- 紫罗兰酮进行了表征 [71]。在采血前

24h 口服 100mg 虾青素的两名志愿者的血清中还发现了这两种降解代谢物。在同一研究中，通过 GC-MS 对放射性标记化合物的另外两种代谢物进行了表征，分别为 3- 羟基 -4-*oxo*-β- 紫罗兰醇及其还原形式 3- 羟基 -4-*oxo*-7，8- 二氢 -β- 紫罗兰醇，表明虾青素可以在 C9 位置可以不对称地裂解。然而，这些代谢物在虾青素的生物学功能上的贡献程度尚不清楚。

虾青素的生物利用率与其结构部分有关。单次口服 100mg 混合异构体可在血浆产生更高的顺式虾青素，特别是 13- 顺式异构体，这与体外模型和大鼠的研究结果一致。虾青素异构体分布模式的变化可能是由于它们在肠上皮细胞中的生物利用率或可能的异构化的差异。然而，虾青素立体异构体的药代动力学没有显著差异。虾青素酯的单酯和二酯在不脱酯的情况下吸收较差，因此，虾青素酯通常不存在于乳糜微粒或人血清中。虽然能水解虾青素酯的具体酶尚不清楚，但有人提出了来自人类胰腺的脂肪酶，胆固醇酯酶已被用作消化酶，用于虾青素酯的体外脱酯化[72]。有研究将从雨生红球藻中提取的虾青素分离为游离虾青素、单酯和二酯，并以 200μg/kg 体重的浓度喂养大鼠。血清和肝脏中虾青素和视黄醇水平最高的是二酯处理组，其次是单酯处理组，说明虾青素酯比游离虾青素具有更好的生物利用率。另一项研究中，首先合成了具有不同脂肪酸的虾青素酯，再利用体内外消化模型评价了其稳定性和生物利用率。结果显示，虾青素酯的稳定性和生物利用率可能随着虾青素酯化程度的增加以及碳链长度和脂肪酸不饱和程度的增加而增强，其中虾青素二十二碳六烯酸单酯比其他酯类和游离虾青素具有更好的生物利用率[35]。

（二）叶黄素

人类和灵长类动物叶黄素选择性积累的另一种可能的解释与组织中类胡萝卜素的代谢有关。在哺乳动物中，两种酶——β- 胡萝卜素 -15，15′- 加氧酶（BCO1）和 β- 胡萝卜素 -9′，10′- 加氧酶（BCO2）——负责介导类的胡萝卜素在多烯链的特定位点上的裂解[73]。这两种酶对不同的类胡萝卜素具有不同的底物特异性和不同的细胞定位，并可能在细胞内发挥非常不同的功能。特别是定位于线粒体的 BCO2，已经被认为可以防止这些色素在组织中产生潜在的毒性积累。叶黄素只能作为 BCO2 的底物，根据裂解的侧边和数量可能产生大量 3- 羟基代谢物。Li 等[74]报道，与大多数其他哺乳动物不同，人类眼睛中表达的 BCO2 是酶活性的，因此导致这些完整的色素在黄斑中的特殊积累。通过对 BCO2 初级结构的考察，给出了 BCO2 失去裂解功能的原因之一。人类 BCO2 插入了一个 GKAA，将一个短的 β 链环展开到一个更大的非结构环中，这可能是阻止人类 BCO2 分裂叶黄素的关键。这种结构差异也可以解释为什么叶黄素与小鼠 BCO2 的结合亲和力强于与人类 BCO2 的结合亲和力，这表明类胡萝卜素的弱结合可能是人类 BCO2 失去切割功能的原因。然而，这些发现并没有被 Von Lintig 组[75]后来的研究证实，该研究表明灵长类 BCO2 是活性酶，能够裂解黄斑的三种主要类胡萝卜素成分：叶黄素、玉米黄质和内消旋玉米黄质。

除了眼睛和大脑，叶黄素还可以在其他哺乳动物组织中被摄取。如绵羊、鸡和牛。研究表明，BCO2 基因的突变与皮肤、脂肪、血液和牛乳等组织中 β- 胡萝卜素和叶黄素水平的改变有关。同样，有证据表明，小鼠 BCO2 功能的基因破坏导致叶黄素代谢物在血液、肝脏、脂肪和心脏中的积累显著增加。值得注意的是，叶黄素的积累也发生在人类卵巢组织中，其中叶黄素、叶黄素环氧化物和紫黄素在其他含氧类胡萝卜素中占主导地位[70]。

第六节 含氧类胡萝卜素在食品和功能食品中的应用

一、作为食品着色剂

随着人们生活水平的提高和养殖业的发展，人们对食品的要求也越来越高，既要求内在的营养品质，也要求外在的感官色度，而动物体自身不能合成色素，须由食物来补充。而且由于现代育种及饲养技术的迅速发展，畜禽类的生长速度加快，饲养周期缩短，色素沉积减少，产品失去传统色泽，不能满足人们对畜产品的着色度要求。因此，使用食品着色剂是生产中普遍存在的现象。食品着色剂背后的基本理念是为食品和饮料提供一种吸引人的颜色，这将影响到消费者对食物的选择和偏好。在饲料中添加着色剂可以掩盖某些饲料原料的不良颜色，加工成淡黄色或黄色产品，更符合用户喜好，也能提高市场竞争力。同时，饲料色泽的改善，还可起到刺激畜禽类和鱼虾类食欲的作用，也可以改变皮肤色泽。所有的食品都具有独特的颜色，并具有特定的加工和贮藏技术，包括空气、光、水分和温度，从而影响最终食品的颜色。根据提取的来源，食品着色剂分为天然和合成两种；然而，从安全的角度来看，一些人工色素在许多国家被禁止，因为它们含有醋酸铅（导致神经损伤）、过敏原、刺激物，甚至致癌化学物质。因此，随着人们食品安全意识的提高，人们更依赖天然的食品着色剂，因为它们更安全。

从微藻中提取的着色剂生产、提取容易控制，收率高，不受季节变化的影响。然而，一种实用的和商业化的食品方法需要对稳定性、保存、包封和贮藏进行更多的研究[76]。多数动物都不能合成虾青素，虾青素作为饲料添加剂能显著改善动物的体色，促进生长，增强机体免疫力，提高营养价值和商品价值。北极红点鲑肌肉的红色程度与其饲料中添加的虾青素含量呈正相关。虹鳟鱼饲料中添加 100mg/L 的虾青素可使其肌肉中的类胡萝卜素含量大幅度升高。用虾青素喂养鸡鸭，可生产出天然色素红心蛋[77]。

叶黄素具有色泽鲜艳、着色能力强、安全无毒等优点，符合添加剂天然、健康、营养的发展方向。有研究在黄颡鱼饲料中添加叶黄素后，检测黄颡鱼血清中叶黄素含量，评定对黄颡鱼皮肤着色效果，结果表明黄颡鱼可选择性地沉积叶黄素，饲料中添加叶黄素等色素对黄颡鱼体色具有较大影响。而且在很大程度上能够提高家禽产品的色泽，从而提高禽类产品的价值。作为色素沉积的同时，叶黄素还发挥着抗氧化和提高免疫的作用。研究发现，叶黄素含量高的蛋中，胚胎的循环系统和血管区发育较快，蛋黄叶黄素还能促进胚胎肝脏中大量维生素 A 和糖原积累，促进胚胎肝脏中脂类的吸收，提高蛋的受精率和孵化率。有试验表明，饲料中添加叶黄素可以显著提高鹌鹑种蛋的受精率和孵化率，降低死胚率，从而改善其繁殖还可保护脂类免遭氧化。将多种来源不同的叶黄素混合添加应用，研发复方天然叶黄素添加剂，也是未来研究的一个新方向[78]。

万寿菊是叶黄素常见的来源，当将干燥的万寿菊制成粉末用于家禽饲料中，会使蛋黄和肌肉组织呈现良好的黄色。万寿菊的颜色可以应用于食品着色，如食用油、人造黄油、蛋黄酱、芥末、酸乳、冰激凌等。未经纯化的万寿菊提取物不允许直接添加到食品中。只有已知叶黄素含量和结晶叶黄素的纯化提取物可用于食品。有研究在黄油奶油中添加万寿菊的干花瓣，发现它可以提高黄油奶油的质量和保质期。在奶油中加入万寿菊花瓣或万寿菊干花，奶油由黄油：糖（1：1，质量比）和浓缩牛乳（40%，质量分数）混合而成。将含有 0.4% 万寿菊粉的产品和对照的产品在 0℃下贮藏 7d，发现添加万寿菊粉的乳霜呈现出强烈的黄色，并增强了风味和香气。贮藏期后，处理后的样品颜色和风味仅略有下降，没有任何异味，而对照配方产生了明显的油脂气味。该研究建议在黄油奶油中添加万寿菊干花，以提高奶油的质量[42]。

二、功能强化（功能食品）

（一）虾青素

根据目前的文献，虾青素在市场上被用于各种商业应用。虾青素产品有胶囊、软凝胶、片剂、粉末、生物质、奶油、能量饮料、油和提取物（表 4-1）。一些虾青素产品是由其他类胡萝卜素、复合维生素、草药提取物和 3，6 脂肪酸组合制成的。已有大量虾青素用于预防细菌感染、炎症、血管衰竭、癌症、心血管疾病，抑制脂质过氧化，减少细胞损伤和体脂，改善大脑功能和皮肤厚度等方面的专利申请[79]。

表 4-1 来自不同公司的虾青素产品及其功效

品牌	剂型	原料	公司名称	产品功效
Physician Formulas	软凝胶	2mg 或 4mg AX	Physician Formulas Vitamin Company	抗氧化
Eyesight Rx	药片	AX、维生素 C、植物提取物	Physician Formulas Vitamin Company	视觉功能
KriaXanthin	软凝胶	1.5mg AX、EPA、DHA	Physician Formulas vitamin Company	抗氧化
Astaxanthin Ultra	软凝胶	4mg AX	AOR	心血管健康 / 胃肠道

续表

品牌	剂型	原料	公司名称	产品功效
Astaxanthin Gold ™	软凝胶	4mg AX	Nutrigold	眼睛、关节、皮肤、免疫健康
Best Astaxanthin	软凝胶	6mg AX、CX	Bioastin	细胞膜 / 血液流动
Dr. Mercola	胶囊	4mg AX、325 mg Omega-3 ALA	Dr. Mercola Premium Supplements	抗衰老
Astavita Ex	胶囊	8mg AX、T3	Fuji Chemical Industry	老龄护理
Astavita SPORT	胶囊	9mg AX、T3 和锌	Fuji Chemical Industry	运动营养
AstaREAL	油、粉末、水溶性、生物质	AX、AX- 酯	Fuji Chemical Industry	软凝胶、片剂、饮料、动物饲料、胶囊
AstaFX	胶囊	AX	Purity and Products Evidence Based Nutritional Supplements	皮肤 / 心血管功能
Pure Encapsulations	胶囊	AX	Synergistic Nutrition	抗氧化
Zanthin Xp-3	软凝胶胶囊	2mg、4mg AX	Valensa	人体健康
Micro Algae Super Food	软凝胶	4mg AX	Anumed Intel Biomed Company	心 / 眼 / 关节健康

注：AX：虾青素；AXE：虾青素酯；CX：角黄素；DHA：二十二碳六烯酸；EPA：二十碳五烯酸；ALA：亚麻酸；T3：生育三烯醇。

资料来源：信息从各自公司网站获得。

（二）叶黄素

2003 年，FDA 批准了结晶叶黄素（Flora GLO®）的“公认安全”（GRAS）状态，这由 Cognis 有限公司生产的从万寿菊中提取的叶黄素酯，可作为各种食品和饮料产品的配料。FDA 还接受了一种悬浮在葵花子油中的叶黄素产品，其中含有含氧类胡萝卜素叶黄素和玉米黄质（结晶叶黄素）的混合物。此外，在人类营养中使用叶黄素的全球市场报告称，未来几年将会有较好的发展前景。Cognis 有限公司基于“内在美”的营销理念推出叶黄素酯系列产品。据该公司称，叶黄素酯系列可用于食品和饮料产品和两件套胶囊。Cognis 有限公司检测了叶黄素营养效应，研究调查了健康个体和早期 AMD 个体摄入叶黄素的影响。研究表明，摄入叶黄素酯后，黄斑色素的密度显著增加。

市场上有许多叶黄素产品，包括博士伦的叶黄素胶囊。惠氏营养公司设计了三种高级配方，称为普罗米尔黄金、进步黄金和承诺黄金，它们都能补充最适合儿童发育的特定阶段的生物因子。“维泰耶斯原配方加叶黄素”胶囊被归类为一种药品，并被用于支持良好的眼部健康。该产品未出现在《药品关税》第xviii部分中，可按FP10处方开具。Nutriway® 是全球唯一领先的营养品牌，其植物原材料种植在25.9km^{2}的有机农场。该产品混合的覆盆子和叶黄素提供了强大的抗氧化作用，以减少由衰老引起的视网膜的氧化损伤。在世界范围内，化妆品和食品公司在“内在美”趋势的发展中扮演着积极的角色。此外，食品和饮料公司也越来越关注于开发叶黄素产品，以满足日益增长的消费者需求[80]。

参考文献

[1] HIGUERA-CIAPARA I，FELIX-VALENZUELA L，GOYCOOLEA F M. Astaxanthin：A review of its chemistry and applications [J]. Critical Reviews in Food Science and Nutrition，2006，46（2）：185-196.

[2] DOMINGUEZ-BOCANEGRA A R，PONCE-NOYOLA T，TORRES-MUNOZ J A. Astaxanthin production by *Phaffia rhodozyma* and *Haematococcus pluvialis*：a comparative study [J]. Applied Microbiology and Biotechnology，2007，75（4）：783-791.

[3] TURUJMAN S A，WAMER W G，WEI R R，et al. Rapid liquid chromatographic method to distinguish wild salmon from aquacultured salmon fed synthetic astaxanthin [J]. Journal of Aoac International，1997，80（3）：622-632.

[4] JUCA SEABRA L M A，CAMPOS PEDROSA L F. Astaxanthin：structural and functional aspects [J]. Revista De Nutricao-Brazilian Journal of Nutrition，2010，23（6）：1041-1050.

[5] HUMPHRIES J M，KHACHIK F. Distribution of lutein，zeaxanthin，and related geometrical isomers in fruit，vegetables，wheat，and pasta products [J]. Journal of Agricultural and Food Chemistry，2003，51（5）：1322-1327.

[6] ABDEL-AAL EL S M，AKHTAR H，ZAHEER K，et al. Dietary sources of lutein and zeaxanthin carotenoids and their role in eye health [J]. Nutrients，2013，5（4）：1169-1185.

[7] WALSH R P，BARTLETT H，EPERJESI F. Variation in carotenoid content of kale and other vegetables：A review of pre- and post-harvest effects [J]. Journal of Agricultural and Food Chemistry，2015，63（44）：9677-9682.

[8] OCHOA BECERRA M，MOJICA CONTRERAS L，HSIEH LO M，et al. Lutein as a functional food ingredient：Stability and bioavailability [J]. Journal of Functional Foods，2020，66：103771.

[9] STACHOWIAK B，SZULC P. Astaxanthin for the food industry [J]. Molecules，2021，26（9）：2666.

[10] WANG C，ARMSTRONG D W，CHANG C D. Rapid baseline separation of enantiomers and a mesoform of all-*trans*-astaxanthin，13-*cis*-astaxanthin，adonirubin，and adonixanthin in standards and commercial supplements [J]. Journal of Chromatography A，2008，1194（2）：172-177.

[11] OH J，KIM J H，PARK J G，et al. Radical scavenging activity-based and AP-1-targeted anti-inflammatory effects of lutein in macrophage-like and skin keratinocytic cells [J]. Mediators of Inflammation，2013，2013：787042.

[12] MITRI K，SHEGOKAR R，GOHLA S，et al. Lipid nanocarriers for dermal delivery of lutein：Preparation，characterization，stability and performance [J]. International Journal of Pharmaceutics，2011，414（1-2）：267-275.

[13] GATEAU H，SOLYMOSI K，MARCHAND J，et al. Carotenoids of microalgae used in food industry and medicine [J]. Mini-Reviews in Medicinal Chemistry，2017，17（13）：1140-1172.

[14] DWYER J H，NAVAB M，DWYER K M，et al. Oxygenated carotenoid lutein and progression of early atherosclerosis-The Los Angeles atherosclerosis study [J]. Circulation，2001，103（24）：2922-2927.

[15] WANG S，WANG M，ZHANG S，et al. Oxidative stress in rats with

hyperhomocysteinemia and intervention effect of lutein [J]. European Review for Medical and Pharmacological Sciences, 2014, 18（3）: 359-364.
[16] SUNG J L, JO Y S, KIM S J, et al. Effect of lutein on L-NAME-induced hypertensive rats [J]. Korean Journal of Physiology & Pharmacology, 2013, 17(4): 339-345.
[17] KIM S H, LIM J W, KIM H. Astaxanthin inhibits mitochondrial dysfunction and interleukin-8 expression in helicobacter pylori-Infected gastric epithelial cells [J]. Nutrients, 2018, 10（9）: 1320.
[18] LI S, TAKAHARA T, FUJINO M, et al. Astaxanthin prevents ischemia-reperfusion injury of the steatotic liver in mice [J]. Transplantation, 2018, 102: S699-S699.
[19] HU R, SAW C L-L, YU R, et al. Regulation of NF-E2-related factor 2 signaling for cancer chemoprevention: Antioxidant coupled with antiinflammatory [J]. Antioxidants & Redox Signaling, 2010, 13（11）: 1679-1698.
[20] MORI H, TANAKA T, SUGIE S, et al. Chemoprevention by naturally occurring and synthetic agents in oral, liver, and large bowel carcinogenesis [J]. Journal of Cellular Biochemistry Supplement, 1997, 0（27）: 35-41.
[21] RITTO D, TANASAWET S, SINGKHORN S, et al. Astaxanthin induces migration in human skin keratinocytes via Rac 1 activation and RhoA inhibition [J]. Nutrition Research and Practice, 2017, 11（4）: 275-280.
[22] YANG Y, YANG I, CAO M, et al. Fucoxanthin elicits epigenetic modifications, Nrf2 activation and blocking transformation in mouse skin JB6 P+ cells [J]. Aaps Journal, 2018, 20（2）: 32.
[23] KOWSHIK J, NIVETHA R, RANJANI S, et al. Astaxanthin inhibits hallmarks of cancer by targeting the PI3K/NF-kappa Beta/STAT3 signalling axis in oral squamous cell carcinoma models [J]. Iubmb Life, 2019, 71（10）: 1595-1610.
[24] FARAONE I, SINISGALLI C, OSTUNI A, et al. Astaxanthin anticancer effects are mediated through multiple molecular mechanisms: A systematic review [J]. Pharmacological Research, 2020, 155: 104689.
[25] CHEW B P, BROWN C M, PARK J S, et al. Dietary lutein inhibits mouse mammary tumor growth by regulating angiogenesis and apoptosis [J]. Anticancer Research, 2003, 23（4）: 3333-3339.
[26] CHEW B P, PARK J S. Carotenoid action on the immune response [J]. Journal of Nutrition, 2004, 134（1）: 257S-261S.
[27] ADDO E K, GORUSUPUDI A, ALLMAN S, et al. The lutein and zeaxanthin in pregnancy（L-ZIP）study-carotenoid supplementation during pregnancy: Ocular and systemic effects-study protocol for a randomized controlled trial [J]. Trials, 2021, 22（1）: 300.
[28] ROBERTS J E, DENNISON J. The photobiology of lutein and zeaxanthin in the eye [J]. Journal of Ophthalmology, 2015, 2015: 687173.
[29] LIU H, LIU W, ZHOU X, et al. Protective effect of lutein on ARPE-19 cells upon H_2O_2-induced G(2)/M arrest [J]. Molecular Medicine Reports, 2017, 16(2): 2069-2074.
[30] MOREAU K L, KING J A. Protein misfolding and aggregation in cataract disease and prospects for prevention [J]. Trends in Molecular Medicine, 2012, 18（5）: 273-282.
[31] PADMANABHA S, VALLIKANNAN B. Fatty acids modulate the efficacy of

lutein in cataract prevention: Assessment of oxidative and inflammatory parameters in rats [J]. Biochemical and Biophysical Research Communications, 2018, 500(2): 435-442.

[32] AHN Y J, KIM H. Lutein as a modulator of oxidative stress-mediated inflammatory diseases [J]. Antioxidants, 2021, 10 (9) : 1448.

[33] PALOMBO P, FABRIZI G, RUOCCO V, et al. Beneficial long-term effects of combined oral/topical antioxidant treatment with the carotenoids lutein and zeaxanthin on human skin: A double-blind, placebo-controlled study [J]. Skin Pharmacology and Physiology, 2007, 20 (4) : 199-210.

[34] BALIC A, MOKOS M. Do we utilize our knowledge of the skin protective effects of carotenoids enough? [J]. Antioxidants, 2019, 8 (8) : 259.

[35] CAO Y, YANG L, QIAO X, et al. Dietary astaxanthin: an excellent carotenoid with multiple health benefits [J]. Critical Reviews in Food Science and Nutrition, 2021: 1-27.

[36] SARADA R, VIDHYAVATHI R, USHA D, et al. An efficient method for extraction of astaxanthin from green alga *Haematococcus pluvialis* [J]. Journal of Agricultural and Food Chemistry, 2006, 54 (20) : 7585-7588.

[37] DESAI R K, STREEFLAND M, WIJFFELS R H, et al. Novel astaxanthin extraction from Haematococcus pluvialis using cell permeabilising ionic liquids [J]. Green Chemistry, 2016, 18 (5) : 1261-1267.

[38] WANG S, MENG Y, LIU J, et al. Accurate quantification of astaxanthin from Haematococcus pluvialis using DMSO extraction and lipase-catalyzed hydrolysis pretreatment [J]. Algal Research-Biomass Biofuels and Bioproducts, 2018, 35: 427-431.

[39] YE Z, TAN X H, LIU Z W, et al. Mechanisms of breakdown of *Haematococcus pluvialis* cell wall by ionic liquids, hydrochloric acid and multi-enzyme treatment [J]. International Journal of Food Science and Technology, 2020, 55 (9) : 3182-3189.

[40] KIM B, LEE S Y, NARASIMHAN A L, et al. Cell disruption and astaxanthin extraction from Haematococcus pluvialis: Recent advances [J]. Bioresource Technology, 2022, 343: 126124.

[41] LEE Y R, TANG B, ROW K H. Extraction and separation of astaxanthin from marine products [J]. Asian Journal of Chemistry, 2014, 26 (15) : 4543-4549.

[42] SOWBHAGYA H B, SAMPATHU S R, KRISHNAMURTHY N. Natural colorant from marigold-chemistry and technology [J]. Food Reviews International, 2004, 20 (1) : 33-50.

[43] LIU Z W, ZENG X A, CHENG J H, et al. The efficiency and comparison of novel techniques for cell wall disruption in astaxanthin extraction from Haematococcus pluvialis [J]. International Journal of Food Science and Technology, 2018, 53 (9): 2212-2219.

[44] FAN Y, NIU Z, XU C, et al. Biocompatible protic ionic liquids-based microwave-assisted liquid-solid extraction of astaxanthin from *Haematococcus pluvialis* [J]. Industrial Crops and Products, 2019, 141: 111809.

[45] ZHANG H, TANG B, ROW K H. A green deep eutectic solvent-based ultrasound-assisted method to extract astaxanthin from shrimp byproducts [J]. Analytical Letters, 2014, 47 (5) : 742-749.

[46] RODRIGUES L, PEREIRA C, LEONARDO I C, et al. Terpene-based natural deep eutectic systems as efficient solvents to recover astaxanthin from brown crab

shell residues [J]. ACS Sustainable Chemistry & Engineering，2020，8（5）：2246-2259.
[47] YU J，LIU X，ZHANG L，et al. An overview of carotenoid extractions using green solvents assisted by *Z*-isomerization [J]. Trends in Food Science & Technology，2022，123：145-160.
[48] MACHADO F R S，JR.，TREVISOL T C，BOSCHETTO D L，et al. Technological process for cell disruption，extraction and encapsulation of astaxanthin from *Haematococcus pluvialis* [J]. Journal of Biotechnology，2016，218：108-114.
[49] ZHAO X，ZHANG X，LIU H，et al. Enzyme-assisted extraction of astaxanthin from *Haematococcus pluvialis* and its stability and antioxidant activity [J]. Food Science and Biotechnology，2019，28（6）：1637-1647.
[50] CALVO M M. Lutein：A valuable ingredient of fruit and vegetables [J]. Critical Reviews in Food Science and Nutrition，2005，45（7-8）：671-696.
[51] RAVICHANDRAN R. Carotenoid composition，distribution and degradation to flavour volatiles during black tea manufacture and the effect of carotenoid supplementation on tea quality and aroma [J]. Food Chemistry，2002，78（1）：23-28.
[52] TAN C，FENG B，ZHANG X，et al. Biopolymer-coated liposomes by electrostatic adsorption of chitosan（chitosomes）as novel delivery systems for carotenoids [J]. Food Hydrocolloids，2016，52：774-784.
[53] XIA S，TAN C，ZHANG Y，et al. Modulating effect of lipid bilayer-carotenoid interactions on the property of liposome encapsulation [J]. Colloids and Surfaces B-Biointerfaces，2015，128：172-180.
[54] ZHAO L，TEMELLI F，CURTIS J M，et al. Encapsulation of lutein in liposomes using supercritical carbon dioxide [J]. Food Research International，2017，100：168-179.
[55] LO J T，LEE T M，CHEN B H. Nonionic microemulsions as solubilizers of hydrophobic drugs：Solubilization of paclitaxel [J]. Materials，2016，9（9）：761.
[56] HO N H，INBARAJ B S，CHEN B H. Utilization of microemulsions from *Rhinacanthus nasutus*（L.）Kurz to improve carotenoid bioavailability [J]. Scientific Reports，2016，6：25426.
[57] SHEN X，ZHAO C，LU J，et al. Physicochemical properties of whey-protein-stabilized astaxanthin nanodispersion and its transport via a Caco-2 monolayer [J]. Journal of Agricultural and Food Chemistry，2018，66（6）：1472-1478.
[58] MORA-GUTIERREZ A，ATTAIE R，DE GONZALEZ M T N，et al. Complexes of lutein with bovine and caprine caseins and their impact on lutein chemical stability in emulsion systems：Effect of arabinogalactan [J]. Journal of Dairy Science，2018，101（1）：18-27.
[59] YI J，FAN Y，YOKOYAMA W，et al. Characterization of milk proteins-lutein complexes and the impact on lutein chemical stability [J]. Food Chemistry，2016，200：91-97.
[60] BORTNOWSKA G. Multi layer oil-in-water emulsions：formation，characteristics and application as the carriers for lipophilic bioactive food components-A review [J]. Polish Journal of Food and Nutrition Sciences，2015，65（3）：157-166.
[61] MONTENEGRO LIMA S G，CAVALCANTI FREIRE M C L，OLIVEIRA V D S，et al. Astaxanthin delivery systems for skin application：A review [J]. Marine

Drugs，2021，19（9）：511.
[62] ESTRADA-FERNANDEZ A G，ROMAN-GUERRERO A，JIMENEZ-ALVARADO R，et al. Stabilization of oil-in-water-in-oil（O-1/W/O-2）pickering double emulsions by soluble and insoluble whey protein concentrate-gum arabic complexes used as inner and outer interfaces [J]. Journal of Food Engineering，2018，221：35-44.
[63] MCCLEMENTS D J，XIAO H. Is nano safe in foods? Establishing the factors impacting the gastrointestinal fate and toxicity of organic and inorganic food-grade nanoparticles [J]. Npj Science of Food，2017，1（1）：6.
[64] CHUACHAROEN T，SABLIOV C M. Stability and controlled release of lutein loaded in zein nanoparticles with and without lecithin and pluronic F127 surfactants [J]. Colloids and Surfaces a-Physicochemical and Engineering Aspects，2016，503：11-18.
[65] DIAMANTI A C，IGOUMENIDIS P E，MOURTZINOS I，et al. Green extraction of polyphenols from whole pomegranate fruit using cyclodextrins [J]. Food Chemistry，2017，214：61-66.
[66] NALAWADE P，GAJJAR A. Preparation and characterization of spray dried complexes of lutein with cyclodextrins [J]. Journal of Inclusion Phenomena and Macrocyclic Chemistry，2015，83（1-2）：77-87.
[67] STEINER B M，MCCLEMENTS D J，DAVIDOV-PARDO G. Encapsulation systems for lutein：A review [J]. Trends in Food Science & Technology，2018，82：71-81.
[68] SUGAWARA T，KUSHIRO M，ZHANG H，et al. Lysophosphatidylcholine enhances carotenoid uptake from mixed micelles by Caco-2 human intestinal cells [J]. Report of National Food Research Institute，2003，（67）：77-77.
[69] KOTAKE-NARA E，NAGAO A. Absorption and metabolism of xanthophylls [J]. Marine Drugs，2011，9（6）：1024-1037.
[70] GIORDANO E，QUADRO L. Lutein，zeaxanthin and mammalian development：Metabolism，functions and implications for health [J]. Archives of Biochemistry and Biophysics，2018，647：33-40.
[71] WOLZ E，LIECHTI H，NOTTER B，et al. Characterization of metabolites of astaxanthin in primary cultures of rat hepatocytes [J]. Drug Metabolism and Disposition，1999，27（4）：456-462.
[72] SU F，XU H，YANG N，et al. Hydrolytic efficiency and isomerization during de-esterification of natural astaxanthin esters by saponification and enzymolysis [J]. Electronic Journal of Biotechnology，2018，34：37-42.
[73] VON LINTIG J. Provitamin A metabolism and functions in mammalian biology [J]. American Journal of Clinical Nutrition，2012，96（5）：1234S-1244S.
[74] LI B，VACHALI P P，GORUSUPUDI A，et al. Inactivity of human beta，beta-carotene-9′，10′-dioxygenase（BCO2）underlies retinal accumulation of the human macular carotenoid pigment [J]. Proceedings of the National Academy of Sciences of the United States of America，2014，111（28）：10173-10178.
[75] WU L，GUO X，WANG W，et al. Molecular aspects of beta，beta-carotene-9′，10′-oxygenase 2 in carotenoid metabolism and diseases [J]. Experimental Biology and Medicine，2016，241（17）：1879-1887.
[76] KUMAR S，KUMAR R，DIKSHA，et al. Astaxanthin：A super antioxidant from microalgae and its therapeutic potential [J]. Journal of Basic Microbiology，2022，

62（9）：1064-1082.

[77] 张广伦，肖正春，张锋伦，等．雨生红球藻中虾青素的研究与应用 [J]. 中国野生植物资源，2019，38（2）：72-77.

[78] 赵雪芹，赵丹，吕宁，等．叶黄素的功能及在饲料中的应用 [J]. 广东饲料，2016，25（4）：35-37.

[79] AMBATI R R，PHANG S M，RAVI S，et al. Astaxanthin：sources，extraction，stability，biological activities and its commercial applications--a review [J]. Marine Drugs，2014，12（1）：128-152.

[80] SHEGOKAR R，MITRI K. Carotenoid lutein：A promising candidate for pharmaceutical and nutraceutical applications [J]. Journal of Dietary Supplements，2012，9（3）：183-210.

第五章

酮类衍生物天然色素的制备及应用

第一节 概述

酮类衍生物天然色素广泛分布于植物界，多数呈浅黄色。许多酮类衍生物色素都是对人体有益的天然活性成分，具有抗氧化、预防心血管疾病、防癌、抗炎等多种生理功效，特别在医药方面，有良好的应用和开发前景。酮类衍生物色素广泛分布于植物界，几乎绝大多数植物都能合成酮类衍生物。近年来，人们对酮类衍生物天然色素的功能和应用进行了深入的研究，证实了该类化合物具有许多活性，是一种很好的天然色素。酮类衍生物的基本结构是 2- 苯基苯并吡喃酮，最重要的酮类衍生物是黄酮和黄酮醇的衍生物。本章主要介绍姜黄素、红曲色素（MP），这两种主要的酮类衍生物天然色素。

一、姜黄素

（一）姜黄素的食物来源

姜黄素主要来源于姜科姜黄属植物姜黄、莪术、郁金等的根茎，是最具代表性的多酚成分。王征等[1]通过 HPLC 法测定姜黄素含量，测得姜黄中的含量为 4.88%，莪术中的含量为 0.15%，郁金中的含量为 0.042%。姜黄素是一种黄色色素，通常用作肉类食品着色剂和酸碱指示剂。姜黄素不仅能作为天然色素添加进食物中，增加食品的色泽，同时具备多种对人体有益的生物学作用。姜黄素具有多种药理作用，其已被证明具有抗病毒、抗菌和抗癌活性，因此对各种恶性疾病，如糖尿病、过敏、关节炎、阿尔茨海默病和其他慢性疾病具有潜在的治疗作用[2]。姜黄素长期以来一直被用作印度咖喱的香料和天然着色剂，也是中国传统药物的一种成分。作为食品添加剂，其 E 号［在欧盟（EU）和欧洲自由贸易联盟（EFTA）内用作食品添加剂的物质代码］是 E100。

（二）姜黄素的化学结构和理化性质

姜黄素类化合物除姜黄素外，也包括脱甲氧基姜黄素、双脱甲氧基姜黄素和最近发现的环姜黄素（图 5-1）。商品姜黄提取物中主要的姜黄素有：姜黄素（75%，相对分子质量 368.37，熔点 183℃）、脱甲氧基姜黄素（20%，相对分子质量 338）和双脱甲氧基姜黄素（5%，相对分子质量 308）。姜黄素属于化学多酚类物质，其 IUPAC 命名为（1*E*，6*E*）-1，7-bis（4-hydroxy-3-methoxyphenyl）-1，6-heptadiene-3，5-dione，化学式为 $C_{21}H_{20}O_6$。姜黄素的化学性质是其多种生物活性的基础。

姜黄素是一种双 -α，β- 不饱和 β- 二酮，酮在酸性 / 中性水溶液和细胞膜中形成主导。相反，七二烯酮链的烯醇形式在碱性介质中占优势。在 pH=3~7 时，由于存在一个高度活性的中心碳原子，姜黄素的酮型作为一个极其强大的 H 原子供体。由于邻近氧上的未配对电子离域，这个碳的碳氢键非常弱。姜黄素的七二烯酮部分的酮 - 烯醇 - 烯醇平衡决定了它的物理化学和抗氧化性质。

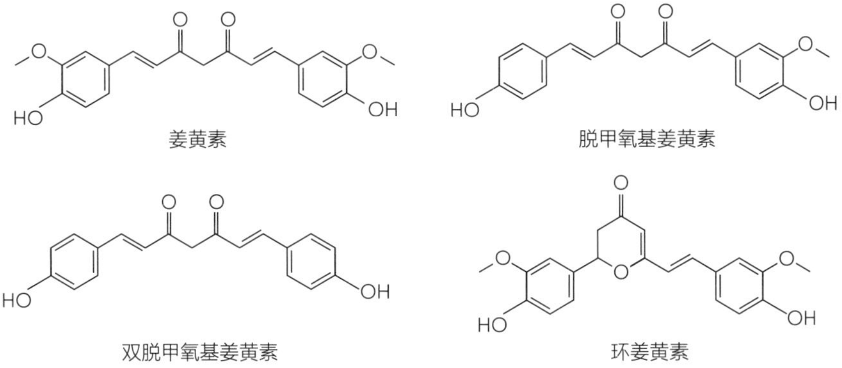

姜黄素　　脱甲氧基姜黄素

双脱甲氧基姜黄素　　环姜黄素

图 5-1　姜黄素、脱甲氧基姜黄素、双脱甲氧基姜黄素和环姜黄素的化学结构

在 pH 为 8 时，姜黄素主要作为电子供体。在 pH=3~10 的一系列条件下，姜黄素的分解受到 pH 的影响，在中性碱性条件下反应较快，主要降解产物为 *trans*-6-（4-hydroxy-3-methoxyphenyl）-2, 4-dioxo-5-hexenal，在高于 pH 11.7 的碱性溶液中，姜黄素的溶解度和稳定性提高。关于 pH 条件，应说明由下列平衡确定的姜黄素存在三个酸度常数：

$$H_3Cur \rightarrow H_2Cur^- + H^+,\ pK_{a1}=8.38 \pm 0.04 \text{（乙酰丙基酮）} \tag{1}$$

$$H_2Cur^- \rightarrow HCur^{2-} + H^-,\ pK_{a2}=9.88 \pm 0.02 \text{（酚基中的氢）} \tag{2}$$

$$HCur^{2-} \rightarrow Cur^{3-} + H^+,\ pK_{a3}=10.51 \pm 0.01 \text{（酚基中的氢）} \tag{3}$$

姜黄素的溶解、吸收、代谢和体内生物利用率与其水溶性密切相关。姜黄素的水溶性极差，pH 7.4 时溶解量约为 400ng/mL。其在生理条件下的化学稳定性差，肠道代谢速度快，因此，提高姜黄素的生物利用率是目前许多研究的重点。在口服或静脉 / 腹腔给药时，由于姜黄素溶解度低，吸收减少，通过结合或减少代谢迅速，姜黄素会迅速从体内排出。姜黄素给药后，其在体内以母体姜黄素、葡萄糖醛酸苷 / 硫酸盐缀合物或四氢姜黄素 / 六氢姜黄素葡萄糖醛酸苷的形式存在。给药后，姜黄素在体内进行新陈代谢，首先，在大鼠、小鼠和人体内生物还原为非常重要的四氢姜黄素、六氢姜黄素、八氢姜黄素和六氢姜黄醇。还原后的姜黄素经过葡萄糖醛酸反应，转化为姜黄素葡萄糖醛酸、二氢姜黄素葡萄糖醛酸、四氢姜黄素葡萄糖醛酸和硫酸姜黄素。

姜黄素分子中不同类型的官能团包括 β- 二酮基团、碳 - 碳双键和含有不同数量的羟基和甲氧基取代基的苯环，使这种化合物表现出不同的药物效应。一些研究者认为，姜黄素的抗氧化作用与羟基基团有关，而另一些研究者认为，中心碳自由基或羰基在姜黄素的抗氧化活性中起主要作用。Masek 等 [3] 利用氧化电位研究了姜黄素的供电子能力，并将其作为自由基清除能力的一般指标。姜黄素分子中电子密度最高的是苯环上带有羟基的碳原子，说明这些位置上的羟基很容易被氧化，形成苯氧自由基进行水解，通常在邻位和对位，羟基立即被氧化。计算得到的最高填充轨道的能量决定了电子释放的容易程度，并指出了最容易被氧化的位置。烯醇型比酮型更容易氧化。姜黄素的氧化机制及其抗氧化活性与芳香环上羟基的数量及其位置有关。对最高占据分子轨道能量的电化学研究和量子化学计算揭示了黄素的电化学氧化机制[4]（图 5-2）。

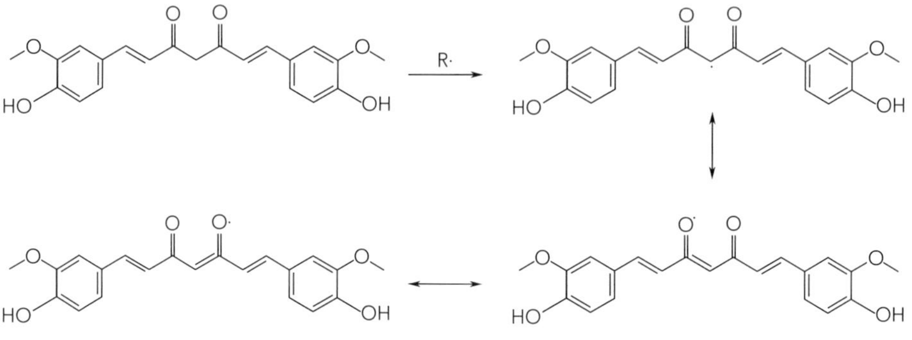

图 5-2 姜黄素碳中心自由基清除活性的抗氧化机制[4]

二、红曲色素

（一）红曲色素的食物来源

红曲色素（MP）作为一种优质天然的食品着色剂，在世界各国特别是中国和日本的食品工业中得到了广泛的应用。它们是红曲霉的次生代谢产物之一，由化学结构相同、性质相似的红、橙、黄三种色素混合而成，均为聚酮类化合物。MP 可用作肉类、鱼、干酪、啤酒和馅饼的着色剂，也可用作纺织、化妆品和制药行业的印刷油墨和染料。此外，MP 还具有一系列的生物活性，如抗突变和抗癌特性、抗菌活性、潜在的抗肥胖活性等。因此，在过去的 20 年里，MP 越来越受到关注。到目前为止，已经发现并研究了 50 多个 MP。MP 是目前世界上唯一的一种利用微生物发酵生产的天然功能食用色素，是红曲霉次级代谢产物的其中之一。MP 是以大米、黄豆为主要原料，借鉴我国传统的红曲生产工艺，通过红曲霉菌液体深层发酵和先进的现代生物分离技术而获得的粉状纯天然、无毒、安全可靠的天然色素。MP 符合食品着色剂“营养、天然、多功能”的发展要求和方向，因此值得大力应用和推广。与其他天然色素相比，MP 纯度高、价格低、着色力强、稳定性好以及具有防腐功能等优点，因而具有极大的市场竞争力和十分重要的现实意义。

红曲霉属是 1884 年由 Tieghem 提出的，各种红曲霉可用于生产 MP，包括 *M. pilosus*、*M. purpureus*、*M. ruber* 和 *M. anka*[5]。Yuliana 等[6]总结了 *M. argentinensis*、*M. bakeri*、*M. floridanus*、*M. mayor*、*M. pubri-gerus*、*M. fallen* 和 *M. auriantacus*、*M. sanguines* 等菌种用于

生产 MP 的情况。此外，一些突变菌株还可以用来生产色素，这些基因缺失或过表达的菌株可以帮助确定该基因在 MP 生物合成中的作用，并提高产量和色价。

大米的红曲霉发酵产物称为红发酵米，又称红曲米、红曲、红霉米、中国红米、安卡等，在中国用作民间药物、食品着色剂和发酵剂已有 1000 多年的历史。目前已经证实了红曲属植物可以合成多种次生代谢物，如单甘醇、*γ*- 氨基丁酸、二巯基酸等 [7,8]。MP 作为天然食品着色剂，在世界范围内广泛应用于食品工业，尤其是中国、日本和其他东南亚国家。此外，MP 还具有一系列生物活性，如抗诱变和抗癌特性、抗菌活性，以及潜在的抗肥胖特性，它们甚至可以用于染棉纱和皮革，以及制备凝胶。

MP 是氮杂环酮类真菌次生代谢产物，由聚酮类发色团和 *β*- 酮酸酯化而成。根据它的不同颜色和它们在 330~450nm、490~530nm 和 460~480nm 处的最大吸收峰，可以分为黄色、红色和橙色 [8]。1973 年，6 种 MP 化合物（图 5-3），包括两种红曲黄色素，黄色的红曲素（monascin）和安卡黄素（ankaflavin）；两种红曲橙色素，橙色的红斑红曲素（rubropunctatin）和红曲红素（monascorubrin）；以及两种红曲红色素，红色的红斑胺素（rubropunctamine）和红曲红胺素（monascorubramine）被鉴定出，它们是 MP 基本化合物类型 [9]。这三类颜色的颜料可以通过一定的反应相互转化。红曲橙色素可通过还原反应和氨化反应分别生成红曲黄色素和红曲红色素。

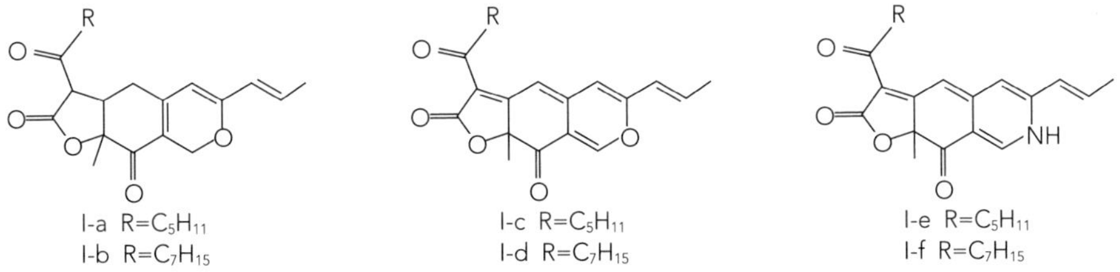

I-a R=C_5H_{11}　I-b R=C_7H_{15}

I-c R=C_5H_{11}　I-d R=C_7H_{15}

I-e R=C_5H_{11}　I-f R=C_7H_{15}

图 5-3 MP 化合物的化学结构 [7]

注：6 种著名的 MP 化合物：I-a 黄色的红曲素、I-b 安卡黄素、I-c 橙色的红斑红曲素、I-d 红曲红素、I-e 红色的红斑胺素、I-f 红曲红胺素。

（二）红曲色素的化学结构和理化性质

MP 不溶于水，但可溶于乙醇、乙酸、己烷等 [10]。在红曲霉培养基中添加谷氨酸、亮氨酸和甘氨酸可以促进 MP 在水中的溶解度 [11] 或通过在 MP 中引入 COOH 或 NH_3 基团的氨基酸进行化学修饰 [12]。通常，MP 在 30~60℃和 pH=6.0~8.0 时非常稳定。但有些 MP 即使在较高的温度和极端的 pH 下仍然稳定。例如，Li 等 [13] 报道 *M. anka* 的 MP 在 pH 11.0 或者 150℃时仍然相对稳定。Huang 等 [14] 发现 *M.purpureus* JR 的 MP 在碱性 pH（9~11）比酸性 pH（3~5）时更稳定。

MP 对光线敏感，尤其是对阳光和紫外线敏感。水溶性 MP 的氨基酸衍生物总是比原始 MP 更稳定[15]。Jung 等[15]证明，在阳光照射下，红溴丁胺和单抗红溴胺的 L- 苯丙氨酸衍生物比原始 MP 更稳定，MP 的氨基酸衍生物的半衰期为 1.45~5.58h，而原始 MP 在阳光下的半衰期仅为 0.22h。Sheu 等[16]报道了当 nata（一种由乙酰醋酸杆菌产生的细菌纤维素）被 *M. purpureus* CCRC3150 发酵时，Monascus-nata 发酵复合物中的 MP 比 nata 中 MP 在 366nm 紫外照射下染色 36h 的更稳定。

金属离子对 MP 的稳定性也有一定的影响。MP 在少量 Na^{+}、Mg^{2+}、K^{+}、AL^{3+}、Ca^{2+}、Cu^{2+} 和 Zn^{2+} 的出现下往往是稳定的，但 Fe^{3+} 和 Fe^{2+} 在浓度为 2×10^{-5}、4×10^{-5} 和 1×10^{-4} 时对 MP 的稳定性有明显的负面影响[17]。

在安全性方面，自从 20 世纪 60 年代在煤焦油染料中发现致癌物质以来，一系列合成颜料已被禁止。MP 被认为是亚硝酸盐的替代品，能作为食品着色剂[18]。Huang 等[19]将其添加到腌制肉，具有色泽鲜艳、亚硝酸盐残留量低、风味好、保质期长等特点。作为天然的食品着色剂，MP 已经在中国和日本等亚洲国家的食品工业中使用了 1000 多年。在中国，MP 被用作 20 多种食品的着色剂，目前还没有不良反应的报道。但 1995 年在红曲发酵产品中发现霉菌毒素——橘霉素后，为了控制橘霉素的有害影响，中国和日本的 MP 中允许的橘霉素限量分别为 1mg/kg 和 0.2mg/kg[7,20]。

第二节 酮类衍生物天然色素的有益功效

一、抗氧化、保护心血管作用

（一）姜黄素

1. 抗氧化作用

姜黄素是 WHO 准许使用的食品添加剂，其两侧苯环上的甲氧基能够增强它的抗氧化活性。研究表明姜黄素的自由基清除效果强于维生素 E 多倍，对类自由基的清除作用更强，因此它也被广泛用作天然抗氧化剂[21]。姜黄素与其他天然色素对 1，1- 二苯基 -2- 三硝基苯肼（DPPH）抑制率的比较如表 5-1 所示。

表 5-1 姜黄素与其他天然色素对 DPPH 的抑制率

天然色素	对 DPPH 自由基的抑制率	相当于维生素 C 抑制率	相当于 BHT 抑制率
高粱红色素（黑）	87.10	88.65	104.44
高粱红色素（棕）	74.15	75.47	88.91
可可色素	84.26	85.76	101.03
洋葱色素	70.73	71.99	84.81

续表

天然色素	对 DPPH 自由基的抑制率	相当于维生素 C 抑制率	相当于 BHT 抑制率
姜黄色素	90.23	91.84	108.18
葡萄皮色素	82.10	83.56	94.88
紫草色素	34.91	36.53	41.85
紫胶红色素	31.11	31.66	37.30
维生素 C	98.25	100.0	117.80
BHT	83.40	84.98	100.0

注：BHT：二丁基羟基甲苯。

姜黄素及其衍生物的抗氧化性能与其结构密切相关：其中酚羟基是清除自由基的必要基团，如在酚羟基邻位引入甲氧基或酚羟基可使其清除自由基的能力显著提高；同时酚羟基的个数和化学环境也会影响其抗氧活性；在两个芳基之间的碳结构数对其抗氧化活性也有一定影响。其抗氧化作用主要通过清除自由基、抑制脂质过氧化反应实现。

一些研究表明姜黄素清除 DPPH 自由基的能力强于高粱色素（黑）、可可色素、葡萄皮色素等天然色素 [22]。如对乳鼠心肌细胞加入异丙肾上腺素造成缺血的损伤模型进行研究，结果显示异丙肾上腺素损伤组超氧化物歧化酶（SOD）活性及血液中丙二醛（MDA）含量均明显降低，一氧化氮（NO）含量显著升高；而姜黄素中、高剂量处理组上述指标都有不同程度的改善，如表 5-2 所示。这是由于姜黄素可增强细胞抗氧化作用，减轻自由基和脂质过氧化导致的细胞膜损伤。同时对大鼠的体内实验表明，姜黄素可降低 Fe^{2+} 诱导的肝匀浆及血清过氧化，研究人员认为姜黄素是通过抑制脂质过氧化而发挥抗肝细胞毒作用的 [5]。在研究姜黄素对大鼠脑缺血再灌注损伤的保护作用中也发现，姜黄素可升高模型大鼠血中 SOD、6 酮前列腺素 Flα（6 ke-to PGFlα）、NO 含量；降低血中 MDA、血栓素（TXB_2）、内皮素（ET）含量，以及脑组织钙含量。姜黄素对大鼠脑缺血再灌注损伤的保护作用与增加脑血流量、抗脂质过氧化、防止钙超载有关。此外，通过姜黄素对脂质过氧化反应的抑制率进行研究发现，在 100 μg/mL 剂量下，其对脂质过氧化的抑制率分别为 58%，抑制能力仅稍弱于抗氧化剂 BHT[23]。

表 5-2 不同剂量组姜黄素对 SOD、MAD、NO 的影响

级别	药物剂量	SOD 含量 /（kU/L）	MAD 含量 /（μmol/L）	NO 含量 /（mol/L）
空白对照组	—	98.52 ± 11.67	5.63 ± 1.04	89.37 ± 9.46
ISO 损伤组	100mg/L	52.21 ± 7.64	19.68 ± 2.11	144.73 ± 12.51

续表

级别	药物剂量	SOD 含量 /（kU/L）	MAD 含量 /（μmol/L）	NO 含量 /（mol/L）
姜黄素低剂量组	20 μ mol/L	57.69 ± 8.31	17.32 ± 1.85	145.32 ± 11.06
姜黄素中剂量组	40 μ mol/L	67.34 ± 8.96	13.25 ± 1.54	120.42 ± 10.97
姜黄素高剂量组	100 μ mol/L	82.65 ± 1.22	8.76 ± 1.22	91.78 ± 9.35

（1）增强抗氧化酶活性　超氧化物歧化酶（SOD）、过氧化氢酶（CAT）、谷胱甘肽过氧化物酶（GSH-Px）等一些酶，是生物体内清除自由基的重要酶类，可抑制自由基的产生或清除自由基，从而起到抗氧化作用。姜黄素可以显著增强抗氧化酶活性。在实验中发现，服用 1% 体重剂量的姜黄素 10 周，雄鼠体内 SOD、CAT、GSH-Px 活性增加，这表明姜黄色素可以增强抗氧化酶的活性 [7]。也有研究表明姜黄素能增加机体血液及组织中各种抗氧化酶如铜、锌超化物歧化酶、CAT、葡萄糖 -6- 磷酸酶等的活性，从而有效地清除各种自由基，减轻氧化应激反应 [24]。

（2）抑制低密度脂蛋白（LDL）的氧化损伤　体内 LDL 被氧化修饰成为氧化 LDL，易被巨噬细胞和合成型平滑肌细胞吞噬，大量脂质在细胞内储积后可形成泡沫细胞，参与动脉粥样硬化的形成。研究表明姜黄素具有降低总胆固醇（TC）、总甘油三酯（TG）的作用，且降 TG 作用优于降 TC 作用；研究还发现姜黄素通过降低载体蛋白 B，进而减弱 LDL 代谢，这可能是姜黄素降血脂的机制之一。同时姜黄素也是低密度脂蛋白受体（LDL-R）基因表达促进剂，姜黄素在 5~50μmol/L 能够增强人淋巴细胞 LDL-R 的表达，并且具有明显的量效关系；姜黄素通过促进 LDL-R 表达增加对 LDL-C 的吸收，使外周血液中的 TC 和 TG 下降，起到降血脂和抗动脉粥样硬化的作用 [25]。

2. 抗心血管疾病作用

（1）降血脂、抗凝、防止血栓的形成　姜黄素除了能有效降低血清和肝脏 TC 和 TG、提高血浆中脂代谢酶活性，还能抑制血小板聚集和血栓的形成，在体外用二磷酸腺苷诱导血小板聚集，姜黄素可明显抑制血小板聚集率，使血栓湿重下降，这可能是与姜黄素能增强组织纤溶酶原激活物活性有关。

（2）减少动脉粥样硬化　试验表明姜黄素能减轻家兔动脉粥样硬化病变程度，减轻主动脉脂质斑纹病变。姜黄素通过抗氧化作用减少氧化修饰低密度脂蛋白（OX-LDL）含量，OX-LDL 是导致动脉粥样硬化的重要因素。姜黄素也能直接抑制平滑肌细胞增殖，有利于减少血管早中期病变。血管内皮细胞凋亡会促进斑块形成，姜黄素有保护内皮细胞的作用，而抗凝则是以减少斑块形成从而防止表面血栓形成。另有研究表明，姜黄素能抑制新生毛细血管的生成，这些新生毛细血管对斑块起到滋养作用，故姜黄素能够减轻粥样斑块病变的程度。

（3）延缓缺血性脑血管病　有研究表明姜黄素能降低脑缺血病灶周围的氧化应激反应，应用姜黄素治疗可以降低脑梗死面积。降低脑梗死病人血浆中丙二醛（MDA）水平，升高 SOD 水平，神经功能降低率也下降。试验用姜黄素治疗脑缺血再灌注模型大鼠，结果显示 SOD 显著升高。MDA 降低，缺血脑组织中 Ca^{2+} 含量降低，这表明姜黄素在脑缺血再灌注中对脑起到保护作用。

（4）辅助治疗脑出血　脑出血后病灶周围组织的氧自由基生成对病变特别是脑水肿的发展有很大影响，通过攻击细胞膜上的不饱和脂肪酸以及增加血管通透性形成脑水肿。脑水肿造成的缺血状态又进一步造成氧自由基的生成，最终导致颅内压增高，姜黄素的抗氧化作用有助于减轻脑出血病灶周围水肿。同时，姜黄素可辅助治疗脑水肿，血浆中 SOD 活性明显提高，此外姜黄素的抗炎作用可减轻脑出血组织周围炎症反应，这也是减少脑水肿的重要原因[26]。

（二）红曲色素

1. 抗氧化作用

大多数慢性病的发生与自由基的存在有关，如癌症、糖尿病、心血管疾病和自身免疫性疾病。在采用 OH 体系、O_2^- 体系和 DPPH 体系三种抗氧化模型来系统研究 MP 的抗氧化活性中，发现 MP 中红色素和橙色素有很强的抗氧化性，并且红色素组分的抗氧化性相较于橙色素更好一些，并且红色色素与橙色色素对 DPPH 的清除作用远远比对 OH、O_2^- 的清除作用强。在与同浓度的维生素 C 的抗氧化性相比，MP 的抗氧化性能更好[27]。例如，用化学发光法研究不同 MP 组分对羟自由基的清除作用，发现红曲红、橙、黄 3 类色素中红色素抗氧化性最强，其次为黄色素，橙色素抗氧化性最差。此外选用不同展开剂对 MP 进行薄层分析，分离出 7 种红色素、4 种黄色素、2 种橙色素，共 13 个色素组分。采用 O_2^- 体系、OH 体系和 DPPH 体系 3 种抗氧化模型，分别测定了 MP 不同组分的抗氧化活性。表明红色组分和橙色组分在上述3种抗氧化模型中均表现出较强的抗氧化活性。其中，红色 2 组分的抗氧化效果最佳，在 40μg/mL 质量浓度下，对 DPPH 与 OH 的清除率达 64%、32%，比同浓度的维生素 C 高 41%、20%；对 O_2^- 的清除率也达 34%；黄色组分表现出微弱的抗氧化功能。

2. 抗心脏血管疾病作用

普遍认为红曲色素具有降血脂能力，有研究相同剂量的红曲色素、安卡红曲黄素和洛伐他丁的降血脂作用与抗动脉粥样硬化作用，红曲色素相较于其他两种成分在提升血清高密度脂蛋白胆固醇（HDL-C）水平有着更为显著的效果，安卡红曲黄素在降低低密度脂蛋白胆固醇（LDL-C）水平和较少肝脏堆积胆固醇的效果相较于其他两种成分更为显著，红曲素和安卡红曲黄素的降血脂机制主要是以提高 HDL-C 水平来起到降血脂和预防动脉粥样硬化的作用。

二、抗癌作用

（一）姜黄素

各国科学家对姜黄素抗癌抑制、姜黄素抗癌治疗动物模型及临床试验都做了许多研究，证实了姜黄素可以体外抑制多种癌细胞系的生长[28]。体外实验已表明：姜黄素对肝癌细胞 BEL-7402，人结肠癌细胞株 SW/4800、HepG2，胃腺癌细胞 SGC7901、CNE-2ZH5，人鼻咽癌细胞 NCE，前列腺癌细胞 PC-3M、LNCaP，乳腺癌细胞 MCF-7，肺癌细胞 SPC-AT，急性髓性白血病细胞 HL-60 和人卵巢癌细胞 3AO 等均可抑制其生长并引起凋亡。抗癌作用的机制如下所述。

（1）抑制肿瘤始发的诱变作用　研究表明，在致癌物的攻击下，DNA 受伤，细胞发生突变，引起癌症发生。而姜黄素可以阻断已被活化的致癌物的攻击行为，从而抑制由致癌物引发的癌变。通过抑制致癌物对于 DNA 的损伤，姜黄素可抑制 Hela 细胞 *P16* 及 *MGMT* 基因突变。此外姜黄素还可以通过提升 phaseII 酶群，促进致癌物的排出和去毒反应，减少致癌物质 -DNA 加成物的产生。据报道，小鼠皮肤表面先涂以 3mmol/L 的姜黄素，5min 后再涂抹 20nmol/L 的苯并芘，可抑制表皮 39% 或 61% 的 DNA- 苯并芘加成物的形成。

（2）对肿瘤病变和发展的抑制作用　许多体外实验和大鼠实验表明，姜黄素能够抑制多种癌细胞的增殖，包括有乳腺癌、结肠癌、肝细胞癌、肾细胞癌、T 细胞白血病、B 细胞淋巴癌、黑色素瘤、前列腺癌等。姜黄素抑制癌细胞增殖主要是通过抑制鸟氨酸脱羟酶，影响细胞周期而产生的，或者通过调节转录因子等实现的。实验发现姜黄素可导致癌细胞发生变性、坏死，诱导细胞凋亡，如 20mol/L 的姜黄素即可诱导肝癌细胞 SMMC-7721 细胞的凋亡。姜黄素还可抑制环氧化酶（COX）和脂氧合酶（LOX）的表达。例如，姜黄素可通过抑制核因子 -κB（NF-κB）抑制 TNF 诱导结肠癌细胞分泌 COX-2，减缓癌症的发展进程。黄素抑制多种蛋白激酶的活性，多种蛋白激酶活性［蛋白激酶 A（PKA）、蛋白激酶 C（PKC）精蛋白激酶（CPK）、磷酸化激酶（PHK）、自身磷酸化活性蛋白激酶（AK）等］增强会导致肿瘤的发展，姜黄素可抑制这些相关酶的活性。

（3）抑制肿瘤的侵袭和转移作用　肿瘤的扩散（包括侵袭与转移）是恶性肿瘤的显著特征，也是恶性肿瘤威胁患者健康和生命的主要原因。近年来研究表明，姜黄素可抑制肿瘤的侵袭和转移。研究发现，姜黄素可抑制血管管腔的形成，而且还会破坏已成形的血管结构。例如，体外实验表明姜黄素可下调艾氏腹水瘤（EAT）和内皮细胞促血管生成的基因表达，诱导了癌细胞的凋亡。将姜黄素腹腔注射到 EAT 细胞荷瘤小鼠后，能够显著减少小鼠腹水的形成及减少腹水中的肿瘤细胞，同时腹膜层血管生成现象明显减少。姜黄素可抑制 EAT 细胞血管内皮生长因子（VEGF）、血管生成素 -1 和血管生成素 -2 的基因表达，发挥了抑制血管生成的作用。此外，姜黄素通过抑制 TNF 诱导内皮细胞表达黏附分子，阻断细胞的黏附，降低了肿瘤转移的危险性。

（4）提高化疗药物对肿瘤细胞的敏感性　影响化疗疗效的关键因素之一是肿瘤耐药性，应用多药耐药逆转剂是提高临床化疗效果的重要手断。姜黄素对某些化疗药物有增敏作用，从而降低肿瘤的多重耐药性（MDR）。例如，姜黄素通过下调多重耐药性基因 *MDR1*、P- 糖蛋白，上调凋亡相关蛋白 -5 来逆转肝癌耐药细胞株 BE17402/5-Fu 的耐药性。又如用姜黄素（1~10mg）处理多药耐药人子宫颈癌细胞（κB-V1 细胞）72h 即能降低 P- 糖蛋白及 *MDR1* mRNA 的表达，并可出现剂量依赖性，且能增强 κB-V1 细胞对长春新碱的敏感性。实验表明姜黄素与顺铂合用可增加顺铂对卵巢癌细胞 CAOV3 及 SKOV3 的敏感性，提高顺铂的疗效。

（二）红曲色素

天然成分的抗癌机制通常是通过抑制血管生成，减少细胞生长细胞增殖、细胞凋亡，并防止氧化等途径。国内外学者对 MP 进行了大量的药理试验，表明 MP 具有广泛的生物活性。MP 的某些成分可能具有预防乳腺癌的作用。将红曲菌素、安卡黄素和白藜芦醇引入叶酸偶联酪蛋白胶束的核心，制备了可用于主动靶向的纳米体系。这种纳米粒子可以有效治疗乳腺癌[29]。有研究小组通过动物活体试验证明了安卡红曲霉代谢的色素能抑制 TPA 诱发的小鼠癌变，其中红曲橙色素组分是最有效的。同时发现红曲黄色素组分对紫外光照射或过氧亚硝酸盐诱发的小鼠皮肤癌变有抑制作用。红曲黄色素组分对肝癌 HepG2 和肺腺癌 A549 细胞具有细胞毒性，其 IC_{50} 为 15μg/mL 左右，而对正常纤维细胞 WI-38 和 MRC-5 并没有毒性。在国内，在 MP 抗肿瘤活性研究进展中提到红曲黄色素及橙色素可以抗肿瘤。此外在动物实验中发现红曲黄色素有选择细胞毒活性，能促进人 A549 和 HepG2 癌细胞凋亡。分析认为因红曲橙色素——橙色的红斑红曲素及红曲红素具有活泼的羰基，易与氨基作用，可能其为优良的防癌物质源。在对 MP 混合物及主要组分进行了较系统的体外抗肿瘤实验中，发现橙色组分对 Hela 及 HepG2 等肿瘤细胞有较强的抑制作用，在 72h 浓度范围 0.05~100μg/mL 内，随着时间的延长及色素浓度的增加，抑制效果随之增强。抑制效果略低于同浓度的环磷酰胺。根据体内实验数据，红曲红对永生化人肾上皮细胞表现出强烈的细胞毒性和抗丝裂作用。也有研究发现，MP 中橙色色素组分对肿瘤细胞有明显的抑制作用，红色色素组分对肿瘤细胞的抑制作用略低于橙色色素组分，而黄色色素组分只具有微弱的抗肿瘤性；并且红曲玉红素能诱导肿瘤细胞死亡，其效果也比腺癌临床治疗药物紫杉醇好。红曲橙色素的抗癌机制还需要去深入了解。Zheng 等[30] 报道，单独使用橙色的红斑红曲素或在光照下使用橙色的红斑红曲素可通过线粒体途径诱导人宫颈癌 Hela 细胞的凋亡，包括线粒体膜电位的丧失，caspase-3、-8 和 -9 的激活，以及细胞内 ROS 水平的增加。

三、其他功效

（一）姜黄素

1. 抗炎作用

炎症是由细胞感染或组织损伤引发的病症，分为慢性、亚急性和急性发作。现代医学研究发现人体众多疾病的发生都与炎症反应参与有关。许多动物实验和临床试验表明姜黄素可用于辅助预防或治疗多种炎症，如肠炎、胰腺炎和风湿性关节炎等。姜黄素抗炎作用的机制主要是以下几方面。

（1）姜黄素对环氧化酶（COX）和脂氧合酶（LOX）的抑制作用　大量研究表明姜黄素对 COX 和 LOX 途径的调控是姜黄素预防多种炎症疾病的重要机制。COX 是负责把花生四烯酸转化成前列腺素 E_2（PGE_2）的关键酶，它有两个亚型 COX-1 和 COX-2，COX-2 过多表达常常产生小肠、结肠、胰腺等疾病，抑制 COX-2 有利于抗炎作用。5- 脂氧合酶（5-LOX）是另一种在代谢道路中催化花生四烯酸转化的关键酶，在各种炎症中 5-LOX 表达明显上升。姜黄素能明显抑制 5-LOX 表达水平，并能抑制人类多形核白细胞源中 5-LOX 的活性。特别是姜黄素对 COX-2 的抑制作用，对抗炎作用更为重要。

（2）姜黄素对诱导型一氧化氮合酶（iNOS）的抑制作用　iNOS 是介导炎症反应的重要酶，iNOS 的催化作用，L- 精氨酸氧化成 NO。大量证据显示，iNOS 活化会导致许多炎症如大肠炎、胃炎以及肿瘤疾病发生。通常姜黄素可通过抑制血红素加氧酶 -1（HO-1）而抑制 RAW264.7 巨噬细胞中 iNOS 表达，起到抑制炎症效果。此外姜黄素对卵清蛋白（OVA）致炎作用也有抑制作用。姜黄素可通过诱导、干扰素 γ 的影响，达到降低肺上皮细胞 A549 中 iNOS 表达和 NO 的产生，从而起到抑制炎症的效果。

（3）姜黄素对促炎细胞因子的抑制作用　促炎细胞因子是一类主要由免疫系统生成的具有许多强大生物学效应的多肽，可介导内皮功能紊乱，氧化应激反应及各种炎症反应。它的主要产物如 TNF-α、1L-1β、IL-12、IL-6 等。这些细胞因子高水平表达，一方面可能以自分泌形式诱导 iNOS，另一方面本身的促炎基因可诱发、启动炎症的产生，姜黄素通过抑制促炎细胞因子抑制炎症。

（4）姜黄素对核因子 -κB（NF-κB）的抑制作用　NF-κB 是一种重要的转录因子，NF-κB 是可与 ROS 共同作用可导致大量炎性因子产生，NF-κB 的激活也可导致 TNF-α、IL-1β、IL-6 等促炎细胞因子产生，后者可进一步诱发 ROS 作用而不断产生恶性循环。多项研究已表明姜黄素能下调 TNF-α 表达，拮抗 NF-κB 活性途径，导致对 NF-κB 和细胞增殖的抑制，改善炎症症状。

（5）对活性氧（ROS）的抗氧化作用　在炎症过程中，有氧代谢即可产生 ROS 不断蓄积，在破坏组织蛋白质、脂肪、核酸反应的同时进一步产生更多细胞炎性因子及花生四烯酸代谢产物，从而进一步放大炎性反应链式反应，最终导致组织损伤。还原型烟酰胺腺嘌呤二核苷酸磷酸（NADPH）氧化酶、黄嘌呤氧化酶、脂氧合酶均可促发 ROS 的生成。姜黄素是一种抗氧化剂，具有很强的抗氧化作用，能够阻止 ROS 的生成和消除 ROS。在糖尿病肾病的研究中就发现姜黄素可通过抑制 NADPH 氧化酶的表达而改善疾病进程，还可观察到姜黄素可有效抑制黄嘌呤氧化酶活性而减少 ROS 的产生。关于姜黄素抗氧化作用改善炎症机制的研究还有很多，这些研究多是姜黄素通过抑制某些氧化酶的作用而抑制了氧化应激反应。

2. 调节血脂作用

研究表明，姜黄素可以增加载脂蛋白 A（APOA）的含量，促进高密度脂蛋白（HDL）的代谢和降低载脂蛋白 B（APOB）含量，进而降低 LDC-C 水平。还可降低血清、肝匀浆中的脂质过氧化物（TBARS）含量，提高肝的总氧化能力（T-AOC），增强 SOD 和 GSH-Px 活性，从而显示其降血脂和抗脂质过氧化作用。姜黄素可提高 APOA 活性，消融分解血液中多余的脂肪，加速黏附在血管内壁上的胆固醇代谢，加速杂质消除，改善血脂代谢异常，避免血脂对内脏器官损伤。姜黄素能抑制脂肪酸的合成，促进胆囊对胆固醇的排泄，能保护和增强肝细胞活性，促进肝脏新陈代谢，维持其正常代谢脂肪能力和其他各项功能。

（二）红曲色素

1. 抑菌作用

关于红曲具有抑菌性在古代书籍中已有记载，红曲对枯草芽孢杆菌和金黄葡萄球菌有抑制作用，对黑曲霉、黄曲霉、青霉没有抑制作用，而对大肠杆菌具有抑制作用的报道结果不一。为了探寻红曲中的抑菌物及其抑菌功能，对抑菌物质进行更深一步的研究，专家学者们对 MP 进行了大量抑菌试验及其各组分的抑菌性分析。实验选用金黄色葡萄球菌、大肠杆菌、李斯特菌、沙门菌和志贺菌等几种食品中常见的致病菌为研究对象，系统分析了各 MP 组分对其的抑菌性，发现红曲橙色素组分对革兰阳性菌（如李斯特菌、金黄色葡萄球菌）均具有很好的抑菌效果，并且浓度范围在 20~100μg/mL 内，随着浓度的增加抑制作用增强；对革兰阴性菌（如志贺菌、大肠杆菌和沙门菌）也均具有一定的抑制作用[31]，红曲黄色素组分对病原菌没有抑制作用。Kim 等[32]发现 KCCM 10093 产生的红曲红色素对革兰阳性菌、革兰阴性菌和丝状真菌具有抑菌作用，其最低抑菌浓度为 4~16mg/mL。此外，革兰阳性菌比革兰阴性菌更容易受到抑制，乳杆菌的耐药性可以忽略不计。同时，与氨基酸衍生物一起培养的这些色素衍生物在小鼠实验中显示出显著的抗菌活性，这影响了细胞的形态和生长，因为细胞聚集抑制了氧转移和营养。El-Sayed 等[33]成功地从红曲霉 ATCC16436 合成了铁酸钴纳米粒子，并对三种植物病原真菌（*Aspergillus Niger*、*Alternaria salami* 和 *Fusarium oxysporum*）和白念珠菌进行了抗真菌药敏实验。结果表明，所合成的纳米粒子具有较强的抗菌活性，对所有受试细菌的生长均有抑制作用，其最小抑菌浓度为 250~500μg/mL；进一步的实验表明，所合成的纳米粒子对所有受试植物和人体内的病原菌都具有良好的抑菌活性。

2. 抗炎作用

炎症是身体对强刺激的一种保护性反应，它可以导致许多疾病[34]。大多数抗炎药都有副作用或安全问题。因此，具有抗炎功能的天然食品作为防治慢性炎症的替代策略备受关注。曲红色素可在 TNF-α 和 IL-6 诱导的炎症表现出强大的抑制作用。据研究，红曲红可降低 TNF-α 诱导的内皮黏附性。红曲红在蛋白质和 mRNA 水平显著退化 TNF-α 和 IL-6（炎症相关细胞因子），它还可能结合过氧化物酶体增殖物激活受体 -γ（PPAR-γ），从而调节抗炎基因的表达。有研究报道，*M.* BCRC38110 菌株发酵的红曲霉大米用 95% 乙醇提取，鉴定出 3 个具有中等抗炎活性的新化合物。Choe 等[35]通过研究红曲蛋白对 IL-1 诱导的小鼠软骨细胞的保护作用和内侧半月板小鼠骨关节炎模型的手术失稳，红曲蛋白（纯度≥ 97%）可能成为治疗骨关节炎的一种新方法[36]。因此，红曲霉素可能是潜在的抗炎剂，并有助于降低与炎症相关的血管疾病的风险。

3. 抗糖尿病作用

MP 可通过稳定 PPAR-γ 结构，阻止其磷酸化，抑制 c-Jun *N*- 端激酶（JNK）活化，从而通过丝氨酸 / 苏氨酸蛋白激酶（AKt）途径提高胰岛素敏感性。红曲苏色还通过调节胰岛素信号通路，通过降低高血糖、提高抗氧化能力、保护组织，以及抵抗秀丽隐管线虫的热耐受性和氧化应激，赋予糖尿病大鼠若干治疗导向的特性。这些研究结果表明，红曲红对糖尿病和糖尿病相关的氧化应激并发症具有治疗潜力。

4. 抗肥胖作用

据报道，红曲的降脂机制主要是通过升高 HDL-C 或降低 LDL-C 水平来降血脂和预防动脉粥样硬化，表现为抑制脂肪酶、脂肪细胞增殖、脂肪生成等活性而达到潜在的抗肥胖特性。研究表明，高脂饮食 8 周后，发现 monascin 和 ankaflavin（99.9% 纯度）可通过抑制 LDL-C 的聚集和刺激肝脏载体 A1 的表达来调节血脂。monascin 和 ankaflavin 显著降低了 TC 水平 16.0%（$P<0.05$）和 21.9%（$P<0.05$）。其机制可能是 monascin 和 ankaflavin 抑制 / 增强 CCAAT 增强子结合蛋白的表达，并通过增加脂肪酶活性和降低肝素释放的脂蛋白脂肪酶活性来抑制脂肪生成[37]。宋等人[38]用红曲霉食醋治疗高脂血症大鼠，这表明食醋通过调节过氧化体增殖物激活的 α（PPAR-α）、核因子 -E2 相关因子 2（Nrf2）和 NF-κB 介导的信号和调节高脂血症大鼠的肠道微生物群组成来改善高脂血症大鼠的高脂血症。

第三节 酮类衍生物天然色素的提取与纯化

一、姜黄素的提取与纯化

1. 传统提取方法

（1）有机溶剂提取　有机溶剂提取法是利用样品中各组分在不同溶剂中具有不同的溶解度，使其完全或部分分离的方法。索氏提取法、回流提取法等常应用于姜黄素提取的有机溶剂提取。Yan Pan 等[39]优化出最佳工艺条件为乙醇浓度 80%、温度 70℃、时间 3h、液料比 20mL/g。实验得出，姜黄素的最高得率为 56.812mg/g。周美等[40]采用正交试验对姜黄中姜黄素的醇提取工艺进行优化，结果表明：在最佳工艺参数为乙醇浓度 60%、乙醇用量 20 倍、回流时间 2h、提取温度 90℃，在此条件下姜黄素类化合物提取率 3.56%。有机溶剂提取法因提取设备简单，操作容易，是应用最广泛的提取方法，但因姜黄素热稳定性差，此法提取过程中常需加热，会致使姜黄素遭到一定的破坏。而采用超声法或微波法等进行协同辅助进行提取，既可降低温度对姜黄素的破坏又可提高提取率。

（2）酶辅助提取　酶法被认为是提取香料和色素最有效的方法之一，其主要是利用酶作用细胞壁，水解细胞壁组分，增加细胞壁的渗透性，从而让提取物的产率升高。如宁娜等[41]优选出姜黄素的最佳酶解辅助提取工艺为：酶用量 9.8mg/g，酶解时间 75min，酶解 pH=4.7，酶解温度 43℃。此条件下提取可得到姜黄素得率为 21.96mg/g。宁娜也研究了用微波辅助酶法提取，本方法通过离子液体提高酶的活性，缩短酶解时间，减少有机溶剂的用量，从而提高姜黄素类化合物得率。此工艺具有提取效率高、提取时间短、有机溶剂消耗量少等优点，但酶的适宜环境难以准确调控，操作不当易失活，从而影响提取效率。

2. 创新提取方法

低共熔溶剂（DESs）提取：低共熔溶剂（DESs）是通过两种或多种化合物形成熔点低于各个组分的混合物，包括季铵盐作为氢键受体与氢键供体如胺、酸或醇以特定的摩尔比通过氢键相互作用形成低共熔混合物。其中由天然产物如糖、糖醇、有机酸、氨基酸等形成的低共熔溶剂、称为天然低共熔溶剂（NADES）[42]。如 Verena Huber 等[43]以乙醇和三乙酸乙酯组成的无水三元溶剂混合物对姜黄素进行提取，在此三元体系的单相区域进行提取实验，试验得出总姜黄素的得率约为 84%。Nhan Trong Le 等[44]采用深度共晶溶剂和表面活性剂溶剂从姜黄渣中提取姜黄素，姜黄素的提取量为 54.2mg/g。NADESs 除了具有 DESs 价格低廉、不易挥发、可生物降解、低毒或无毒，良好的生物相容性，制作方法简单等优点，还表现出从植物中溶解和提取多种化合物的巨大潜力。

3. 纯化

姜黄素的纯化方法主要分为大孔树脂法、硅胶柱层析法、冷却结晶法和色谱法，它们的优缺点如表 5-3 所示。

表 5-3　姜黄素纯化方法

纯化方法	优点	缺点
大孔树脂吸附法	可适用多种化合物、再生容易、化学稳定性高、对有机物的选择性良好	价格高、有机物残留高、预处理难度高
硅胶柱层析法	工艺较为简单、操作方便、提取效率高	极性较弱的不易被吸附、洗脱过程烦琐耗时
冷却结晶法	简易、纯度高、工艺条件要求低	耗时长、能耗高
色谱法	可同时分离多种、效果好、灵敏度高	不易大量分离

（1）大孔树脂法　陈敦国等[45]比较了DM 301（苯乙烯型弱极性）、D101A（苯乙烯型非极性）、DS 401（苯乙烯型中极性）和DA 201（苯乙烯型极性）等四种大孔树脂对姜黄素的吸附、解吸性能得出DM 301对姜黄素的吸附和解吸性能优于其他三种大孔树脂。姜黄素极性较弱，因此可以选用非极性或者弱极性大孔树脂进行纯化，提高纯化效率。大孔树脂具有选择性好、吸附快且易解吸、吸附容量大、样品损失小、抗污染性强等优点。

（2）硅胶柱层析法　硅胶柱层析是根据混合物质中的不同物质的极性不同而导致保留时间存在差异，从而进行不同物质分离的一种纯化方法。秦晓燕等[46]以氯仿-甲醇溶剂系统进行梯度洗脱的柱层析法分离总姜黄素中的三种单体，结果测得姜黄素、去甲氧基姜黄素、双去甲氧基姜黄素的纯度分别为99.47%、99.64%、98.64%。方颖等[47]将经过大孔树脂纯化后的姜黄素提取液通过硅胶柱层析进行分离。利用硅胶层析柱进一步分离姜黄素3种单体成分，其中姜黄素质量百分比达64.2%。柱层析分离使用了大量的溶剂，溶剂中的杂质也会累积到产品中，所以进行重结晶不仅可以纯化产品，还可消除这部分杂质。

（3）冷却结晶法　冷却结晶，是溶液在冷却后的过饱和和结晶沉淀的固体溶解在热溶剂中达到饱和。由于溶解度的不同，纯化后的物质沉淀出溶液，而大部分杂质仍留在溶液中研究人员分别以丙酮、乙腈、丙酮/2-丙醇、丙酮/乙腈为溶剂或混合溶剂，推导出种子冷却结晶程序。从初始姜黄素含量为67%~75%的姜黄素混合物进一步结晶，经过单一结晶步骤后获得了最高纯度为99.4%的姜黄素。结果表明，在冷却结晶过程结束时，添加水、2-丙醇和乙腈作为反溶剂可显著提高总收率[48]。Jia De Tseng等[49]采用乙酸乙酯/异丙醇两种共沸物进行冷却结晶纯化姜黄素，其在纯度和溶剂容量方面均优于目前使用的任何单一溶剂体系，单步冷却结晶的最佳纯度为94.0%，溶剂容量为16.0mg/mL，收率为29.0%。在大规模姜黄素的纯化中也得到了类似的结果，其纯度可达94.9%。有研究在姜黄素一次结晶的纯度达到93.5%。经过三次结晶纯度可以达到99.8%[50]。通过连续冷却结晶对粗姜黄素进行纯化的实验验证了能制备高纯度的姜黄素。

（4）色谱法　色谱法因分析速度快、分离效率高、适用范围广等优点而广泛应用。Pan等[39]采用高效逆流色谱法从粗提物中分离纯化姜黄素，溶剂体系为正已烷-乙酸乙酯-甲醇-水（2∶3∶3∶1，体积比）。经高效液相色谱测定其纯度从68.56%上升至98.26%。纯化后的姜黄素能够保持姜黄素的生物活性。色谱法分离制备姜黄素，操作简便，成本低，容易实现大量生产。

二、红曲色素的提取与纯化

红曲色素提取的过程中常附带一些易溶于有机溶剂的杂质，作为食品色素使用过程中世界各国对其中的杂质要求严格，而大孔树脂作为一种常用的纯化方法被用于红曲色素纯化。如Chen等[51]利用CAD-40树脂分离MPs，经乙醇洗脱后，成功分离纯化了黄色基团和橙色基团，其含量从粗提物的 49.3% 和 44.2% 分别提高到最终产物的 85.2% 和 83.0%。大孔树脂具有选择性好，吸附快且易解吸，吸附容量大，样品损失小，抗污染性强等优点。

第四节 酮类衍生物天然色素的氧化降解与稳定化

一、酮类衍生物天然色素在加工过程中的变化

（一）姜黄素在加工过程中的变化

姜黄素在生物学上重要的化学反应如下：供氢导致氧化、可逆和不可逆的亲核加成（迈克尔加成反应）、水解、降解和酶促反应。

1. 姜黄素的碱性降解和自氧化反应

姜黄素容易氧化分解，在 37℃、pH=7.2 的条件下，30min 内 90% 姜黄素会降解，生成香兰素、阿魏酸和阿魏酰甲烷等降解化合物（图 5-4）。降解产物相对姜黄素有更好的水溶性。例如，从 log*P*（油水分配系数，有时候也被称作疏水常数，log*P* 越大，说明该物质越亲油）上看，阿魏酸的 log*P*（1.42）和香兰素的 log*P*（1.09）低于姜黄素酮形式的 log*P*（2.56）和烯醇形式的 log*P*（2.17）。姜黄素在碱性 pH（7.5~9）下不稳定，其在 pH 为 8 时最不稳定，但在酸性 pH 下其稳定性增加。在姜黄素分解过程中，姜黄素酚环之间的偶联双键体系被破坏，因此 430 nm 处的发色团会丢失[52]。

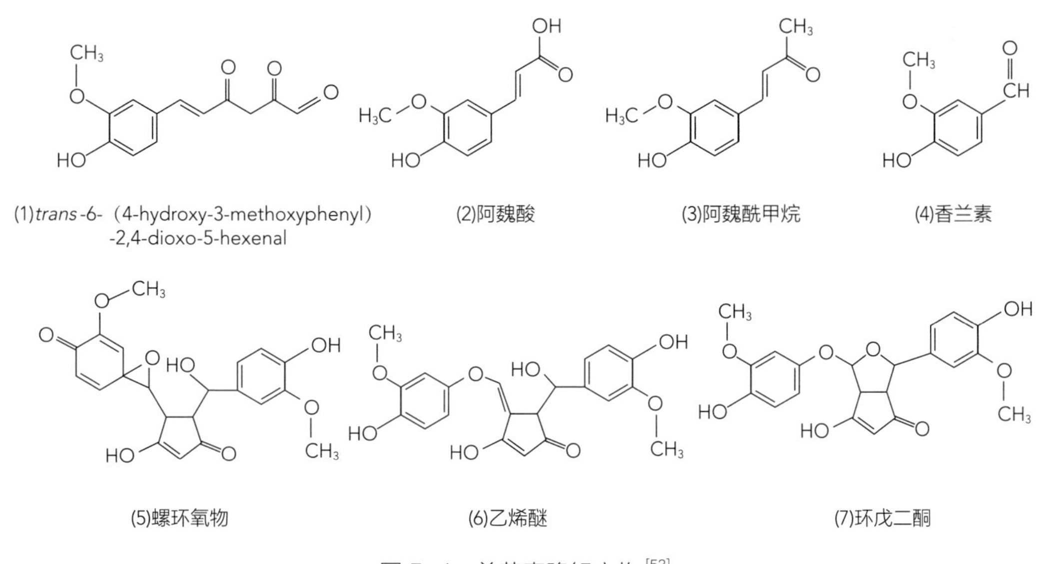

图 5-4 姜黄素降解产物[53]

2. 姜黄素的光降解

姜黄素在固体形态下或不同的有机溶剂中都会发生光降解，且其组成、降解动力学和降解产物的生成情况受物理状态和环境条件影响。例如，姜黄素晶体在阳光下进行 120h 的光化学降解，可得到香兰素（34%）、阿魏醛（0.5%）、阿魏酸（0.5%）、香草酸（0.5%）和三种未知化合物。当姜黄素溶解在溶剂中时，其光降解规律与溶剂和光的波长有关。将姜黄素溶解在异丙醇中，在 400~510nm 辐照 4h 后，观察到与光照射姜黄素晶体相似的产物，如香兰素、香草酸和阿魏酸以及醛 4- 乙烯基愈创木酚等。可见光比紫外线更容易引起姜黄素的降解，如溶解在甲醇中的姜黄素，经过 254nm 照射产生三种降解产物，而日光照射产生五种降解化学产物。

（二）红曲色素在加工过程中的变化

1. pH 对红曲色素稳定性的影响

红曲色素溶液的最适 pH 范围在 5.74~9.05。红曲色素溶液在 pH=5.74~9.05 范围内，色素保存率均＞ 99%，且没有明显差异（$P < 0.05$），对色素稳定性影响微弱。强酸和强碱环境都会对红曲红色素稳定性造成显著性影响（$P < 0.05$）。当 pH ＜ 5.74 时，随着 pH 的减小，色素保存率不断降低 [54]。当 pH 为 1.09 时，色素保存率降至 76.62%。当 pH ＞ 9.05 时，随着 pH 的增大，色素保存率开始迅速下降。当 pH 为 12.93 时，色素保存率仅为 65.30%。可见，相较强酸环境，红曲色素受强碱环境的影响更大。

2. 光照对红曲色素的影响

MP 在光照条件下降解是由光化学反应引起的。通过对核磁图谱的分析，并结合光化学原理推测，色素经照射后，它的脂肪族侧链和氨基酸侧链发生断裂形成了两个自由基，苯环上自由基引起羰基电子重新分布，形成双键和羟基。同时，水溶液在光的照射下产生大量的超氧阴离子、质子、羟自由基等，这些自由基与双键上激发态电子发生变化，使双键断开，苯环中共轭体系被打破，发色团结构发生变化，最后，含双键苯环侧链在羟基和质子作用下发生加成反应，颜色消失。

3. 温度对红曲色素稳定性的影响

温度≤ 60℃时，温度对红曲色素稳定性的影响很小，经过 2h 的水浴，色素保存率均＞ 90%。当温度≥ 70℃时，随着温度的升高，红曲色素保存率下降的速率逐渐加快。色素水溶液在 90℃环境下水浴 2h，色素保存率仅 71.4%，比在 60℃的水浴环境下降了 19.7%。将各组样品水浴 120min 后的色素保存率，进行方差分析。结果表明，水浴温度在 60~90℃内，各组之间的色素保存率有非常显著的差异（$P < 0.01$）。可见，红曲色素适合在常温下保存，热加工工艺会对色素造成破坏。极端的热过程，如巴氏杀菌、杀菌和烘烤，可能会影响 MP 的稳定性，但红曲色素可以耐受巴氏杀菌的条件。然而，还需要进一步的研究来验证 MP 与食物成分的相互作用对其稳定性的影响。降解常数（Dc）是颜料在加工过程中表现不稳定性的重要因素。在加工条件下设计 MP 直流动力学模型是制备食品的必要条件。然而，关于反应动力学的信息相当有限，在热处理温度范围内对 MP

的降解动力学进行建模是必要的。

将红曲色素添加到米饭中对其稳定性进行研究，并取得了类似的结果。在大多数天然色素中，高温会导致色素的稳定性下降，但 pH 的变化可能包括对天然色素的各种影响。在 88℃时，0.55%（质量分数）MP 盐溶液的降解常数比 2% 的盐溶液更稳定，而在 60℃时，2%（质量分数）的 MP 盐溶液的 Dc 比 0.55%（质量分数）的盐溶液更稳定。此外，由玉米废弃物产生的红曲红色素在 0.5% 氯化钠溶液和 0.5%（质量分数）氯化铵介质中可以稳定。

二、酮类衍生物天然色素的稳定化手段

（一）姜黄素的稳定化手段

1. 脂质体包埋

用脂质体包埋姜黄素，产率好，且稳定，具有缓释性能。此外，与游离姜黄素相比，负载姜黄素的脂质体对结肠区吸收位点的中性和碱性 pH 水平表现出良好的稳定性[55]。采用脂质体包封可以获得 35~70nm 的纳米脂质体，具体直径大小取决于姜黄素的数量。采用脂质体包埋技术获得的最大包封率约为 98%。制备的体系非常稳定，在 4℃和 25℃下均有较低的聚集趋势。

2. 纳米乳液

由超声处理制备的中链甘油三酯、吐温 80 和卵磷脂组成的纳米乳液具有较高的姜黄素装载能力和包封率。使用壳聚糖作为包衣剂增加了包封的姜黄素对热降解和紫外线介导的降解的稳定性。油 - 乳化剂 - 水的比例会影响姜黄素负载纳米乳液产生的液滴的大小。在最佳条件下制备的姜黄素负载纳米乳在 4℃和 25℃下均具有 30d 的稳定性。

3. 微胶囊技术

由于姜黄色素是一种脂溶性的色素，为改善水溶性，常用微胶囊技术对其进行包埋。微胶囊制备的过程中，壁材的成分和组成对微胶囊产品的性质至关重要，而这也是获得高包埋率、性能优良的微胶囊产品的重要条件之一，常用的微胶囊壁材可分为碳水化合物、亲水性胶体及蛋白质三大类。以辛烯基琥珀酸淀粉钠和 β- 环糊精作为复合壁材，大豆分离蛋白作为乳化剂，对姜黄色素进行包埋，产品包埋率为 89.11%。

4. 采用纳米结构脂质载体作为传输系统

由于纳米结构脂质载体（NLC）的高负载能力、相容性和生物降解性，其作为食品来源营养品（如姜黄素、β- 胡萝卜素和鱼油）的传输系统，已经受到广泛的关注。NLC 由基质中的固体和液体脂质组成，并在室温和体温下结晶。由于负载的液体在 NLC 中的迁移率受到限制，所以，NLC 对核心材料的保护作用比乳液更显著[56]。NLC 通常仅由小分子表面活性剂（如磷脂、Tween 80、Poloxamer188）稳定，或者使用表面活性剂和生物聚合物的组合。NLC 基质中液体和固体脂肪酸在熔点和组装结构上的差异产生了变形晶格，从而留下了更多的空间来容纳生物活性化合物。

5. 喷雾干燥技术

喷雾干燥是最常用的微胶囊化技术，因为其低成本和成熟的技术和设备。姜黄素包裹在疏水改性淀粉胶束中，显示出更高的生物可及性[57]。姜黄素在喷雾干燥微胶囊储存过程中的降解有两种不同的机制：最初，降解与颗粒表面色素的丢失有关；4 周后，包封基质阻碍了姜黄素的降解，姜黄素含量几乎保持不变。对于干粒微胶囊，在整个存储时间内只检测到一个降解动力学。在喷雾干燥中，阿拉伯胶、麦芽糊精和改性淀粉的三元混合物对防止姜黄微胶囊中姜黄素的损失和颜色变化更有效，而在冷冻干燥中，纯阿拉伯胶的颜色变化最小。

（二）红曲色素稳定化手段

1. 双乳液稳定

在聚甘油 - 聚蓖麻油酸和大豆分离蛋白的存在下制备了 MP 双乳液，并对液滴尺寸、稳定性、微观结构和微流变学性能进行了表征。结果表明，液滴的大小和稳定性都高度依赖于所使用的聚甘油 - 聚蓖麻油酸（PGPR）和大豆分离蛋白（SPI）的浓度。较高的 PGPR 和 SPI 浓度产生更低的液滴尺寸，更高的稳定性和更多的固体行为[58]。结果表明，3.6%（质量分数）PGPR 和 3.0%（质量分数）SPI 是制备 MPs 双乳化液的乳化剂的最佳浓度。微观结构显示，随着 PGPR 和 SPI 含量的增加，聚集液滴消失，小液滴在乳液体系中呈均匀分布。PGPR 和 SPI 的加入增加了液滴之间的碰撞和相互作用，增强了 MP 双乳液的弹性特性。MP 双乳液对 10mmol/L 以上 Ca^{2+} 和冷冻处理均不稳定。然而，对于加热处理是稳定的，可能是由于加热导致了一个更结构化的网络。这有利于 MP 双乳液在食品中的广泛应用。

2. 形成红曲色素 - 酪蛋白酸钠复合物

蛋白质、多糖及其复合物等生物聚合物在稳定不同系统和食物色素方面广泛发挥了重要作用。因此，这些生物聚合物可以用于红曲色素的稳定。酪蛋白酸钠（SC）是一种富含酪蛋白的物质，已作为饮料和食品行业的稳定剂来使用。酪蛋白组分的主要成分是 αs1-、αs2-、β- 和 κ- 酪蛋白。一些研究已经应用 SC 增强不同色素的稳定性，如胭脂树橙、花青素和叶绿素。由于 SC 的亲水性和疏水性基团，在颜料中加入 SC 可以提高其在酸性条件下的溶解度。MP 和 SC 通过疏水相互作用、氢键和磷酸钙纳米团簇与酪蛋白侧链上磷酸化的丝氨酸残基结合在胶丝纳米结构中[59]。

已有研究表明，在 pH=3.0 条件下，MP 与 SC 通过共价和氢键相互作用，提高了 MP 的稳定性。MP-SC 的粒径小于 200 nm，表明 MP-SC 复合物与纳米颗粒的形成。MP-SC 配合物的结构更为稳定，配合物的分布更加清晰。结果还表明，MP 与 SC 之间发生了共价和氢键的相互作用。这些结果表明，MP-SC 复合物可以成功地应用于酸性食品的工业应用。

3. 与阿拉伯树胶结合增强水溶性

阿拉伯树胶（GA）是一种由阿拉伯半乳糖（80%~90%，质量分数）、糖蛋白

（2%~4%，质量分数）和阿拉伯半乳糖蛋白（10%~20%，质量分数）组成的多糖蛋白复合物，是食品工业中流行的乳化剂和食品成分载体。在水溶液中，GA 的糖蛋白成分形成金花状结构，蛋白质部分内部聚集，多糖链向外延伸到水相中。这种聚集的结构赋予了 GA 大分子两亲性，这有助于它的乳化和包封功能[60]。MP（0.2g/kg）分散在 pH 为 3.0~4.0 的去离子水中，形成了沉淀，但在 GA 存在（1g/kg）的溶液中依然保持稳定。酸性条件下，MP 水溶性的显著提高归因于 MPs-GA 配合物的形成，可以通过 MP 的荧光强度急剧增加表明。粒径、zeta 电位和透射电镜的结果进一步表明，MP 与 GA 的分子结合、静电斥力和 GA 的空间位阻是阻止 MP 在酸性溶液中聚集的因素。提出了 GA-MP 相互作用和复杂结构的机制模型。

第五节　酮类衍生物天然色素的消化、吸收和代谢

一、消化和吸收

（一）姜黄素

由于姜黄素的水溶性较差，不溶于水性胃肠液，因此要通过胃肠道被吸收，需要溶解在混合胶束中。当食物通过口腔、胃和小肠中的众多复杂过程消化时，食糜就可以在小肠腔中吸收。在小肠，游离脂肪酸和甘油单酯（来自食物的消化）与胆汁盐和磷脂（由胃肠道分泌）混合，形成混合胶束。然而，只有较小的胶束可以穿透黏液层［即覆盖胃肠道内壁的多孔水凝胶（孔径约为 400nm）］并到达上皮细胞的刷状边界[61]。如图 5-5 所示，在该部位，它们被分解并将包封的化合物释放到肠上皮细胞（小肠中吸收性和最丰富的细胞类型），而胆汁盐则留在肠腔中[62]。在肠细胞内，脂肪酸和甘油单酯在内质网中重新形成甘油三酯。甘油三酯、脂溶性维生素和载脂蛋白然后在高尔基体和乳糜微粒中结合（一种脂蛋白，其中心含有 TG、TC、磷脂和脂溶性化合物，表面含有磷脂和载脂蛋白）。乳糜微粒从肠细胞胞吐到固有层中，相邻血管内皮细胞之间的紧密连接抑制进入毛细血管[62]。相反，乳糜微粒优先进入乳腺（淋巴系统），增强了胶体物质的渗透性。但也需要注意的是，脂肪酸和甘油单酯进入肠细胞后，也有一部分可以扩散穿过肠细胞进入门静脉。

食物中的疏水性生物活性化合物也从靠近肠细胞的混合胶束中释放出来，其中大部分通过被动扩散吸收，这主要是因为它们在肠细胞膜磷脂双层非极性区域的相容性非常显著[63]。由于存在嵌入磷脂双层中的活性转运蛋白，其他疏水性生物活性化合物也可能会被吸收[63]。肠细胞对任何营养品（在这种情况下为姜黄素）的吸收取决于肠细胞膜表面的营养品浓度（由胃肠液中的营养品溶解度表示）及其分配系数（由营养功能食品的亲脂性表示）。因此，如果分配系数 / 亲脂性不足，某些在胃肠液中溶解度高的功能食品可能无法被有效吸收。

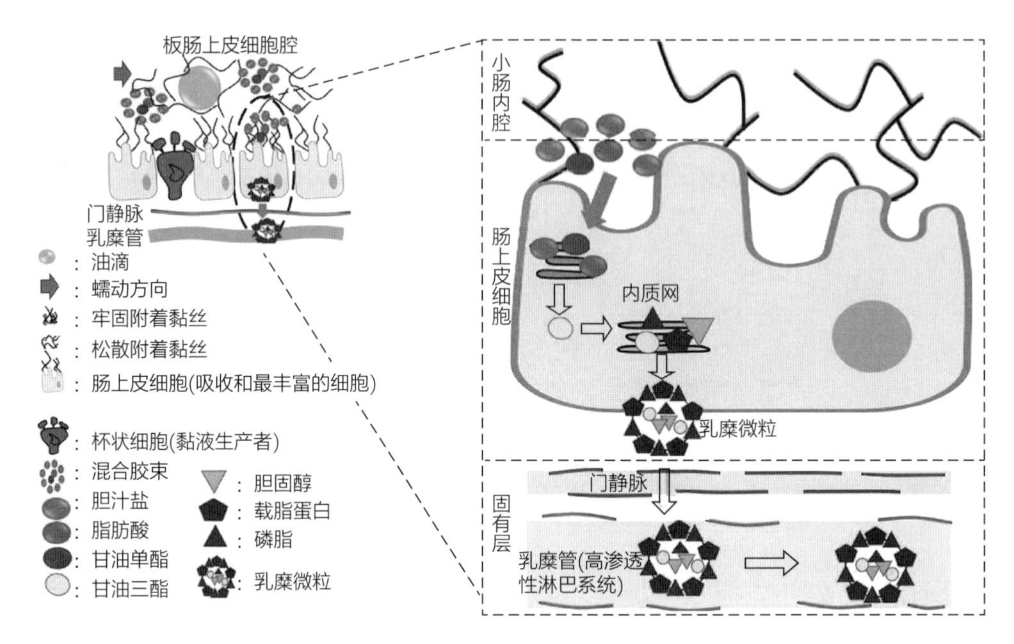

图 5-5　脂质通过肠细胞吸收的途径示意图

在被肠细胞吸收后，脂溶性生物活性成分更容易被包装成乳糜微粒，然后被吸收到淋巴系统中。极度疏水的生物活性化合物（Log$D_{7.4}$>5 和在长链甘油三酯中的溶解度 > 50mg/g）的情况类似，它们被包装成乳糜微粒，然后进入淋巴系统。这些营养品不会通过肝脏，因此通过避免首过代谢增加了它们的生物利用率。相反，大多数亲水性功能食品通过门静脉进入全身循环。因此，它们通过肝脏并通过首过代谢进行代谢和修饰。然而，对于中度亲脂性化合物姜黄素（图 5-6），Log$D_{7.4}$<5 更复杂。人们往往希望这些中等疏水性生物活性化合物被引导跨过门静脉，从而减少由于首过代谢导致大量姜黄素损失。将这些生物活性化合物溶于富含脂质的食品配方，可以直接进入淋巴系统[64]。因此，当游离脂肪酸和甘油单酯缺乏时，会显著减少穿透淋巴系统的姜黄素，然后降低其生物利用率。

过去有许多研究描述了姜黄素在啮齿类动物中的吸收、分布、代谢和排泄。总的来说，这些研究支持了姜黄素在生物体内经历快速而有效的代谢，严重限制了母体化合物的可用性这一观点。在一项对大鼠的早期研究中，给大鼠服用饮食剂量（1g/kg）导致在粪便中检测到约 75% 与姜黄素有关的物质，而在尿液中出现的数量可以忽略不计。以高剂量的姜黄素（2%，相当于约 1.2g/kg）喂养大鼠 14d，血浆中母体化合物水平较低，肝脏和结肠黏膜中的浓度在 0.1~1.8nmol/g[65]。口服姜黄素（2g/kg）与胡椒碱共作用于大鼠时，姜黄素的全身生物利用率可提高 154%[66]。可以猜测，膳食基质中的其他成分可能会改变姜黄素的生物利用率。

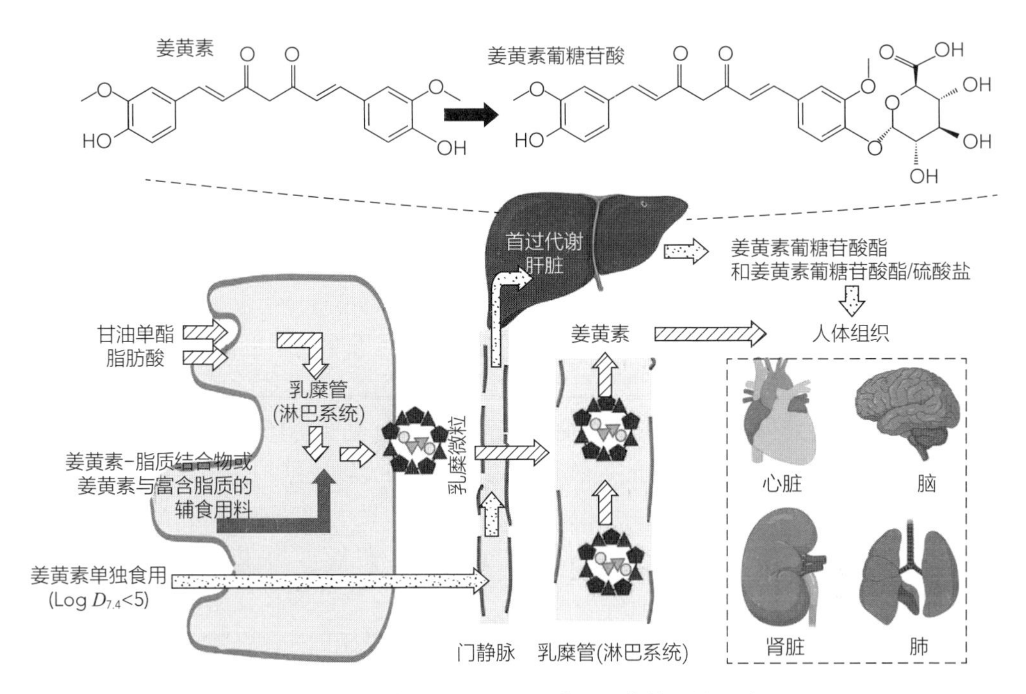

图 5-6 姜黄素通过门静脉和淋巴系统转运的示意图

⇨: 门静脉; ⇨: 淋巴系统。

注: 分别在没有和有辅料食物 / 姜黄素 - 脂质营养结合物的情况下口服摄入。

血清中姜黄素的峰值出现在口服后 1~2h，然后在 12h 内逐渐下降。服用 4、6、8g 姜黄素后的平均血清浓度分别为 0.51μmol/L、0.63μmol/L 和 1.77μmol/L，尿液中姜黄素的排泄量不明显。健康志愿者（*n*=24）被给予单剂量姜黄素标准化粉末提取物，剂量范围为 0.5~12g。姜黄素在剂量低于 8 g 的参与者的血清中未被检测到，10g 剂量组的血清水平约为 30（1h）、40（2h）和 50（4h）ng/mL，而 12g 剂量组的血清水平约为 30（1h）、60（2h）和 50（4h）ng/mL。患有直肠癌的患者（*n*=15）每天接受姜黄提取物长达 4 个月，剂量为 0.4~2.2g/d（含有 36~180mg 纯姜黄素），姜黄素仅在食用 29d 后的粪便中回收，浓度约为 64nmol/L 和 1054nmol/g，具体取决于剂量，而在血液或尿液中均未检测到姜黄素或其代谢物。另一项服用 0.45~3.6g 姜黄素治疗结直肠癌（*n*=15）的研究中，服用 4 个月后，姜黄素水平可测量。在 3.6g/d 的剂量组血浆样本中检测到姜黄素，平均值为 11.1nmol/L。此外，还发现了姜黄素的葡糖苷酸（15.8nmol/L）及其硫酸盐（8.9nmol/L）。每天摄入 3.6g 姜黄素的患者尿中姜黄素、硫酸姜黄素和姜黄素葡糖苷酸的含量分别在 0.1~1.3nmol/g、19~45nmol/g 和 210~510nmol/L[67]。

姜黄素虽然表现出较低的口服生物利用率，但由于其亲脂性，能够穿过血脑屏障到达大脑。应该注意的是，姜黄素只有在没有被葡萄糖醛酸化的情况下才能进入大脑。通过口服剂量给予 50mg/kg 姜黄素的小鼠在给药后 30、60、120min 时的脑浓度低于检测限。相比之下，通过腹腔注射100mg/kg姜黄素，在20~40min内浓度范围为4~5μg/g组织[68]。长期喂食（4个月，2.5~10mg/d）姜黄素的小鼠在口服给药后显示0.5μg/g组织，腹膜内和肌肉内给药达到更高浓度[69]。粗姜黄素的给药显示出从1~3200ng/mL的广泛血清浓度，这取决于剂量以及受试者的生理机能。在某些情况下，即使剂量为3.6g[70]，其浓度也低于仪器检测限（<1ng/mL）。

（二）红曲色素

MP已被广泛用于亚洲美食中的色素和调味剂，并且在中药中也作为一种天然药物，用于改善消化和血液循环。红曲发酵后可分离出辅酶Q10，它是细胞代谢及细胞呼吸的激活剂，能改善线粒体呼吸功能、促进氧化磷酸化反应。辅酶Q10本身又是细胞自身产生的天然氧化剂，能抑制线粒体的过氧化作用，有保护生物膜结构完整性的功能，对免疫有非特异性增强作用，能提高吞噬细胞的吞噬效率、改善T细胞功能。MP中的活性成分是莫纳可林，其结构与他汀类药物相似，并且对3-羟基-3-甲基戊二酸单酰辅酶A（HMG-CoA）还原酶具有抑制作用。与商业片剂相比，它被认为在红曲红中使用时具有更高的降脂活性，这种效果可能是由于洛伐他汀的生物利用率更高。除莫纳可林外，据报道红曲红还含有其他有助于其降血脂作用的活性植物化学物质。其中一些具有生物活性的植物化学物质包括不饱和脂肪酸、植物固醇、膳食纤维、类黄酮和烟酸[71]。服用2400mg/d时，LDL降低22%，TG降低12%，HDL变化不大。在最近一项对5000名患者超过4.5年的安慰剂对照中国研究中，MP可降低17.6%的低密度脂蛋白和增加4.2%的高密度脂蛋白。在接受治疗的患者中，心血管死亡率下降了30%（$P<0.005$），总死亡率下降了33%。

二、代谢

（一）姜黄素

姜黄素的药代动力学和生物利用率研究表明，其肠道吸收率低，可快速从体内清除。被吸收的姜黄素的一小部分通过还原反应迅速生物转化（四氢和六氢姜黄素衍生物），并在肠黏膜、肝脏和肾脏中与硫酸盐和葡糖苷酸结合。几项研究报道了姜黄素在啮齿动物代谢、吸收、生物分布和排泄[72]。总体研究结果表明，姜黄素在口服后吸收率低且清除速度快。大鼠静脉和腹腔注射姜黄素可导致胆汁中大量的姜黄素和代谢物[73]。代谢产物主要为四氢姜黄素和六氢姜黄素的葡萄糖醛酸苷（图5-7）。静脉给药后，超过50%的剂量在5h内被胆汁排出。这一发现被解释为支持姜黄素在肠道吸收和肠肝再循环过程中发生生物转化的证据[74]。最近，研究发现，小鼠腹腔注射姜黄素（0.1g/kg）可代谢为二氢姜黄素和四氢姜黄素，而二氢姜黄素和四氢姜黄素又可转化为单磺脲苷缀合物[75]。对口服姜黄素的大鼠血浆的HPLC分析显示，大量的姜黄素葡糖苷酸和硫酸姜黄素，少量的六氢姜黄素、六氢姜黄醇、六氢姜黄素葡糖苷酸和可以忽略的姜黄素。

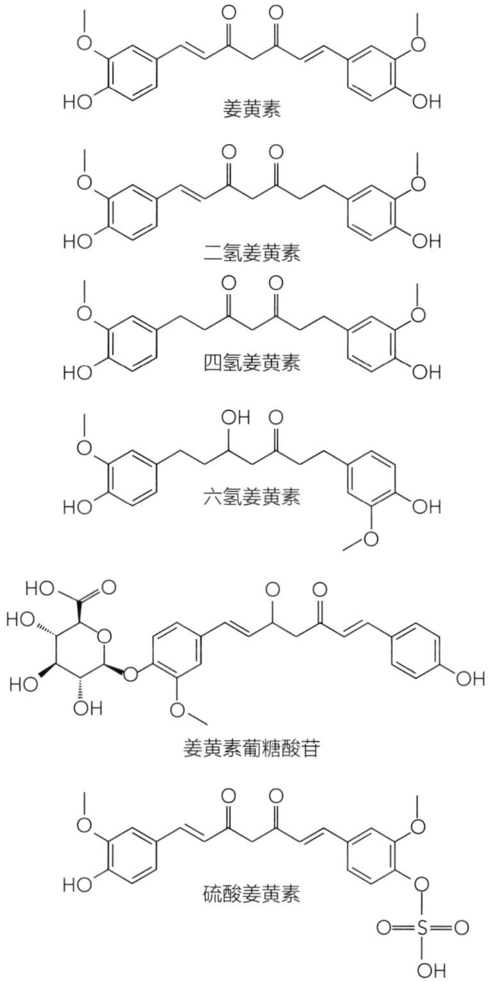

图 5-7 姜黄素及其主要代谢产物

在一项初步研究中，给大鼠服用 1g/kg 姜黄素，粪便中约 75% 的姜黄素排泄，而尿液中的姜黄素含量很少。据报道，大鼠口服姜黄素后的吸收率为 60%[76]。用 ^{3}H 放射性标记的姜黄素进行的放射性示踪研究证实，姜黄素在肠道吸收过程中发生了转化。健康志愿者空腹摄入 2g 纯姜黄素粉 1h 后，血浆中姜黄素含量低于 10 ng/mL。而姜黄素与 20mg 胡椒碱共食似乎使姜黄素的生物利用率提高了 2000%。癌症患者口服 0.5~8g/d 姜黄素，持续 3 个月血浆中姜黄素浓度在摄入后 12h 达到峰值，并在 12h 内逐渐下降[77]。当微细化形式的姜黄素与橙汁以 50~200mg 剂量给 18 名健康志愿者口服，血浆中没有发现姜黄素在或超过定量限度（约 0.63ng/mL）。口服 3.6g/d 姜黄素导致血浆中药物和葡糖苷酸 / 硫酸盐缀合物水平接近检测限度（5pmol/mL）。在 24h 收集的尿液中也检测到姜黄素及其偶联物。在摄入 3.6g 姜黄素的 6 名患者中，姜黄素、硫酸姜黄素、姜黄素葡萄糖醛酸尿水平变化分别在 0.1~1.3μmol/L、0.019~0.045μmol/L、0.21~0.51μmol/L。

12 例确诊为大肠癌的患者在术前 7d 内口服姜黄素 0.45g/d、1.8g/d 或 3.6g/d。在手术切除时，测定血液和结直肠组织中制剂来源的物种水平。每天摄入 3.6 g 姜黄素的患者正常和恶性结直肠组织中姜黄素的平均浓度分别为 12.7nmol/ 和 7.7nmol/g。在这些患者的肠道组织中也发现了硫酸姜黄素和姜黄素葡萄糖醛酸酯，外周血标本中也检测到微量的姜黄素。这些初步的人类研究结果表明，每天 3.6 g 姜黄素在结肠组织中达到可测量的水平，而母体药物在肠道外的分布可以忽略不计。12 例结直肠癌肝转移患者在肝手术前 7d 每天口服姜黄素（0~3.6g），在最后一次服用姜黄素的 6~7h 后，切除的肝组织中未发现姜黄素，但检测到其代谢减少的微量产物 [78]。在最后一次给药后 1h 的血液样本中发现了低物质的量（nmol）范围内的姜黄素和葡萄糖醛酸以及硫酸盐缀合物。这项初步研究的结果表明，口服姜黄素产生足以发挥药理活性的肝脏水平所需要的剂量在人类中可能是不可行的。总结使用姜黄素进行的试点和一期临床研究的数据，口服给药后较低的全身生物利用率似乎与早期临床前模型的研究结果一致。姜黄素一定程度的肠道代谢，特别是葡萄糖醛酸化和硫酸化，可能解释其通过口服途径给药时较差的全身可用性。口服 3.6g/d 姜黄素可在结直肠组织中检测到较低水平，这可能足以发挥药理活性，而母药在肝组织或胃肠道以外的其他组织中的分布可以忽略不计。

低姜黄素口服生物利用率也可能是由于快速的姜黄素代谢和从胃肠道排泄。近年来已经进行了各种关于姜黄素代谢和排泄的研究。当大鼠以 1g/kg 的剂量口服姜黄素时，尿液中检测到的姜黄素量有限。以 0.6mg/ 只大鼠的剂量口服 [^{3}H] 姜黄素后，89% 的 [^{3}H] 姜黄素从粪便中排出，而在尿中检测到 6%。较差的口服生物利用率是由于肠壁和肝脏中的快速代谢。多项研究表明，肝脏和肠道是代谢姜黄素的主要器官。当姜黄素以 0.1g/kg 的剂量在小鼠中口服给药时，游离姜黄素的血浆峰浓度仅为 2.25μg/mL。当姜黄素以 500mg/kg 的剂量口服给药时，游离姜黄素的血浆浓度仅为 1.8ng/mL。姜黄素在大鼠血浆中代谢为姜黄素硫酸盐和姜黄素葡糖苷酸，并且还检测到微量的六氢姜黄素和六氢姜黄素葡糖苷酸。先前的人体研究表明，当姜黄素以每天 3.6g 的剂量口服给药 4 个月时，血浆中可以检测到非常低水平的硫酸盐和葡糖苷酸结合物（3~6ng/mL）。研究了口服 10、80、400mg [^{3}H] 姜黄素后，姜黄素的吸收、组织分布和代谢。在 400mg 的剂量下，即使在 12d 后，组织中仍可检测到 [^{3}H] 姜黄素，无论给定剂量如何，60%~66% 的姜黄素被吸收。

（二）红曲色素

丝状真菌被称为次生代谢物的多产生产者，是发现小分子药物（如青霉素、洛伐他汀、环孢菌素等）以及食品着色剂添加剂的重要资源。一个著名的例子是红曲菌生产红曲米（一种中国传统的食用色素和药物）。1884 年，红曲菌首次在红曲米中筛选并鉴定。此后，现代微生物学和生物技术被引入到传统的食用丝状菌中。红曲霉的许多次生代谢物物种被分离和鉴定，如莫纳可林 K、橘青霉和 MP。同时，也认识到次生代谢物的正负生物活性。MP 具有经典氮杂苯酮结构，是红曲发酵的关键颜色成分。它们是通过氮杂苯醌与 β- 酮酸的酯化反应产生的化学物质。β- 酮酸的生物合成由脂肪酸合酶（FAS）催化，而氮杂萘酮由聚酮合酶（PKS）催化。聚酮化合物和脂肪酸都通过活化的酰基起始单元与丙二酰辅酶 A 衍生的扩展单元的迭代脱羧克莱森硫酯缩合来构建。不同之处在于，FAS 通常在每次延伸后催化一个完整的还原链，而 PKS 催化一个可选的还原循环，在下一轮延伸之前可以部分或全部省略。在浸没培养过程中用 ^{13}C 标记的乙酸盐喂养后的核磁共振分析用于研究 MP 的生物合成途径。结果表明，脂肪酸生物合成和聚酮化合物生物合成共享醋酸盐和丙酸盐作为最简单的生物合成构件。此外，还证实四酮化合物是 MP 在生物合成途径中的前体。近年来，随着现代分子生物学的进步，MP 的生物合成途径越来越清晰。

第六节 酮类衍生物天然色素在食品和功能食品中的应用

一、作为食品着色剂

（一）姜黄素

姜黄素具有独特的共轭结构，包括通过烯醇二烯 -3, 5- 二酮的烯醇形式连接的两个甲基化酚，这种结构使化合物呈亮黄色。一直以来，姜黄素既可作为药物，又可作为着色剂、调味品、香料及防腐剂。其染色能力大于其他天然色素和合成柠檬黄等，尤其是对蛋白质等有很强的染色能力。pH 对姜黄素溶液的颜色随 pH 的变化而发生明显变化，pH<2 时姜黄素溶液中有沉淀产生；pH 在 2~7 之间时为酸性溶液，且为亮黄色；pH>7 时溶液逐渐变为红色，这使其成为现代化学中酸碱指示剂之一[79]。姜黄素具有非常好的抗氧化活性，防止富脂或油脂类食品氧化酸败，是性质优良的防腐剂[80]。

姜黄素是《食品安全国家标准　食品添加剂使用标准》（GB 2760—2014）中规定使用的天然色素，其广泛应用于食品工业。姜黄素作为复合调味品，是咖喱食品中不可缺少的色素，其在膨化食品、调味料、米面制品和饮料中应用广泛。姜黄是香料混合物的成分，通常由辣椒粉、生姜、豆蔻、姜黄、丁香、香菜、胡椒、孜然和肉桂组成。姜黄也是化妆品、纺织和食品工业中广泛使用的天然色素。2009 年，在印度分析了大约 100 个现成包装和 600 个姜黄样品的姜黄素含量。包装样品的姜黄素含量在 2.2%~3.7%。在 18 个样本中，姜黄素含量≥ 3%。在姜黄素强化剂中发现姜黄素水平显著降低。由于姜黄素中发色团，姜黄通常用作芥末、糕点、乳制品和罐头鱼的食用色素，可以作为更昂贵的藏红花的替代品。浓郁的黄色确实与藏红花相似，但姜黄具有不同的、有点酸的苦味和芳香、辛辣的香味。因此，姜黄不用于调味甜点和蛋糕，而是用于米饭，肉类和鱼类菜肴。姜黄粉具有迄今为止最高的姜黄素（姜黄素、双脱甲氧基姜黄素和脱甲氧基姜黄素）含量。

姜黄素在食品工业方面，长期作为一种常用的天然色素，还具有防腐作用，已广泛应用于果酒、糖果、面食、饮料和罐头。也常作为复合调味品应用于鸡精等复合调味品、方便面食品调味料以及膨化的调味料，在中东烤肉卷、芥菜酱以及印度咖喱食品中也常被添加。王晓芙[81]采用不同浓度的姜黄素在离体和活体条件下培养拟茎点霉菌和灰霉菌，然后接种到猕猴桃上，研究结果表明姜黄素能显著抑制真菌孢子的萌发和菌丝生长，猕猴桃病斑的直径显著减小。为了增强姜黄素在食品中的保鲜效果，国内外学者进行了大量研究，研究表明含有姜黄素的微胶囊、静电纺丝、纳米络合和胶体等物质可以保持其抗菌和抗氧化性能，延长食品保质期。

（二）红曲色素

红曲色素溶于乙醇中，会出现泡沫，而溶于水中则不会出现泡沫，这是因为在色素中含有氨基酸类或蛋白质类物质。水溶性色素的溶解度与其溶液的 pH 有关，易溶于中性或碱性溶液中，当溶液的 pH<4.0 或者浓度 >5% 的盐溶液中，其溶解度逐渐降低。红曲色素相比其他天然色素对 pH 的变化不明显，在 pH=11 的乙醇溶液中仍然可以保持其原有的色调。红曲色素具有很好的耐热性，120℃加热 1.5h，色素只有 15% 被破坏；100℃加热 3h，其颜色保存率仍然不变。随温度的降低，MP 耐热时间逐渐延长。红曲色素在自然光下放置 80d，色泽损失 30% 左右，而在强直射光下照射 5h 色泽降低 50% 左右，可见强光对红曲色素的影响比较大，因此保存时应该避免红曲色素受到强光的照射。红曲色素几乎不受食品中 Mg^{2+}、Ca^{2+}、Cu^{2+} 等常见金属阳离子的影响，其色素的保存率在 97% 以上。同时不受氧化还原类物质如 0.1% 的抗坏血酸、Na_2SO_3、H_2O_2 等的影响。红曲色素经过临床病理学实验，证实了其没有毒害和诱发病变的作用，而且不含有黄曲霉毒素，安全性极高，因此可以广泛地应用于食品、医药和化妆品等领域。

红曲色素作为一种色调自然、鲜亮、安全、稳定，且具有一定医疗保健功效的着色剂，此外其 pH 使用范围较广，并且使用方便，被广泛地应用于肉类食品、糕点糖果、医药、水产海鲜、酒水饮料、调味品和化妆品等行业的着色，此外还兼有保健功能，是人工合成色素的理想替代品。红曲色素在食品中有许多用途，作为添加剂、防腐剂、抗氧化剂和增色剂作为肉类食品中亚硝酸盐的替代品。红曲代谢物具有抗氧化活性，这种抗氧化特性与其色素强度有关[82]。由于红曲产品的水溶性和细胞外性质，其广泛地被使用于肉类、鱼类和番茄酱着色中，它易于使用，红曲红色颜料再次用于肉制品中以取代亚硝酸盐。

红曲色素的抑菌效果和着色性能是人工合成色素所无法比拟的，因此可以作为肉制品中着色剂亚硝酸盐类的替代品，已经被广泛地应用到肉制品的生产加工中。红曲色素的耐热性使得其在生产温度为 130℃时仍然可以保持其原有的色泽。除了红曲色素作为肉制品中亚硝盐替代品并赋予鲜艳的色泽，还能够减少亚硝酸盐用量，替代量最高可达到 60%，从而增加了食用的安全性，符合绿色消费理念。红曲色素的用量比较少，将

0.02% 的 10^4U/g 的红曲色素添加到 100g 的肉制品中，足以达到比较理想的色泽，相比其他的人工色素如苋菜红则没有任何危害。肉制品生产中，红曲色素和红曲米粉都能够达到理想的着色效果。但是红曲米粉单位色价低、水溶性差；而红曲色素单位色价较高、水溶性好、成分单一、便于使用，在使用的过程中比红曲米粉更稳定并且还具有一定的防腐功能，可以代替一部分淀粉，从而降低了亚硝酸盐的用量，使产品更安全，经济效益更好。红曲色素完全可以满足产品的质量要求，此外红曲色素产品的耐光、耐热等特性都优于红曲米粉的产品。

红曲色素在面制品生产中应用比较广泛，如生产红曲饼干、红曲面包、红曲糕点、红曲面条等。在面制品的生产中，红曲色素水溶液的添加量对红曲面制品的香味及口感没有很大影响，只是随红曲色素添加量的增加颜色逐渐加深。相对于应用红曲米粉，红曲制品各个方面都有较大的改观，特别是在香味方面，更加清新诱人，增加人们的食欲。腌制蔬菜的传统工艺是在腌制的过程中添加酱油为着色剂，使食物的色泽更加诱人，味道更加可口。将红曲色素作为天然色素添加到腌制蔬菜中，通过物理吸附作用渗入到蔬菜的内部。蔬菜在腌制加工的过程中，细胞死亡，细胞膜成为全透性膜，从而吸附红曲色素而改变原有的颜色。红曲色素因其单一的色素成分，作为调色剂还被广泛地用于饮料、医药及化妆品中。如口红、红曲葡萄酒、红曲饮料。把它作为化妆品中护肤霜的色素进行试用，代替合成色素，色泽鲜亮，效果良好。

二、功能强化（功能食品）

（一）姜黄素

姜黄素最初主要用于谷类食品、干酪、泡菜、冰激凌和酸乳等食品着色。医学和营养学研究人员发现姜黄素也可以作为一种功能成分使用，它具有许多健康功效，如降血脂、抗肿瘤、抗炎、抗氧化和抑制老年痴呆症等。基于这些原因，姜黄素作为一种功能成分在功能食品和饮料中的应用引起了人们极大的兴趣。食品功能因子或药物递送系统的开发已成为功能食品、化妆品和医药行业的重要研究方向。玉米醇溶蛋白是玉米中的主要贮藏蛋白质，占总蛋白质含量的 45%~50%，它具有较高比例的疏水基团，不溶于水，但溶于浓乙醇溶液（60%~95%）。研究表明，将姜黄素包封于玉米醇溶蛋白纳米颗粒中可提高其储存稳定性。近年来，植物化学和药理学研究发现，姜黄素具有抗肿瘤和抗血管生成等作用，再加上姜黄素分子质量小、无毒等特点，因此被认为是理想的抗癌化学治疗药物之一。

（二）红曲色素

MP 含有许多药物化合物，其中一些是抗癌、抗炎、抗生素和抗糖尿病等药物。Dimitroulakas 等 [83] 指出红曲色素具有抗癌活性，因此新发现的洛伐他汀和其他他汀类药物可用于治疗或预防癌症。红曲黄素通过细胞凋亡相关机制对癌细胞系表现出选择性细胞毒性，并且对正常成纤维细胞的毒性相对较低。然而，结构类似物 MP 对所有测试的细胞系都没有表现出细胞毒性。MP 再次被证明具有抗生素特性；目前的分析表明，红曲色素具有抗菌活性，抗疟和抗真菌。在 MP 的三种主要颜色（红色、黄色和橙色）中发现橙色限制了枯草芽孢杆菌和假热带念珠菌的生长，橙色色素再次具有对抗免疫抑制、胚胎毒性和致畸的能力，因此具有对抗细菌、酵母和丝状真菌的抗生素特性。MP 也被证明可以预防和治疗各种心血管疾病，因为血液中的 TC 水平降低[84]。红曲代谢物降低了一组 2 型糖尿病的胰岛素和血液水平。几项研究表明，红曲米提取物可降低胰岛素，降低 2 型糖尿病患者的血糖水平。MP 被认为具有多种药物和生物能力的基本成分，如植物固醇、吡咯烷化合物、多不饱和脂肪和类黄酮。这些具有降低血糖和三酰基甘油的能力，同时增加 HDL-C 并再次用于治疗代谢综合征。

MP 还具有抗疲劳，降血脂、血压，抗炎症，抗突变，增强免疫力，抗抑郁症，预防动脉硬化等生理活性。疲劳、类风湿关节炎等疾病，大多是因为机体脂质过氧化反应引起的，众多资料表明，MP 具有很强的清除自由基的作用，黄谚谚等[85]用红曲的发酵液及菌丝体研究红曲对老鼠运动耐力的影响，发现两者均可以使老鼠的运动能力提高，增强耐力、抗疲劳效果显著。陈春艳[86]证明了红曲色素具有良好的抗疲劳活性。选用不同剂量的红曲色素饲养小鼠，测定实验小鼠的游泳致死时间、血清尿素氮含量和肝糖原含量与对照组比较表明，实验小鼠游泳时间明显延长、运动后的血清尿素氮含量降低、肝糖原含量升高。在红曲色素调节血脂的作用研究中也发现用 10、50、100mg/（kg·d）3 个剂量的红曲色素连续灌服实验小鼠 6 周，禁食 12h 后测定血脂水平和相关指标与高脂对照组比较，红曲色素各剂量组也可降低实验小鼠血清 TG、LDL-C、TC 及肝脏中 TG、MDA、TC 的含量，升高小鼠肝脏中 SOD 的活性和血清 HDL-C 含量。陈运中[87]在醇溶性红曲色素对实验小鼠脂质代谢调节及抗疲劳动物实验中验证了陈春艳观点，在实验中还发现，醇溶性红曲色素在高剂量［200mg/（kg·d）］抗疲劳效果最显著。王炎炎等[88]研究红曲对炎症的作用，发现红曲对角叉菜胶致小鼠腹腔内芽肿、巴豆油致小鼠耳肿胀均有显著的抑制作用。

参考文献

[1] 王征，雷天葵，汪荔，等.姜黄、郁金、莪术寒热药性与姜黄素含量关系研究 [J]. 中国药师，2017，20（7）：1173-1176.

[2] ANAND P，KUNNUMAKKARA A B，NEWMAN R A，et al. Bioavailability of curcumin：Problems and promises [J]. Molecular Pharmaceutics，2007，4（6）：807-818.

[3] MASEK A，CHRZESCIJANSKA E，ZABORSKI M. Characteristics of curcumin using cyclic voltammetry，UV–vis，fluorescence and thermogravimetric analysis [J]. Electrochimica Acta，2013，107：441-447.

[4] STELLA，GIROUSI，ZORKA，et al. Electrochemical investigation of some biological important compounds correlated to curcumin [J]. Asia Pacific Journal of Life Sciences，2012，6（2）：153-193.

[5] CHENG M-J，WU M-D，SU Y-S，et al. Secondary metabolites from the fungus *Monascus* kaoliang and inhibition of nitric oxide production in lipopolysaccharide-activated macrophages [J]. Phytochemistry Letters，2012，5（2）：262-266.

[6] YULIANA A，SINGGIH M，JULIANTI E，et al. Derivates of azaphilone *Monascus* pigments [J]. Biocatalysis and Agricultural Biotechnology，2017，9：183-194.

[7] FENG Y，SHAO Y，CHEN F. *Monascus* pigments [J]. Applied Microbiology and Biotechnology，2012，96（6）：1421-1440.

[8] CHEN X，YAN J，CHEN J，et al. Potato pomace：An efficient resource for *Monascus* pigments production through solid-state fermentation [J]. Journal of Bioscience and Bioengineering，2021，132（2）：167-173.

[9] ZHENG Y，XIN Y，GUO Y. Study on the fingerprint profile of *Monascus* products with HPLC–FD，PAD and MS [J]. Food Chemistry，2009，113（2）：705-711.

[10] LIN T F，YAKUSHIJIN K，BüCHI G H，et al. Formation of water-soluble *Monascus* red pigments by biological and semi-synthetic processes [J]. Journal of Industrial Microbiology，1992，9（3-4）：173-179.

[11] JEUN J，JUNG H，KIM J H，et al. Effect of the *Monascus* pigment threonine derivative on regulation of the cholesterol level in mice [J]. Food Chemistry，2008，107（3）：1078-1085.

[12] LIN T F，DEMAIN A L. Leucine interference in the production of water-soluble red *Monascus* pigments [J]. Archives of Microbiology，1994，162（1-2）：114-119.

[13] LI H，DU Z，ZHANG J. Study on the stability of *Monascus* pigment [J]. Food Science，2003，24（11）：60-62.

[14] 黄林，程新，魏赛金，等.红曲霉 JR 所产红曲色素的稳定性研究 [J]. 中国调味品，2011，36（2）：93-96.

[15] JUNG H，CHOE D，NAM K Y，et al. Degradation patterns and stability predictions of the original reds and amino acid derivatives of *Monascus* pigments [J]. European Food Research & Technology，2011，232（4）：621-629.

[16] SHEU F，WANG C L，SHYU Y T. Fermentation of *Monascus purpureus* on bacterial cellulose-nata and the color stability of *Monascus*-nata complex [J]. Journal of Food Science，2000，65（2）：342-345.

[17] ZHANG H，SHEN L，XU G，et al. Studies on the extraction and stability of *Monascus* orange pigment [J]. Food and Fermentation Industries，2005，31（12）：

129-133.
[18] FERYSIUK K，WOJCIAK K M. Reduction of nitrite in meat products through the application of various plant-based ingredients [J]. Antioxidants，2020，9（8）：711.
[19] HUANG L，ZENG X，SUN Z，et al. Production of a safe cured meat with low residual nitrite using nitrite substitutes [J]. Meat Science，2020，162：108027.
[20] BLANC P J，LORET M O，GOMA G. Production of citrinin by various species of *Monascus* [J]. Biotechnology Letters，1995，17（3）：291-294.
[21] SHEN W，YAN M，WU S，et al. Chitosan nanoparticles embedded with curcumin and its application in pork antioxidant edible coating [J]. International Journal of Biological Macromolecules，2022，204：410-418.
[22] 王威 . 常用天然色素抗氧活性的研究 . [J]. 食品科学，2003（6）：96-100.
[23] RAMSEWAK R S，DEWITT D L，NAIR M G. Cytotoxicity，antioxidant and anti-inflammatory activities of curcumins Ⅰ－Ⅲ from *Curcuma longa* [J]. Phytomedicine，2000，7（4）：303-308.
[24] PANDA A K，BASU B. Biomaterials-based bioengineering strategies for bioelectronic medicine [J]. Materials Science and Engineering：R：Reports，2021，146：100630.
[25] 窦晓兵，范春雷，洪行球，等 . 姜黄素对人淋巴细胞低密度脂蛋白受体表达影响的研究 [J]. 中国药学杂志，2005（13）：980-983.
[26] LI Y. Protective effects of curcumin on brain vascular dementia by chronic cerebral ischemia in rats and study of the molecular mechanism [J]. Alzheimer's & Dementia，2011，7（4，Supplement）：e47-e48.
[27] 屈炯，王斌，吴佳佳，等 . 红曲色素组分分离及其抗氧化活性研究 [J]. 现代食品科技，2008（6）：527-531.
[28] LI Y，ZHANG T. Targeting cancer stem cells by curcumin and clinical applications [J]. Cancer Letters，2014，346（2）：197-205.
[29] GARCIA E R，GUTIERREZ E A，SILVEIRA ALVES DE MELO F C，et al. Flavonoids effects on hepatocellular carcinoma in murine models：A systematic review [J]. Evidence-Based Complementary and Alternative Medicine，2018，2018：6328970.
[30] ZHENG Y，ZHANG Y，CHEN D，et al. *Monascus* pigment rubropunctatin：A potential dual agent for cancer chemotherapy and phototherapy [J]. Journal of Agricultural and Food Chemistry，2016，64（12）：2541-2548.
[31] 徐伟，范志诚，马思慧 . 柱层析分离红曲色素及其组分的抑菌性对比 [J]. 酿酒，2010，37（6）：49-52.
[32] KIM C，JUNG H，KIM Y O，et al. Antimicrobial activities of amino acid derivatives of *Monascus* pigments [J]. Fems Microbiology Letters，2006，264（1）：117-124.
[33] EL-SAYED E-S R，ABDELHAKIM H K，ZAKARIA Z. Extracellular biosynthesis of cobalt ferrite nanoparticles by *Monascus purpureus* and their antioxidant，anticancer and antimicrobial activities：Yield enhancement by gamma irradiation [J]. Materials Science and Engineering：C，2020，107：110318.
[34] JI R R，XU Z Z，GAO Y J. Emerging targets in neuroinflammation-driven chronic pain [J]. Nature Reviews Drug Discovery，2014，13（7）：533-548.
[35] WU H C，CHENG M J，WU M D，et al. Three new constituents from the fungus of *Monascus* purpureus and their anti-inflammatory activity [J]. Phytochemistry Letters，2019，31：242-248.

[36] ZHANG B B，XING H B，JIANG B J，et al. Using millet as substrate for efficient production of monacolin K by solid-state fermentation of *Monascus ruber* [J]. Journal of Bioscience and Bioengineering，2018，125（3）：333-338.

[37] LEE C L，WEN J Y，HSU Y W，et al. The blood lipid regulation of *Monascus*-produced monascin and ankaflavin via the suppression of low-density lipoprotein cholesterol assembly and stimulation of apolipoprotein A1 expression in the liver [J]. Journal of Microbiology Immunology and Infection，2018，51（1）：27-37.

[38] SONG J，ZHANG J，SU Y，et al. *Monascus* vinegar-mediated alternation of gut microbiota and its correlation with lipid metabolism and inflammation in hyperlipidemic rats [J]. Journal of Functional Foods，2020，74：104152.

[39] PAN Y，JU R，CAO X，et al. Optimization extraction and purification of biological activity curcumin from *Curcuma longa* L. by high-performance counter-current chromatography [J]. Journal of Separation Science，2020，43（8）：1586-1592.

[40] 周美，陈华国，周欣，等 . 正交实验法优化姜黄中姜黄素提取工艺及其抗氧化活性 [J]. 医药导报，2015，34（10）：1352-1355.

[41] 宁娜，韩建军，胡宇莉，等 . 微波辅助酶法提取姜黄中姜黄素的工艺研究 [J]. 中国兽药杂志，2015，49（12）：20-26.

[42] DOLDOLOVA K，BENER M，LALIKOGLU M，et al. Optimization and modeling of microwave-assisted extraction of curcumin and antioxidant compounds from turmeric by using natural deep eutectic solvents [J]. Food Chemistry，2021，353：129337.

[43] HUBER V，MULLER L，HIOE J，et al. Improvement of the solubilization and extraction of curcumin in an edible ternary solvent mixture [J]. Molecules，2021，26（24）：7702.

[44] LE N T，HOANG N T，VAN V T T，et al. Extraction of curcumin from turmeric residue（*Curcuma longa* L.）using deep eutectic solvents and surfactant solvents [J]. Anal Methods，2022，14（8）：850-858.

[45] 陈敦国，罗瑾 . 分离纯化姜黄素的大孔树脂筛选 [J]. 湖北中医学院学报，2010，12（3）：42-44.

[46] 秦晓燕，龚菊梅，陈卫东 . 总姜黄素 3 种单体高纯度同时分离方法 [J]. 安徽中医学院学报，2012，31（1）：73-77.

[47] 方颖，谢渝，卢皓瑶，等 . 姜黄素 3 种单体的分离纯化 [J]. 中国酿造，2015，34（1）：94-98.

[48] HOROSANSKAIA E，YUAN L，SEIDEL-MORGENSTERN A，et al. Purification of curcumin from ternary extract-similar mixtures of curcuminoids in a single crystallization step [J]. Crystals，2020，10（3）：206.

[49] TSENG J D，LEE H L，YEH K L，et al. Recyclable positive azeotropes for the purification of curcumin with optimum purity and solvent capacity [J]. Chemical Engineering Research and Design，2022，180：200-211.

[50] 陈凌通 . 冷却结晶分离纯化姜黄素 [J]. 浙江化工，2019，50（5）：25-27.

[51] CHEN S，SU D X，GAO M X，et al. A facile macroporous resin-based method for separation of yellow and orange *Monascus* pigments [J]. Food Science and Biotechnology，2021，30（4）：545-553.

[52] GRIESSER M，PISTIS V，SUZUKI T，et al. Autoxidative and cyclooxygenase-2 catalyzed transformation of the dietary chemopreventive agent curcumin [J]. Journal of Biological Chemistry，2011，286（2）：1114-1124.

[53] JANKUN J，WYGANOWSKA-SWIATKOWSKA M，DETTLAFF K，et al.

Determining whether curcumin degradation/condensation is actually bioactivation (review) [J]. International Journal of Molecular Medicine, 2016, 37 (5): 1151-1158.
[54] 朱佳丽，敬璞.红曲红色素稳定性研究及光热降解动力学分析 [J].食品与发酵科技，2017，53（5）：49-53.
[55] DE LEO V, MILANO F, MANCINI E, et al. Encapsulation of curcumin-loaded liposomes for colonic drug delivery in a pH-responsive polymer cluster using a pH-driven and organic solvent-free process [J]. Molecules, 2018, 23 (4): 739.
[56] SHANSHAN W, MEIGUI H, CHUNYANG L, et al. Fabrication of ovalbumin-burdock polysaccharide complexes as interfacial stabilizers for nanostructured lipid carriers: Effects of high-intensity ultrasound treatment [J]. Food Hydrocolloids, 2021, 111: 106407.
[57] CANO - HIGUITA D, MALACRIDA C, TELIS V. Stability of curcumin microencapsulated by spray and freeze drying in binary and ternary matrices of maltodextrin, gum arabic and modified starch [J]. Journal of Food Processing and Preservation, 2015, 39 (6): 2049-2060.
[58] XU D, ZHENG B, CHE Y, et al. The stability, microstructure, and microrheological properties of *Monascus* pigment double emulsions stabilized by polyglycerol polyricinoleate and soybean protein isolate [J]. Frontiers in Nutrition, 2020, 7: 543421.
[59] ALI I, AL-DALALI S, HAO J, et al. The stabilization of *Monascus* pigment by formation of *Monascus* pigment-sodium caseinate complex [J]. Food Chemistry, 2022, 384: 132480.
[60] JIAN W, SUN Y, WU J Y. Improving the water solubility of *Monascus* pigments under acidic conditions with gum arabic [J]. Journal of the Science of Food and Agriculture, 2017, 97 (9): 2926-2933.
[61] ENSIGN L M, CONE R, HANES J. Oral drug delivery with polymeric nanoparticles: The gastrointestinal mucus barriers [J]. Advanced Drug Delivery Reviews, 2012, 64 (6): 557-570.
[62] SABET S, RASHIDINEJAD A, MELTON L D, et al. Recent advances to improve curcumin oral bioavailability [J]. Trends in Food Science & Technology, 2021, 110: 253-266.
[63] ZHANG R, MCCLEMENTS D J. Enhancing nutraceutical bioavailability by controlling the composition and structure of gastrointestinal contents: Emulsion-based delivery and excipient systems [J]. Food Structure, 2016, 10: 21-36.
[64] PORTER C J H, TREVASKIS N L, CHARMAN W N. Lipids and lipid-based formulations: optimizing the oral delivery of lipophilic drugs [J]. Nature Reviews Drug Discovery, 2007, 6 (3): 231-248.
[65] SHARMA R A, IRESON C R, VERSCHOYLE R D, et al. Effects of dietary curcumin on glutathione S-transferase and malomdialdehyde-DNA adducts in rat liver and colon mucosa: Relationship with drug levels [J]. Clinical Cancer Research, 2001, 7 (5): 1452-1458.
[66] SHOBA G, JOY D, JOSEPH T, et al. Influence of piperine on the pharmacokinetics of curcumin in animals and human volunteers [J]. Planta Medica, 1998, 64 (4): 353-356.
[67] SHARMA R A, EUDEN S A, PLATTON S L, et al. Phase I clinical trial of oral curcumin: Biomarkers of systemic activity and compliance [J]. Clinical Cancer

Research，2004，10（20）：6847-6854.

[68] SCHIBORR C，ECKERT G P，RIMBACH G，et al. A validated method for the quantification of curcumin in plasma and brain tissue by fast narrow-bore high-performance liquid chromatography with fluorescence detection [J]. Analytical and Bioanalytical Chemistry，2010，397（5）：1917-1925.

[69] BEGUM A N，JONES M R，LIM G P，et al. Curcumin structure-function，bioavailability，and efficacy in models of neuroinflammation and Alzheimer's disease [J]. Journal of Pharmacology and Experimental Therapeutics，2008，326（1）：196-208.

[70] GARCEA G，BERRY D P，JONES D J，et al. Consumption of the putative chemopreventive agent curcumin by cancer patients：Assessment of curcumin levels in the colorectum and their pharmacodynamic consequences [J]. Cancer Epidemiology Biomarkers & Prevention，2005，14（1）：120-125.

[71] SAHEBKAR A，SERBAN M-C，GLUBA-BRZóZKA A，et al. Lipid-modifying effects of nutraceuticals：An evidence-based approach [J]. Nutrition，2016，32（11-12）：1179-1192.

[72] IRESON C，ORR S，JONES D J L，et al. Characterization of metabolites of the chemopreventive agent curcumin in human and rat hepatocytes and in the rat *in vivo*, and evaluation of their ability to inhibit phorbol ester-induced prostaglandin E-2 production [J]. Cancer Research，2001，61（3）：1058-1064.

[73] HOLDER G M，PLUMMER J L，RYAN A J. The metabolism and excretion of curcumin［1，7-bis-（4-hydroxy-3-methoxyphenyl）-1，6-heptadiene-3，5-dione］in the rat [J]. Xenobiotica，1978，8（12）：761-768.

[74] RAVINDRANATH V，CHANDRASEKHARA N. *In vitro* studies on the intestinal absorption of curcumin in rats [J]. Toxicology，1981，20（2-3）：251-257.

[75] PAN M H，HUANG T M，LIN J K. Biotransformation of curcumin through reduction and glucuronidation in mice [J]. Drug Metabolism and Disposition，1999，27（4）：486-494.

[76] RAVINDRANATH V，CHANDRASEKHARA N. Absorption and tissue distribution of curcumin in rats [J]. Toxicology，1980，16（3）：259-265.

[77] CHENG A L，HSU C H，LIN J K，et al. Phase I clinical trial of curcumin，a chemopreventive agent，in patients with high-risk or pre-malignant lesions [J]. Anticancer Research，2001，21（4B）：2895-2900.

[78] GARCEA G，JONES D J L，SINGH R，et al. Detection of curcumin and its metabolites in hepatic tissue and portal blood of patients following oral administration [J]. British Journal of Cancer，2004，90（5）：1011-1015.

[79] 宋玉民，马俊怀，张玉梅．姜黄素苯胺希夫碱稀土配合物的抑菌性研究 [J]. 化学试剂，2013，35（12）：1069-1072.

[80] ALTUNATMAZ S S，AKSU F Y，ISSA G，et al. Antimicrobial effects of *Curcumin against* L. *monocytogenes*，*S. aureus*，*S. Typhimurium* and *E. coli* O157：H7 pathogens in minced meat [J]. Veterinarni Medicina，2016，61（5）：256-262.

[81] 王晓芙．姜黄素的抗氧化性及对猕猴桃病原菌抑菌效果研究 [D]. 合肥：合肥工业大学，2018.

[82] KONGBANGKERD T，TOCHAMPA W，CHATDAMRONG W，et al. Enhancement of antioxidant activity of monascal waxy corn by a 2-step fermentation [J]. International Journal of Food Science and Technology，2014，49（7）：1707-1714.

[83] DIMITROULAKOS J，YE L Y，BENZAQUEN M，et al. Differential sensitivity of various pediatric cancers and squamous cell carcinomas to lovastatin-induced apoptosis：Therapeutic implications [J]. Clinical Cancer Research，2001，7（1）：158-167.

[84] CHANG Y N，HUANG J C，LEE C C，et al. Use of response surface methodology to optimize culture medium for production of lovastatin by *Monascus ruber* [J]. Enzyme and Microbial Technology，2002，30（7）：889-894.

[85] 黄谚谚，毛宁，陈松生 . 红曲霉发酵产物抗疲劳作用的研究 [J]. 食品科学，1998，19（9）：9-11.

[86] 陈春艳 . 红曲中功能成分的分离与功能评价 [D]. 武汉：华中农业大学，2004.

[87] 陈运中 . 红曲活性成分的结构与功能评价 [D]. 武汉：华中农业大学，2004.

[88] 王炎焱，赵征，黄烽，等 . 红曲抗炎作用的实验研究 [J]. 中国新药杂志，2006（2）：96-98.

第六章

甜菜色素的制备及应用

第一节 概述

甜菜色素是一种水溶性含氮色素，主要成分是甜菜碱。甜菜碱是从石竹目17个科植物液泡中提取的一种常用水溶性含氮食品添加剂。甜菜色素最早发现于甜菜根中而得名，是吡啶衍生物，包括甜菜红素和甜菜黄素两种形式，这些色素由含氮的核心结构甜菜醛氨酸[4-（2-oxoethylidene）-1，2，3，4-tetrahydropyridine-2，6-dicarboxylic acid]组成。甜菜醛氨酸与亚氨基化合物或胺或其衍生物分别缩合形成紫色甜菜红素和黄色甜菜黄素。迄今为止，已从石竹目植物中鉴定出75种甜菜碱的结构。提取的甜菜色素食用是安全的，它们在体内充当微量营养素。

一、食物来源

甜菜根是一种具有重要科学意义的蔬菜，它是硝酸盐的主要来源，是一种有益于心血管健康的化合物，会内源性产生一氧化氮。此外，它也是甜菜色素的主要来源，甜菜色素是一种杂环化合物和水溶性氮色素，根据其化学结构可分为两类：甜菜红素，如前甜菜素、异甜菜素和新甜菜素，负责红色紫色的着色；甜菜黄素，包括普通黄质Ⅰ和Ⅱ以及仙人掌果黄质，负责橙色黄色的着色。甜菜碱存在于甜菜根的块茎部分，使其呈红紫色。甜菜红素5-*O*-*β*-*d*-葡萄糖苷是甜菜红素中含量最丰富的一种色素，也是唯一一种被批准用于食品、化妆品和药品中的天然色素。甜菜碱还存在于根、果实和花中[1]。它们吸收476~600nm范围内的可见辐射，在pH=5.0时最大吸收波长为537nm。甜菜碱的少数已知食用来源是红色和黄色甜菜根、彩色瑞士甜菜、谷物或多叶苋菜和仙人掌、火龙果的果实[2]。

商业主要开发的甜菜碱作物是红甜菜根，它含有两种主要的可溶性色素，甜菜红苷（红色）和仙人掌黄质Ⅰ（黄色）。红甜菜根的甜菜红素和甜菜黄素含量分别在0.04%~0.21%（质量分数）和0.02%~0.14%（质量分数）的范围内变化，具体取决于品种，一些新品种可以产生更高的甜菜红素含量[3]。从仙人掌果中分离到一种黄色色素，称为吲哚黄质。它的λ_{max}为483nm，是由β胺酸和脯氨酸生物合成的。通过各种降解反应确定了它的结构，生成了L-脯氨酸和4-甲基-2,6-吡啶-2,6-二元酸等化合物。

由于红甜菜的甜菜色素光谱主要来源于甜菜苷，因此颜色变异性很差。此外，当将甜菜提取物应用于乳制品时，土臭素和一些吡嗪会产生不受欢迎的泥土味。因此，科研人员已探索甜菜碱的替代来源。甜菜属植物中最有前途的科是仙人掌科。其中，仙人掌果和火龙果常作为水果作物种植，适合作为甜菜碱的来源，用于食品着色。

火龙果的果肉含有高浓度的甜菜红素（0.23%~0.39%，质量分数），包括非酰化和酰化的，并且（与甜菜根相比）不含可检测到的甜菜黄素。

仙人掌果与红甜菜根相比，可以用于食物着色且没有来自甜菜根提取物的负面味道。具有淡香味的普通仙人掌果作为水果往往市场潜力薄弱，而将使其用于着色则更有前景[4]。与红甜菜相比，仙人掌果和火龙果（图 6-1）中的甜菜色素具有更广泛的颜色光谱，从黄橙色（仙人掌属）到红紫罗兰色（红火龙果属），因此可能打开颜色多样化的新窗口。有趣的是黄橙色的仙人掌果含有的黄色水溶性色素较为稀少。此外，仙人掌果中无色酚类化合物的含量很低，避免了甜菜色素与这些酚类物质的潜在相互作用，这使它们很有前景。仙人掌果的另一个优点是对土壤和水的需求小，且被认为是干旱和半干旱地区农业经济的替代栽培作物。另一方面，仙人掌类果的颜色范围很广，从亮黄色到紫红色，颜色的呈现取决于甜菜红素 / 甜菜黄素的比例及其绝对浓度[5]。Stintzing 等[6]报道了不同仙人掌中广泛范围的甜菜红素（0.001%~0.059%，质量分数）和甜菜黄素（0.003%~0.055%，质量分数）含量，仙人掌果中的甜菜红素/甜菜黄素比例差异很大，但目前还没发现只含有甜菜黄素的水果。Castellar 等[7]分析了三种仙人掌属的甜菜碱[8]，在这三个物种中，仙人掌果似乎是最有前景的色素来源物种，它的甜菜红素含量最高（0.08%）。此外，仙人掌果比其他物种的果皮更薄，种子更少，使色素提取更容易。

二、化学结构和理化性质

甜菜碱是水溶性含氮色素，由氨基酸酪氨酸合成为两个结构基团：红紫色甜菜红素和橙黄色甜菜黄素。甜菜醛氨酸的结构如图 6-1 所示，是所有甜菜色素共有的发色团。甜菜醛氨酸加成残基的性质决定了色素分类为甜菜红素或甜菜黄素。结构差异反映在甜菜碱亚组的不同外观上。甜菜红素含有一个环 -3,4- 二羟基苯丙氨酸（环多巴）残基。与环多巴的封闭结构的缩合将电子共振扩展到二酚芳环。这种额外的共轭将最大吸收从 480 nm（黄色，甜菜黄素）转移到约 540nm（紫色，甜菜红素）。甜菜苷配基是大多数甜菜红素的苷元；位于甜菜苷 5 或 6 位的一个或两个羟基的不同取代（糖基化和酰化）模式导致形成各种甜菜花青素[9]。其中大部分是 5-*O*- 葡萄糖苷，但也检测到了 6-*O*- 葡萄糖苷。5-*O*- 葡糖苷的进一步糖基化非常常见，羟基肉桂酸的酯化也是如此。最常见的甜菜红素是红甜菜中的主要色素甜菜红苷，是红甜菜中的主要色素。甜菜红素显示出两个吸收最大值：一个因为环多巴的存在，在紫外范围内（270~280nm），另一个在可见光范围内（535~540nm，取决于溶剂）。红色和紫色是由不同的甜菜红素取代模式引起的。甜菜苷配基的糖基化通常伴随着约 6 nm 的低色移，而附着在第一个糖基上的第二个糖基显然对颜色没有太大影响。用羟基肉桂酸酰化产生第三个最大值（300~330nm），而脂肪族酰基部分不会改变光谱。另一方面，甜菜黄素含有不同的氨基酸或胺侧链。甜菜黄素的结构修饰会产生红移。胺结合物的吸收最大值比它们各自的氨基酸对应物低[10]。

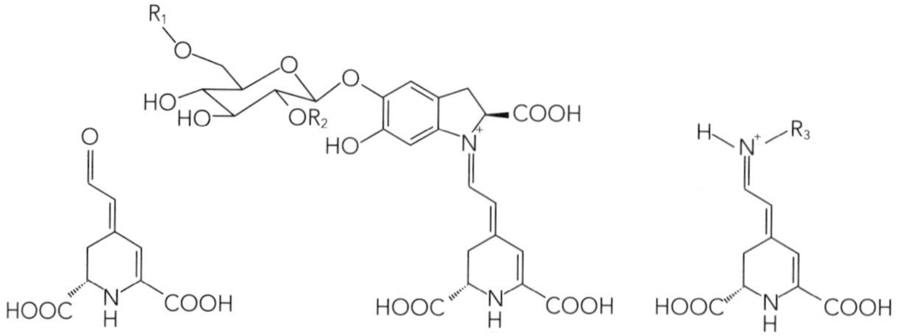

图 6-1 甜菜醛氨酸、甜菜红素、甜菜黄素的通用结构 [1]

然而，稳定性似乎不能通过进一步的糖基化而增强。一些研究表明，与脂肪酸以及芳香族酸酯化，特别是在 6-*O* 位置，会增加甜菜青素的稳定性 [11]。因此，据报道，分光光度分析不足以评估甜菜红素的结构相关稳定性特征。红甜菜有几种内源性酶，如 *β*- 葡萄糖苷酶、多酚氧化酶和过氧化物酶，如果不能通过焯水适当灭活，可能会导致甜菜蛋白酶降解和颜色损失，甜菜红素比甜菜黄素更容易被过氧化物酶降解。据报道，甜菜红素和甜菜黄素酶降解的最佳 pH 约为 3.4。降解产物与热降解、酸降解或碱降解相似 [12]。

（一）pH 对甜菜色素稳定性的影响

尽管在 pH 变化时会改变它们的电荷，但甜菜碱不像花青素那样容易水解裂解。甜菜碱在从 3~7 的广泛 pH 范围内相对稳定，这使得它们可以应用于低酸度食品。碱性条件会导致醛亚胺键水解，而酸化会导致氨基乙酸与加成残基的胺基团再缩合 [13]。

（二）水分活度（A_w）对甜菜色素稳定性的影响

甜菜色素稳定性受 A_w 的指数影响，这是决定色素对键断裂的敏感性的关键因素。A_w 对甜菜碱稳定性的影响可能归因于反应物的流动性降低或氧溶解度有限。甜菜红素稳定性受 A_w 的指数影响，这是决定色素对键断裂的敏感性的关键因素。A_w 对甜菜碱稳定性的影响可能归因于反应物的流动性降低或氧溶解度有限。Kearsley 和 Katsaboxakis 报道，减少 A_w 可以提高甜菜碱的稳定性，尤其是低于 0.63[14]。Cohen 和 Saguy 观察到当 A_w 从 0.32 增加到 0.75 时，甜菜碱降解率增加了大约一个数量级。据报道，在采用降低 A_w 的方法（如浓缩和喷雾干燥）后，甜菜红素的稳定性会提高 [15]。

（三）氧气、光、金属对甜菜色素稳定性的影响

甜菜碱会与分子氧反应。与在空气环境下相比，在低氧水平下储存甜菜碱溶液会使颜料降解速度降低，在没有氧气的情况下甜菜碱的一级降解动力学的偏差归因于反应可逆性。据报道，甜菜碱的稳定性可以通过抗氧化剂或氮气环境得到改善。

光照会损害甜菜碱的稳定性。甜菜碱稳定性和光照强度（在 2200~4400 勒克斯）之

间存在反比关系。紫外光或可见光吸收将色素生色团的 p 电子激发到更高能量的状态（p*），从而增加分子的反应性或降低活化能。甜菜色素光诱导的降解依赖于氧气，因为在厌氧条件下光照的影响可以忽略不计[16]。一些金属阳离子，如铁、铜、锡和铝会加速甜菜碱的降解。可能发生金属 - 颜料络合，随后发生红移和浅移。Czapski 的研究表明，与纯甜菜碱溶液相比，甜菜汁对金属离子的负面影响不太敏感，这可能是因为甜菜汁中存在金属络合剂。据报道，螯合剂，如柠檬酸和乙二胺四乙酸（EDTA），可以稳定甜菜碱，防止金属催化降解[17]。

（四）温度对甜菜色素稳定性的影响

在食品加工和贮藏过程中，温度是影响甜菜碱稳定性的最重要因素。一些研究表明，温度升高导致甜菜碱降解率增加。甜菜溶液以及红甜菜根和紫火龙果汁中的甜菜红素热降解遵循一级反应动力学。在热处理过程中，甜菜苷可能通过异构化、脱羧或裂解（通过加热或酸）降解，导致红色逐渐减少，最终呈现浅棕色。甜菜碱脱氢导致新甜菜碱形成，导致颜色向黄色变化。甜菜碱和异甜菜碱也可由碱诱导裂解，生成亮黄色的甜菜酸和无色的环多巴 -5-*O*- 糖苷。甜菜碱在水 - 乙醇体系中的稳定性最低，这支持了甜菜碱热降解的第一步是对醛亚胺键的亲核攻击的假设，因为乙醇在氧原子上具有高电子密度。甜菜碱可以从它们的主要降解产物中再生，因为提取物会在低于 10℃的温度和 pH 5 的条件下保存一段时间。甜菜碱的再生，包括从其水解产物中部分再合成甜菜碱，涉及环多巴 -5- 糖苷的胺基与甜菜酸的醛基的缩合；当两种化合物在溶液中混合时，甜菜碱会迅速形成。除热处理外，据报道乳酸发酵还可促进甜菜碱异构化和脱氢[18]。

第二节　甜菜色素的有益功效

一、抗氧化作用

甜菜色素在植物学上总体可以分为甜菜红色素和甜菜黄色素两大类（主要分布于红甜菜中）。甜菜黄素中的主要黄色素是甜菜黄素Ⅰ及甜菜黄素Ⅱ。甜菜红素在碱性条件下可以转化为甜菜黄素。研究认为甜菜色素作为抗氧化剂，可以通过抑制氧化反应来控制人类的多种慢性疾病。此外，在利用 DPPH 测定苋科植物中甜菜色素的抗氧化性实验中，认为抗自由基活性增强不但取决于羟基和亚氨基的数量，还取决于甜菜色素分子中糖基化和羟基的位置[19]。

甜菜红素的基本结构中包含一个葡糖苷化的酚羟基和环胺基团，经证实它们都是很好的电子供体，可通过不同途径和机制抵制对机体有氧化损伤作用的自由基，从而发挥其抗氧化作用。仙人掌果提取物在体外对宫颈癌细胞、卵巢癌细胞和膀胱癌细胞的生长抑制作用以及在体内对小鼠卵巢癌模型的抑制作用，其抗氧化活性部分主要是由于甜菜碱的作用。体内试验表明，仙人掌果降低脂质的氧化损伤，并提高了健康人类的抗氧化能力。

1. 直接清除自由基

甜菜红素对机体已产生的自由基具有较强的直接清除作用。诸多学者从不同原料中提取甜菜红素，采用不同方法测定其直接清除自由基的活性，发现甜菜红素对活性氧自由基如·OH、·O^{2-}及H_2O_2具有很好的清除效果，还对$ABTS^+$、DPPH·、NO_2^-及过氧亚硝酸盐清除效果显著。

同时甜菜红素清除自由基活性与化学结构之间有密切关系，其清除能力随羟基或亚氨基的数量增加而增强，且邻苯二酚是很重要的活性基团，它含有环胺基团的甜菜苷，这类似于抗氧化剂二丁基羟基甲苯。但是糖苷配基的糖基化会降低其活性，且5-*O*-*β*葡糖苷比6-*O*-*β*葡糖苷的活性更低。

2. 抑制自由基产生

体内自由基的来源由非酶促反应与酶促反应两种途径产生，甜菜红素能够减弱体内过氧化物水平、抑制过渡金属离子的氧化还原，以及抑制氧化相关酶及因子的表达，从而发挥抗氧化作用。在甜菜碱类化合物清除自由基的构效关系的研究中，发现自由基的清除通常伴随着羟基和亚氨基残基的数量增加，同时这也受到羟基位置的影响。在甜菜青素中，糖基化降低了活性，而酰化通常提高了抗氧化活性。

3. 抑制脂质过氧化反应

极低浓度的甜菜色素可以抑制脂质过氧化。在日常生活中使用红甜菜产品，会保护我们免受不同氧化应激相关疾病的影响。科学家观察到，甜菜色素和吲哚黄质可以与低密度脂蛋白结合，防止低密度脂蛋白的氧化。这两种纯化合物对ABTS自由基阳离子均具有明显的抗自由基活性。在ABTS实验中，甜菜色素比吲哚黄质更有活性。甜菜红素可与脂质链式氧化产生的脂自由基或脂氧自由基反应，从而终止链式反应，抑制脂质氧化。研究发现甜菜苷抑制亚油酸过氧化反应优于儿茶素和*α*生育酚。此外，甜菜苷对H_2O_2激活高铁肌红蛋白催化低密度脂蛋白氧化反应、对叔丁基过氧化氢刺激红细胞膜脂氧化及离体的低密度脂蛋白氧化也具有抑制作用，可能是低密度脂蛋白与甜菜苷发生了结合作用，每毫克低密度脂蛋白可以结合0.52nmol/L的甜菜苷。甜菜碱对仙人掌果体外抗氧化活性的贡献甚至比抗坏血酸更大。口服一次剂量的红甜菜汁会显著增加尿液中抗氧化剂化合物的排泄量，包括酚类和其他可能包括甜菜碱在内的抗氧化剂。

4. 络合金属离子

甜菜红素能络合部分金属离子，从而抑制含未配对电子的金属离子催化氧化产生自由基。例如，研究发现火龙果色素提取液能络合亚铁离子，降低游离亚铁离子的浓度，从而降低很多与疾病有关的芬顿反应。

5. 抑制氧化酶及炎症因子的表达

甜菜红素能够抑制氧化酶的酶活及相关炎症因子的表达，从而起到抗氧化作用。研究发现天然的甜菜红素是环氧化酶和脂氧化酶的有效灭活剂，能抑制环氧化酶通过催化游离花生四烯酸形成前列腺素、抑制脂氧化酶将花生四烯酸发生转变。分子对接表明甜菜红素与酶的氨基酸发生了相互作用，并与靠近环氧化酶活性位点的 Try-385 和 Ser-530 相互作用，与靠近脂氧化酶活性位点的 Lys-260 相互结合，干扰酶活。

6. 激活机体抗氧化体系

甜菜红素可通过激活体内固有的抗氧化系统而发挥抗氧化作用。机体的抗氧化体系包括酶系统和非酶系统，体内的抗氧化酶主要有超氧化物歧化酶（SOD）、谷胱甘肽过氧化物酶（GSH-Px）和过氧化氢酶（CAT）等，SOD 可清除 $\cdot O^{2-}$、GSH-Px 可清除过氧化脂质和 H_2O_2 以及 CAT 可清除红细胞及线粒体中的 H_2O_2，而非酶系统常包括维生素 C、维生素 E 和谷胱甘肽等。

研究发现半枝莲甜菜红素提取物能够显著降低高脂血症大鼠血清中的 TC、TG 和 LDL-C，同时升高 HDL-C，显著性降低血清及肝脏组织中 MDA 含量，提高 SOD 和 GSH-Px 活力，表明甜菜红素提取物具有较强的体内抗氧化效果[19]。此外，还发现马齿苋甜菜红素能够显著降低衰老小鼠脑脂褐质含量和心、肝、肾组织中 MDA 含量，提高心、肝、肾组织中 SOD 及 GSH-Px 活力，并且其抗氧化效果明显优于同剂量 VE。

二、保护心血管作用

在全球范围内，心血管疾病是导致人类死亡和残疾的主要原因，而不健康的饮食被认为是造成心血管疾病最重要的危险因素之一。TC、LDL-C 和 TG 浓度是心血管疾病的风险标志指标。甜菜色素的合成前体为酪氨酸，经过多个酶促反应和自发反应，形成甜菜红素和甜菜黄素。在化学结构上，甜菜红素由甜菜醛氨酸和环 -3，4- 二羟基苯丙氨酸组成，甜菜黄素则由甜菜醛氨酸和氨基酸 / 胺组成。甜菜黄素呈黄色，主要包括仙人掌黄素Ⅰ、仙人掌黄素Ⅱ和仙人掌果黄素。甜菜黄在心血管疾病等慢性疾病的干预中也具有重要作用。有研究小组通过观察 22 名 18~45 岁的学生食用 30d 的藜麦（藜麦含有高水平的甜菜色素 630.4mg/100g）对心血管疾病风险标志物的影响进行了评估。分析发现，大约 42.2% 和 40.7% 的个体分别出现血压和体重下降的现象。同时，在一项双盲的研究中发现，每天食用 25 g 藜麦片的绝经后妇女的 TC 和 LDL-C 降低，谷胱甘肽增加，继而降低了他们患心血管疾病的风险。48 名男性冠心病患者接受约 50 mg 甜菜红素，并在补充后 3、8、24h 分别采集血样和尿样，最终这两种补充剂均显著降低了血同型半胱氨酸、葡萄糖、TC、TG 和 LDL-C 的浓度[20]。在超重 / 肥胖的个体中，高脂肪餐（HFM）摄入可能会引起短暂的餐后动脉粥样硬化反应，包括导致血管内皮功能受损。给 15 名超重 / 肥胖男性和绝经后女性在短期服用和长期服用红甜菜根汁后，进行 HFM 前后测量其内皮功能和血流动力学的基线评估，超重人群在摄入 HFM 后内皮功能不再受损害。高浓度低密度脂蛋白与血管壁胆固醇的沉积增加和动脉粥样硬化有关，应设法降低其在血液中的水平。甜菜色素可降低血液低密度脂蛋白，增加高密度脂蛋白和血管舒张度。然而，还需进一步的研究来证实甜菜色素对心血管疾病治疗的有效性。

三、抗癌作用

早在20世纪50年代初，纯甜菜色素已经被证明可以阻止各种人类癌细胞系的细胞增殖。在美国，已有将甜菜红素作为主要成分的抗癌药，并获得了专利。甜菜根中的甜菜红色素具有很强的自由基清除能力，其能反式激活关键的转录因子，能诱发内源细胞的抗氧化防御机制。向人体肝癌细胞中加入15μmol/L的甜菜红色素能够有效增加细胞中谷胱甘肽（GSH）的含量，其为一种重要的细胞质抗氧化剂能够诱导细胞周期阻滞和细胞凋亡，这表明甜菜红色素具有潜在的化学预防性能。研究甜菜红素对经过乙烯基氨基甲酸酯和苯并芘诱导建立的两种肺部肿瘤小鼠的治疗情况，在利用乙烯基氨基甲酸酯建立的模型中肿瘤多重性和肿瘤负荷均降低了20%，使用苯并芘建立的模型中肿瘤多重性和肿瘤负荷分别降低了46%和65%[21]。其表明甜菜色素能够抑制小鼠肺部肿瘤的发生，因此，可作为人类肺癌的化学预防剂。在针对甜菜根提取物的抗癌活性的进一步探索中，通过研究甜菜根提取物和抗癌药物阿霉素对人类的雄性激素受体前列腺癌细胞和雌性激素受体乳腺癌细胞的细胞毒性，发现甜菜根提取物的细胞毒性较阿霉素的细胞毒性显著降低，同时在研究人体正常皮肤细胞和肝脏细胞过程中，也得出同样结论，表明甜菜根的提取物甜菜红色素对于降低细胞毒性能够发挥重要作用。

四、其他功效

（一）抗疟与抑菌作用

苋菜内的甜菜红素和苋菜红素的含量较高，能够螯合寄生虫体内不可或缺的阳离子（Ca^{2+}、Fe^{2+}、Mg^{2+}），并阻断寄生虫胆碱在细胞内的转运，这对疟原虫的抑制起到至关重要的作用。据推测，甜菜红素的抗菌活性是由于其对微生物细胞膜的功能、结构和渗透等造成不利反应，最终导致细胞死亡。此外，甜菜渣具有抑制金黄色葡萄球菌（*S. aureus*）、鼠伤寒沙门菌（*S.typhimurium*）、蜡样芽孢杆菌（*Bacillus cereus*）生长的作用[22]。富含甜菜红素的红心火龙果提取液在7.8 mg/mL浓度水平下表现出了对革兰阴性菌的广谱抑菌性[23]。

甜菜黄素可以通过破坏细菌细胞膜的结构、功能和通透性，抑制细菌的繁殖。通过体外抗菌实验发现甜菜根提取物可以有效抑制金黄色葡萄球菌、鼠伤寒沙门菌和蜡样芽孢杆菌的生长。同时发现，革兰阴性菌［鼠伤寒沙门菌、弗柠檬酸杆菌（*Citrobacter freundii*）］和革兰阳性菌（金黄色葡萄球菌、蜡样芽孢杆菌）对富含甜菜色素的甜菜根提取物表现出高敏感性，而酵母菌和霉菌则具有抗药性。尽管甜菜黄素的抗菌活性在食品行业有重要的应用潜力，但其发挥抑菌作用的确切机制尚不明确，这将是未来研究的重点。

（二）抗炎作用

研究表明，甜菜色素可以改善与炎症有关的症状。研究小组利用小鼠模型检验了甜菜色素对过敏性哮喘的治疗潜力。哮喘是一种慢性肺部炎症性疾病，其特征是黏液分泌过多、气道高反应性和支气管收缩。使用甜菜红素治疗可有效降低哮喘诱导小鼠的肺质量和 BAL 液中炎性细胞数量，并降低 IgE、嗜酸性粒细胞趋化因子和细胞因子水平。甜菜红素还可以作为有效的炎症因子清除剂，用于治疗由过量次氯酸引起的炎症。富含甜菜色素的红甜菜提取物具有很高的抗次氯酸盐活性。此外，研究发现，摄入剂量大于 35mg 的红甜菜提取物会缓解与骨关节炎相关的疼痛[24]。红甜菜提取物可能抑制由中性粒细胞释放的次氯酸引起的蛋白质氧化。另一组试验中，使用红甜菜浓缩液和安慰剂对膝关节不适患者进行随机和盲法治疗，中短期地使用红甜菜浓缩液可显著改善膝关节引发的不适感和关节功能[25]。

体外研究表明，从甜菜根中纯化得到的甜菜色素可以抑制脂多糖诱导小胶质细胞 TNF-α、IL-6 和 IL-1β 等炎症介质的产生。以甜菜根为原料，采用醇沉法制备富含甜菜色素的染料，并通过动物实验发现按 100 mg/kg 的剂量腹腔注射染料可抑制角叉菜胶诱导的小鼠腹腔液中超氧阴离子、TNF-α 和 IL-1β 水平升高，并对角叉菜胶引起的水肿和腹膜炎具有明显的抗炎作用[26]。进一步研究发现，甜菜色素处理的骨髓源性巨噬细胞在脂多糖刺激后表现出较低的 TNF-α 和 IL-1β 细胞因子水平以及 NF-κB 活化水平。

（三）细胞保护作用

依靠其抗氧化性，甜菜红素还具有细胞保护作用。通过实验发现，甜菜红素对中性粒细胞中 ROS 的产生、DNA 损伤和细胞凋亡具有调节作用[27]。红甜菜根提取物可减轻毒死蜱引起的大鼠氧化应激、炎症和细胞凋亡，以保护大鼠的睾丸组织。同时发酵后的红甜菜提取液可以防止大鼠结肠中异常隐窝灶癌前异常隐窝的形成，同时减少粪便液的细胞毒性和基因毒性作用，改善生物体的氧化状态。

第三节　甜菜色素的提取与纯化

一、传统提取方法

（一）溶剂提取

甜菜红素是亲水性化合物，易溶于水以及与水互溶的有机溶剂，所以常采用溶剂提取法提取甜菜红素，其原理是利用甜菜红素在不同溶剂中的溶解度不同。甜菜红素提取中最常用的萃取剂是蒸馏水，然而，在水中加入一定比例的甲醇或者乙醇可以适当提高红甜菜中的甜菜红色素的提取，以乙醇和水的混合溶液提取甜菜红素，在最佳提取时间为 43 min，甜菜红素、甜菜黄素和总甜菜素的提取率分别为 31.03%、45.01% 和 35.34%。然而，该法提取率较低，耗时较长，色素残留较高，提取物中杂质也较多，难使溶于水的杂质与色素分离。

（二）酶辅助提取

酶法是利用酶的专一性水解细胞壁，如果胶酶、纤维素酶和木聚糖酶等，提供通过水解细胞壁从植物组织中提取甜菜蛋白酶的另一种形式。Claudio Lombardelli 等[28]用低温辅助酶法在混合总剂量 25U/g，温度 25℃，处理时间 240min，相同条件下，提取量与 45℃相当。此外低温酶辅助提取方案允许更好地保存甜菜红素提取物的颜色属性。

二、创新提取方法

甜菜色素的创新提取方法包括超声辅助提取（UAE）、微波辅助提取（MAE）、脉冲电场提取（PEFE）、低共熔溶剂（DES）提取、欧姆加热辅助提取（OHAE），它们的优缺点如表 6-1 所示。

表 6-1　甜菜色素的提取技术

甜菜色素的提取方法	优点	缺点
溶剂提取	操作简单，能耗低	溶剂污染
酶辅助提取	操作简单，收率较高	成本高，酶易失活
超声辅助提取	缩短时间，操作简单，能耗低	设备小，不易大规模生产
微波辅助提取	收率高，缩短时间，工艺参数少	易使有效成分变性
脉冲电场提取	速度快，效率高	设备投入及维护成本高
低共熔溶剂提取	热稳定性优异，与水和有机溶剂混溶	溶剂不易筛选
欧姆加热辅助提取法	速度快，效率高，均匀	能耗大

（一）超声辅助提取（UAE）

UAE 的主要现象是空化和机械混合，通过破坏细胞和增强溶剂渗透来促进萃取过程，近年来人们普遍采用超声波萃取法来提取各种天然化合物，这种方法有效提高提取产量[29,30]。如今，该法被广泛应用到甜菜红素的提取中且提取率很高，如 J. Prakash Maran 等[31]通过探针超声从干燥甜菜进行提取，得到甜菜红素与甜菜黄素最高提取率为 129mg/100g 和 532mg/100g，而最低的提取率为 12mg/100g 和 219mg/100g。Ganwarige Sumali N. Fernando 等[32]用超声波辅助提取红甜菜根废弃物中的甜菜色素，实验说明了与酶辅助提取法相比，以低乙醇浓度（30% 乙醇）为最佳溶剂组合，超声辅助提取可以有效地从红甜菜干粉中提取甜菜色素。而在温度 52℃、提取时间 90min、25% 乙醇水溶液为溶剂的条件下，甜菜青素（4.2mg/g）和甜菜黄素（2.80mg/g）浓度高于常规提取[33]。Cesar Laqui-Vilca 等[34]在超声辅助下从有色藜麦果皮中提取甜菜碱可获得 96.47mg/100g 鲜重的甜菜碱。Custódio Lobo Roriz 等[35]优化得出超声处理时间为 13.3min，超声功率为 500 W，总甜菜红素含量为 77.6mg/g。以上证明超声辅助能显著提高提取率和提取效率。超声波辅助法适合提取甜菜红素等热不稳定活性物质和要求低温加工的食品，可有效提取色素、生物碱、酮类等活性成分，能显著提高提取率，节约时间和能源。

（二）微波辅助提取（MAE）

MAE 是利用波长在 1~100μm 的波与萃取溶剂中的极性分子相互作用的一种方法。该法仍是广泛应用于植物有效成分提取的技术。其原理主要是利用微波引起细胞内外温差，温差导致膨胀效应促使细胞膜和细胞壁破裂，使细胞组分易于流出。MAE 提取的甜菜碱产量是常规提取和 80℃常规提取的两倍[36]。Alok Sharma 等[37]采用微波功率 450W、温度 90℃、提取时间 15min 的提取条件，甜菜红素的回收率最高为 71.95mg/g。与传统提取方法相比，MAE 可显著缩短提取时间，提高提取效率，节省溶剂和资源，后续处理方便，常用于有机污染物、天然化合物和生物活性物质的提取。

（三）脉冲电场提取（PEFE）

脉冲电场（PEF）是近年来液态食品非热处理领域研究的热点之一。其原理是利用脉冲电场，在不破坏细胞组织的前提下，促进细胞壁和细胞膜的通透性，有利于细胞内化合物的回收。根据使用对象不同，也可起灭菌作用。在 pH=3.5 和温度 30℃时获得最高的产率和提取率。在 7kV/cm 的 5 次 21s 脉冲作用下，样品在 300 min 内释放约 90% 的甜菜碱，比没有脉冲电场处理的样品快 5 倍。而在室温下，7kV/cm（2.5kJ/kg）和 10kg/cm 的 5 次脉冲处理可在 35min 内提取 90%[38]。而 PEF 处理引起了红色甜菜根组织颜色的变化，这与电穿孔产生的更好的色素提取有关。在 4.38kV/cm、20 次脉冲、能耗 4.10kJ/kg 的脉冲电场，与对照相比，甜菜根圆柱体中甜菜碱和甜菜黄素的产量分别提高了 329% 和 244%。M. Visockis 等[39]采用脉冲电场辅助水浸法从新鲜红甜菜根中提取甜菜碱，结果表明，3 次脉冲（1Hz）、脉冲持续时间 100μs、脉冲强度 2.0kV/cm（总比能 2.53kJ/kg）对甜菜碱的提取率可达 70%（22℃下提取 1h）。然而脉冲提取的使用条件较严格，对脉冲发生器电压、脉冲波技术参数、实验室设备等要求比较高，且设备投入及维护成本也高。

（四）低共熔溶剂（DES）提取

以六水氯化镁和尿素制备低共熔溶剂，作为甜菜根废料中甜菜色素的提取和稳定剂。在此条件下提取的甜菜碱在可见光下能保存 150d，在琥珀容器中达 340d，稳定性达到 75% 的紫红色。说明 DES 是一种有效提取甜菜根废弃物中甜菜蛋白酶的提取方法[40]。

（五）欧姆加热辅助提取（OHAE）

OHAE 是一种基于对食品进行加热的原理，利用交流电通过的电加热方法。因热量的产生发生在食物内部。与其他具有传导或对流机制的加热方法相比，欧姆加热进行得非常快、均匀、效率高。如 Buse Melek Cabas[41] 等利用欧姆加热辅助提取红甜菜根中甜菜色素，研究得出此工艺的能源效率在 37%~67%，优于其他工艺的利用效率。

三、提取物的纯化

甜菜色素的纯化方法包括大孔树脂吸附法、膜分离技术、柱层析法，它们的优缺点如表 6-2 所示。

表 6-2　甜菜色素的纯化技术

	优点	缺点
大孔树脂吸附法	液体阻力较小，使用方便，树脂脱色能力强，机械强度好，经久耐用	有机物残留高，预处理难度高
膜分离技术	工艺操作简单，纯化效果好，适用于热敏性化合物	易污染，难分离同一分子质量物质
柱层析法	工艺较为简单，操作方便，提取效率高，适用于实验室少量样品的纯化	极性较弱的不易被吸附，洗脱过程烦琐，耗时

（一）大孔树脂吸附法

目前，树脂吸附法是分离纯化天然色素最常用的方法，纯化时根据实验条件和提取物的不同，研究者选择不同型号的树脂来纯化甜菜红素。吕思润等[42]通过分析 10 种树脂对红甜菜中甜菜红素的吸附率，确定 X-5 大孔树脂为较优的选择，经纯化后，收集洗脱出来的甜菜色素，利用高效液相色谱分析洗脱液的纯度。测定洗脱液中甜菜红素的含量为 61.108mg/g。周俊良等[43]在研究火龙果果皮甜菜红素的纯化时，分析了 5 种树脂对甜菜红素的纯化效果，得出 S-8 为纯化的最佳型号。大孔树脂吸附法纯化甜菜红素的优点是操作简单，能耗低，条件温和，得到的产品纯度高、色价好，且树脂可重复使用；缺点是处理时间长，效率不高且树脂易受污染。

（二）膜分离技术

膜分离技术是一种在常温下进行的新型分离技术，可通过设置不同的膜孔径和膜分离参数将主要杂质有效除去。其原理是在分子水平上使不同粒径分子混合物通过滤膜时，实现选择性分离。超滤可以基本去除甜菜色素溶液中的果胶、蛋白质等大分子杂质，纳滤可以实现小分子物质，例如，金属离子、有机酸等物质的分离。周宏璐等[44]研究表明超滤 - 纳滤两次后可以完全除去甜菜红素溶液中的果胶、蛋白质等影响分子，滤去较多的重金属离子，可有效地控制糖分的滤储量，生产出不同色价的产品。膜分离法操作简单，适用范围广，能有效保持分离成分的理化性质和生物活性，兼有分离、浓缩、纯化和精制的功能。缺点是不耐热、易腐蚀、易受溶质污染、机械性能差。

（三）柱层析法

柱层析法可以用于少量物质的分析鉴定，也用于大量物质的分离纯化制备。如 Ahmadi 等[45]从红甜菜根中提取甜菜碱后用柱层析法纯化甜菜碱，此纯化方法从 100 g 红甜菜根中提取了（500 ± 22）mg 甜菜色素，其纯化效率是此前报道的 5 倍左右。闪式色谱是一种简单而可靠的柱层析技术，广泛用于制药行业的药物发现以及肽和抗生素纯化。Ganwarige Sumali N. Fernando 等[46]用闪光色谱法纯化甜菜色素，并用反相高效液相色谱分析证实，甜菜色素的纯度为97%，且每100g粉状原料的色素得率为120~487mg。近年来，硅胶柱层析法因其具有分离速度快、效率高、分离效果显著等特点，被广泛应用于生物活性物质的分离。

第四节　甜菜色素的氧化降解与稳定化

一、甜菜色素在加工过程中的变化

甜菜色素在溶液中的稳定性也受到环境因素的限制，如 pH、水分活度、光、氧的存在、酶的存在、具有抗氧化活性的化合物或金属阳离子。无论是在室温下还是在加热时，甜菜红素都比甜菜黄素表现出更大的稳定性。温度升高会产生甜菜醛氨酸。此外，糖苷基团的脱羧和裂解也可能发生。此外，糖基化后甜菜色素的稳定性会提高。甜菜色素在 pH 3~7 表现出良好的稳定性，但最优条件是 pH 4~6 的环境，在厌氧条件下稳定性增加。热裂解，在 80℃的短期加热（高达 3min）时是稳定的。Czapski[47]发现，在 90℃下处理甜菜根超过 3min 后，红色色素含量降低了 25%；然而，将这段时间延长到 10min 对甜菜红色素的进一步损失没有显著影响。甜菜红素的热降解主要是由于其分解成环多巴衍生物和乙二胺酸衍生物，在大多数情况下是可逆的。研究表明甜菜素 C17 位置的羧基是首选热裂解。分析技术的发展和新型高效液相色谱色谱柱的使用使脱羧衍生物结构的分离和测试成为可能，因此可以观察到根据反应环境不同的甜菜红素的各种热降解产物。这些产品包括单、双、三脱羧甜菜红素，以及它们的 2，3-（xan）或 14，15- 脱氢（neo）类似物。在水环境中，特别是在降解的初始阶段，除了在乙醇溶液中发生的反应，还可以得到其他的产物。此外，反应环境的物理化学条件（pH、温度或金属离子的存在）对所得到的结构也有影响。在富含甜菜素的红甜菜根提取物（RBE）的加热降解过程中，根据现行条件，除了生成 2-、15-、17- 脱羧 - 甜菜素及其相应的新衍生物还有适当的异构体，还可以形成它们的双脱羧或三脱羧类似物。

二、甜菜色素的稳定化手段

（一）麦芽糊精包封

将甜菜色素包裹在麦芽糊精基质中，提高了其稳定性[21]。分析不同条件下的稳定性。在没有光的情况下，包封的色素可以在 20℃下保存数月，而没有明显的生物活性物质损失和颜色变化。此外，在麦芽糊精存在和不存在的抗氧化能力测定下，通过自由基和铁还原抗氧化能力测定，研究了色素的自由基清除和抗氧化特性。纯甜菜素色素的稳定性可能促进这些生物活性和天然着色分子的使用。

（二）多材料复合包封

利用各种壳层材料包封甜菜红素已经得到了广泛的研究。例如，多糖（如黄原胶、瓜尔胶和阿拉伯胶）和明胶包封可增加甜菜红的稳定性，使其吸湿性更低。虽然通过包封来稳定天然着色剂已经取得了一些改进，但喷雾干燥和冷冻干燥是能量密集型的，因此不是理想的包封方法。之前的研究表明，一些多糖通过复合物的形成稳定了不同 pH 的水溶液中的甜菜红素。多糖增强甜菜红素稳定性的作用尚未考虑到广泛的应用。此外，抗氧化剂能够稳定甜菜红素。抗坏血酸和异抗坏血酸可以清除氧气，保护甜菜红素免受氧化。作为螯合剂，柠檬酸和 EDTA 也通过释放重金属离子来帮助甜菜红素的稳定。在许多情况下，这些药剂已经被发现可以在真正的食物体系中稳定甜菜红素。

通过对 13 种多糖，即羧甲基纤维素、卡拉胶、高甲氧基果胶、阿拉伯胶、塔拉胶、黄原胶、魔芋胶、瓜尔胶、蝗虫豆胶、低甲氧基果胶和海藻酸盐进行研究[22]，发现海藻酸盐和低甲氧基果胶在 pH=3.2 时，会增加甜菜根提取物的红色稳定性。结果表明，多糖、抗坏血酸和 EDTA 之间存在协同作用，可提高甜菜红素的颜色稳定性。用甜菜黄素处理可抑制运动增强药，升高环磷酸腺苷（cAMP）浓度。这会降低回肠纵肌的收缩能力。这些结果表明，甜菜黄素可用于治疗运动障碍，如腹部抽筋。甜菜黄素通过影响巨噬细胞前列腺素代谢而显示出促氧化活性，从而导致抗炎和加速病理生理活动。通过会反射傅立叶变换红外光谱（ATR-FTIR）和石英晶体微平衡和耗散分析，证实了甜菜红素在酸化饮料中的协同稳定性。

1. 离子凝胶法

离子凝胶是一种环保的包封方法，由于分配使用有机溶剂。此外，该方法可以在室温下进行，不需要复杂的设备，能源低，运行成本低[20]。这种方法是基于具有相反电荷的化合物之间的离子相互作用。它是通过滴落或在阳离子溶液上喷洒阴离子多糖来实现的。一般使用海藻酸钠和氯化钙分别作为阴离子和阳离子成分。也可以与其他与海藻酸盐具有协同作用的聚合物材料结合，如菊粉，以增加形成结构的稳定性。以海藻酸盐和菊粉为壁材料，采用外离子凝胶包封法，可以有效地包封光滑褐藻苞片提取物。将菊粉含量从10%（质量分数）增加到20%（质量分数），改善了分散体的流变行为，也提高了甜菜红素的包封率、胶囊的机械阻力、充实度和热稳定性。

2. 溶胶–凝胶前驱体法

使用溶胶-凝胶前驱体如正硅酸四乙酯（TEOS），以提高甜菜色素的稳定性[23]。使用TEOS作为烷氧化物，是因为它在酸性条件下与甜菜碱分子的碳基反应形成新的碳氧硅键，赋予这种天然色素更大的稳定性。这种新型改性颜料可用于食品工业、化妆品和涂料。通过研究TEOS在甜菜色素中的影响来研究稳定性问题。该方法对热、光、pH稳定性以及颜色进行了研究。还利用FTIR光谱观察碳基中的修饰，并通过对修饰后的甜菜色素进行分子模拟予以验证。在热攻击、光线存在和pH变化方面，与未修饰的天然色素相比，甜菜色素的降解率分别降低了88.33%、16.84%和20.90%。测试还原糖含量、抗氧化剂含量和酚含量显示减少21.2%、36.2%和53.8%，分别表明形成稳定的甜菜色素，改性之后的甜菜色素，相对于合成染料，具有更高的营养价值。

3. 乙二胺四乙酸（EDTA）– 金属配合物法

一般来说，改性甜菜色素在极端条件下的性能不受影响，是食品工业中理想的饮料、酸乳和其他产品的理想颜料。通过形成配合物稳定甜菜色素，金属螯合剂EDTA也被证明通过形成EDTA-金属配合物防止金属诱导的甜菜素降解来稳定甜菜素[24]。如硒（Se）是硒蛋白的一种成分，具有体内抗氧化特性的谷胱甘肽过氧化物酶，但已知高水平的硒是有毒的。抗坏血酸（AA）是一种水溶性抗氧化剂，可通过谷胱甘肽介导还原其氧化形式（脱氢抗坏血酸和抗坏血酸自由基）在体内再生。由于硒与AA协同作用于预防致癌作用。AA在体外可以稳定甜菜碱，但是，在体内，它会将膳食中的无机硒还原为体内吸收较少的形式（即元素硒）。因此，有必要研究硒对甜菜碱稳定性的影响，以及硒和AA对甜菜碱的累积效应。最后得到结论：浆果汁中的甜菜碱被AA稳定，最佳浓度为0.25g/100mL，在AA的存在下添加Se（40mg/mL）增强了色素的稳定性，可能是由于AA和Se的协同作用。在AA（0.25g/100mL）和Se（40mg/mL）的存在下，甜菜碱在间歇或连续热处理后可有效再生。一般来说，类似的热处理可以在工业上对含有甜菜碱的果汁进行，而没有明显的色素损失。

第五节 甜菜色素的消化、吸收和代谢

一、消化和吸收

（一）甜菜红素

甜菜红素是一种常用的食用色素，是欧盟和FDA批准使用的唯一一种可作为食品、药品和化妆品中的天然红色染色剂的化合物。它在食品工业中有许多应用，可以将食品

和饮料染成粉色、红色或紫色。尽管对甜菜红素的生物活性和应用进行了大量研究，但对甜菜红素在体内的消化吸收过程仍不清楚。

体外研究表明，甜菜红素的吸收发生在消化系统中。在用胃液模拟消化后，发现甜菜碱含量减少了约 54%，经模拟肠道消化将甜菜碱含量额外降低了 11%[25]。使用解剖的小肠碎片进行的消化率研究表明，26%~60% 的甜菜碱，尤其是甜菜红素被代谢，这可能是其生物利用率差的一个原因 [26,27]。甜菜碱降解的口服、胃和小肠阶段的其他体外模拟表明约 50% 的色素损失。当将发酵的红甜菜汁灌胃给大鼠并从胃中吸收时，甜菜色素经历了强烈的降解。在动物生理液中鉴定出 19 种甜菜色素，其中包括 8 种天然化合物和 11 种代谢物。引入提取物 15s 和 30s 后，门静脉中甜菜红素的浓度达到峰值，为 0.86μmol/L 和 12.35μmol/L，尿液排出量也最高达到 0.14μmol/h 和 3.34μmol/h（分别添加 5mg 和 20mg 甜菜色素）[48]。给予的甜菜色素主要在胃壁（74%）、结肠（60%）和小肠（35%）中代谢，只有小部分甜菜红素在肝脏中代谢，约 2.7% 的未代谢甜菜红素通过尿液和粪便排出 [27]。当肝细胞与甜菜碱提取物共同孵育 7h 后，未发现代谢受到影响，这意味着肝脏不是甜菜碱代谢的场所。有趣的是，经过模拟消化过程后，发酵红火龙果饮料（17mmol/L）中保留的甜菜素的生物可及部分高于生红甜菜（64.5μmol/L），这增加了甜菜素进入细胞吸收的机会。Caco-2 细胞单层被开发成人类肠道上皮的模拟体外模型。该模型能够检查甜菜碱是否可以通过功能性肠道屏障被吸收，从而表明它们的生物利用率。甜菜红素主要是通过细胞旁转运以没有代谢的形式被肠壁的模拟模型很好地吸收 [49]。还证明了甜菜碱可以以不变的形式被吸收到体循环中，从而使它们保持其分子结构和高生物活性 [49]。然而，重要的是体外实验的结果，即使设计为模拟人类胃肠道的生物环境，也不一定能在体内转化，因为有几个其他因素（即首过代谢①、与肠道菌群的相互作用和蛋白酶降解）对最终到达循环的养分浓度会受到显著影响。

甜菜红素以完整的形式从肠道被吸收到体循环中，这表明和一些糖基化黄酮类化合物一样，水解不是吸收的先决条件；此外，在经历了与类黄酮类似的代谢途径后，在尿液中也检测到了其他未知代谢物，这些代谢物可能与结合物或微生物代谢物相吻合 [50]。甜菜碱是在多烯体系中具有正氮的阳离子化化合物。这种性质可能有助于在它们的吸收部位具有和花青素被吸收的类似吸收机制 [51,52]。已经在人类志愿者身上进行了试验，其中主要是以口服红甜菜汁或仙人掌果为主的方式。在饮用 300mL 甜菜根汁后的 12h 内，志愿者的尿液中发现了 0.5%~0.9% 的摄入的甜菜色素。这表明虽然量少，但是甜菜色素成功地被人体吸收。他们还表明，在摄入后 2~4h，甜菜色素的尿消除率峰值出现。大部分甜菜色素残留在胃肠道（GI）中，发挥其抗氧化作用 [53]。另一组在摄入 250mL 含有约 194mg 甜菜红素的甜菜根汁，或 300g 含有约 66mg 甜菜红素的整个甜菜根汁后，任何时间点都无法检测到血浆中的甜菜红素 [54]。在为 6 名健康参与者提供 500mL 甜菜根汁后，

① 首过代谢：又称第一关卡效应，指口服药物在胃肠道吸收后，经门静脉到肝，使进入血液循环的有效药量减少、药效降低的现象。——编者注

他们在24h内确定尿液中甜菜色素的浓度相当于摄入剂量的约0.3%。这些研究表明甜菜色素只有很小的生物利用率；然而，重要的是要认识到甜菜红素不太可能完全通过肾脏途径消除[55]。此外，一项体内研究表明0.5~10.0μmol/L范围内的甜菜碱以剂量依赖性方式抑制过氧化物酶或亚硝酸盐诱导的低密度脂蛋白氧化[56]。经推断，甜菜红素能够通过消化的几个阶段来维持其分子结构，来被吸收到体循环中，从而使它们在细胞内发挥潜在的生物活性。

游离形式的甜菜红素以相当小的量被吸收或根本不被吸收。然而，也有可能甜菜碱的苷元被吸收但由于稳定性差而立即降解[57]。更重要的是，由于这种低稳定性，甜菜碱苷元在吸收之前可能已经在消化道腔内降解。另一方面，血浆中糖苷配基的出现可能是由两个不相互排斥的不同过程引起的。首先，血浆中存在的少量甜菜碱苷元可能是由于存在于小肠黏膜细胞的胞质溶胶中的甜菜苷（甜菜苷的葡糖苷）被存在的*β*-糖苷酶水解而形成的。其次，甜菜碱苷元出现在大肠中也是有迹可循的，因为未被消化道上部吸收的甜菜碱可以到达大肠并被结肠细菌和碱性介质产生的*β*-葡萄糖苷酶水解。接下来，产生的苷元可以被大肠的黏膜吸收。另一方面，血浆中发现的大多数甜菜碱是它们的糖苷衍生物（99.1%），这可能表明大鼠和人类的吸收机制优先吸收以糖苷形式存在的甜菜碱[58]。考虑到上述因素，于是需要进一步研究以确定甜菜碱通过生物膜的渗透路径（简单扩散、有机阴离子载体、SGLT1转运蛋白），来研究甜菜碱的吸收机制[59]。

（二）甜菜黄素

体外研究的结果表明，甜菜黄素的吸收发生在肠道中。尽管对甜菜碱的生物活性进行了许多研究，但研究者离破解甜菜碱在体内的吸收途径还很遥远。通过有关消化率的研究表明，大多数摄入的甜菜碱在胃肠道中被降解。大约74%、35%和60%的甜菜色素分别在胃壁、小肠和结肠的盐水悬浮液中被代谢，而肝脏灌注实验表明只有一小部分甜菜色素在肝脏中代谢。还有研究证实了尿液的恢复，但在胃、小肠和结肠中的降解相对较少。此外，该研究未检测到甜菜黄素提取物在培养7h后对肝细胞的任何代谢影响，这表明肝脏可能不是甜菜黄素代谢的主要部位。在喂食甜菜碱提取物后24h对回收的尿液进行分光光度分析期间，除了完整的甜菜碱，没有检测到相关的代谢产物。摄入2~4h后，尿液中出现色素，持续12h，但未检测到甜菜色素代谢产物。通过将该过程比作肠道中槲皮素葡萄糖苷的吸收，推测吸收部位为肠道。提供了12h内喂食500g含有16mg甜菜色素的仙人掌果果肉的人类志愿者的血浆和尿液药代动力学的HPLC分析数据。60min后血浆中出现甜菜色素，并达到最大血浆浓度（c_{max}）0.20nmol/mL。甜菜碱的最终消除半衰期（$T_{1/2}$）为0.94h。与茚黄素相比，甜菜碱的$T_{1/2}$较低，表明可能具有较低的分布体积、较高的清除率或两者兼而有之。研究中未检测到甜菜黄素，这表明甜菜黄素吸收不需要进行去糖基化。此外，甜菜碱的代谢转化产物没有被考虑在内，尽管在尿样的HPLC谱图中观察到了一些未识别的峰。

因此，甜菜碱的代谢转化产物无法被研究人员检测到，迄今为止的生物利用率研究并不具有包容性。为了了解甜菜色素生物利用率有限的原因，在 Caco-2 细胞中研究了甜菜色素的跨上皮转运。结果进一步证明了甜菜碱通过肠上皮细胞吸收而没有任何代谢转化。与仙人掌果相比，红甜菜甜菜碱吸收较少，这可能是由于基质效应。甜菜色素表现出渗透系数，其显示出显著的双向值和非线性流出动力学。该证据和其他证据表明，多药耐药相关蛋白 2（MRP2）介导的外排以及食物基质选择性地阻碍了甜菜碱的吸收。另一方面，甜菜碱的生物利用率差也可能归因于胃肠道中色素的降解和/或体内吸收后的分布。关于甜菜色素在胃肠道中的降解。同样，在口腔、胃和小肠阶段甜菜碱降解的体外模拟研究表明，大约 50% 的色素损失。此外，甜菜碱的生物利用率受到食物基质的限制，这可能是低生物利用率以及不同的生物利用率的原因，具体取决于饮食来源。此外，低生物利用率也可归因于甜菜色素在不同身体区室（如红细胞）中的吸收后分布 [60]。

二、代谢

（一）甜菜红素

大多数关于甜菜碱尿药代动力学的研究都指向低肾排泄。然而，在不考虑代谢产物的情况下，甜菜碱的生物利用率数据是不完整的，因为最近的研究只揭示了代谢转化的可能性。通过对一位曾食用大量红甜菜作为辅助治疗癌症患者进行尸检，发现紫色结肠 [61]。在排除了结肠变色的所有可能原因后，得出的结论是紫色很可能是甜菜根色素，在组织切片固定后消失。在没有分析确认的情况下，假设死后的变化可能导致色素从结肠腔扩散到浆膜表面，因为在体内没有发现这种变色。有人在食用甜菜根数小时后死亡，从变色的结肠中提取颜色，分析证实甜菜根色素是造成结肠变色的原因 [62]，并使用液相色谱 - 高分辨高精密度质谱（LC-HRMS）进行分析。在样品中，化学家可以检测到甜菜碱、甜菜碱和异甜菜碱。首次根据特征离子碎裂模式在尿液中鉴定，除甜菜碱外，其两种 Ⅱ 期代谢物甜菜苷葡糖苷酸（m/z 565.1294）和甜菜苷硫酸盐（m/z 469.0541）。根据最近关于植物次生代谢产物转化产物的数据，必须采用整体实验方法来研究甜菜碱的生物利用率。应考虑影响植物化学物质生物利用率的因素，如膳食来源和食物基质、其分子在消化环境中的不稳定性、肠道中的细菌降解和吸收机制，以及加工参数，如烹饪、采后加工、稳定剂和防腐剂。有趣的是，甜菜碱的生物利用率可以通过与抗氧化金属（如硒）形成络合物来提高稳定性。在抗坏血酸等生物还原剂的存在下，可能会形成甜菜碱 - 硒复合物，这也可以稳定甜菜碱。可以假设这样的配合物通过硒吸收途径被吸收，因为有机硒比游离无机硒更容易被吸收。因此，需要在模型食物以及真实的食物基质中系统地评估甜菜碱的生物利用率，以了解除肾脏途径外，其他消除甜菜碱的途径，例如胆汁排泄或肝肠循环和新陈代谢。

甜菜碱的生理潜力在较高的 pH 下相对更稳定，是一种强自由基清除剂，具有合理的生物活性，但由于其低生物利用率（0.28%~3.7%），这与膳食酚类物质相当。酚酸，如肉桂酸和苯甲酸衍生物，是人类饮食中的主要多酚类物质，具有生物可利用性。咖啡酸、阿魏酸、没食子酸的配基大多被胃或小肠吸收，可能是通过单羧酸转运蛋白（MCT）或细胞旁扩散。与小而简单的酸相比，酯化形式的酚酸显示出较低的生物利用率。同样，其他多酚类物质，如黄酮类糖苷，在被乳糖酶根皮苷水解酶（LPH，一种对黄酮类化合物 -*O*-*β*-D 具有广泛底物特异性的酶）裂解后释放配基 - 葡萄糖苷在小肠上皮细胞刷状缘。然后这些配基通过被动扩散通过顶膜被吸收。完整进入小肠的类黄酮糖苷被上皮细胞内的胞质 *β*- 葡萄糖苷酶（CBG）水解。有人提出，通过葡萄糖转运蛋白 GLUT2、三磷酸腺苷结合盒（ABC）转运蛋白家族，包括多药耐药蛋白（MRP）和 *P*- 糖蛋白介导的外排，一部分代谢物离开上皮细胞进入小血管肠腔。这导致这些化合物的生物利用率降低。尽管有许多报道，但与葡萄糖苷相比，LPH 作用最有可能释放配基，这些配基更快地从小肠腔吸收。同样，有必要研究各种甜菜碱形式（包括配基、二糖苷及其衍生物）的生物利用率。

（二）甜菜黄素

甜菜碱的一个缺点是具有较低的生物利用率。大鼠单次口服 2μmol/kg 甜菜黄素后，发现甜菜黄素的最大血浆浓度为 0.22μmol/L，终末消除半衰期（$T_{1/2}$）为 1.15h。大鼠尿液中甜菜黄素的生物利用率为 21%[63]。接受 120 mg 甜菜红素后，尿液中排出了 0.5%~0.9% 的甜菜色素。摄入后 2~4h 可在尿液中检测到色素，直至 12h；未发现甜菜碱代谢产物。大多数甜菜碱保留在胃肠道中。另一组在摄入 250mL 含有约 194mg 甜菜碱的甜菜根汁或 300g 含有约 66mg 甜菜碱的整个甜菜根汁后的任何时间点都无法检测到血浆中的甜菜碱。另一项研究指出甜菜碱具有更高的生物利用率。当志愿者食用含有 28mg 甜菜黄素和 16mg 甜菜红素的 500g 仙人掌果果肉时，60min 后两种化合物都出现在他们的血浆中，3h 后达到峰值浓度（甜菜红素为 0.20μmol/L），并在 12h 后从血浆中消失。两种化合物均按照一级动力学进行处理，它们的消除半衰期对于甜菜黄素为 2.36h，对于甜菜红素为 0.94h。在 12h 内，3.7% 的消耗的甜菜碱从尿液中排出。大鼠和人类之间甜菜碱药代动力学的差异表明种间外推的必要性。

体外研究结果表明，甜菜色素降解主要发生在肠道中。在用胃液模拟消化后，发现甜菜碱含量减少了约 54%；随后的模拟肠道消化将甜菜苷含量额外降低了 11%。使用解剖的小肠碎片进行的消化率研究表明，26%~60% 的甜菜碱，尤其是甜菜色素被代谢。甜菜碱降解的口服、胃和小肠阶段的其他体外模拟表明约 50% 的色素损失。使用 Caco-2 细胞作为甜菜碱跨上皮转运模型的研究证实，甜菜碱可以在肠道中吸收而无须任何代谢转化，并且多药耐药相关蛋白 2 介导的甜菜碱吸收可以选择性地受到阻碍主动流出。据报道，甜菜碱的生物利用率可以通过与硒等抗氧化金属形成络合物来增强，硒可以稳定甜菜碱。抗坏血酸促进甜菜碱 - 硒复合物的形成。此类络合物可能通过硒吸收途径被吸收，相对于游离无机硒，它们更喜欢有机硒络合物。

第六节 甜菜色素在食品、功能食品和智能包装中的应用

一、作为食品着色剂

甜菜根因富含维生素、矿物质、酚类、类胡萝卜素、硝酸盐、抗坏血酸和甜菜素等促进健康的基本成分而被公认为促进健康的食物，是 WHO 评选出的 13 种最佳蔬菜之一。有研究表明，所有植物中，红甜菜抗氧化物质含量排名前十。鉴于它的多种优良特性，红甜菜被美国防癌协会列为 30 种防癌果蔬之一。目前，欧盟已经批准甜菜红素用于食品（EECNo.E162），FDA 也正式批准甜菜红素在食品领域的使用（No.73.40），这类色素由于在高 pH>4 的环境中更稳定而可能被更广泛应用（其抗氧化能力为花青苷色素的 1.5~2 倍）。甜菜色素的适用范围包括沙拉、软饮料、糖果、酸乳等，添加 50 mg/kg 甜菜色素即可有良好的着色效果。在欧美地区，甜菜红素（E_{162} 色素）的主要来源是红甜菜。甜菜红素是一类紫红色色素，具有很高的营养价值，目前广泛地应用于乳制品、糖果、肉类替代品等产品中，并且由于其色调较高，当以 0.1%~1.0%（质量分数）的甜菜红素添加于食品中时，即可获得草莓的色调。用粉状甜菜红素对熟火腿着色与赤鲜红着色进行对比，在冷藏的条件下贮藏 1d 后颜色仍然比较稳定。在甜菜红素与壳聚糖清除香肠中亚硝酸盐的研究过程中，发现壳聚糖有良好的水分保持能力，但清除亚硝酸盐的能力比较弱，而甜菜红素具有很好的清除亚硝酸盐的能力，因此建议在生产香肠的过程中减少壳聚糖的用量，而使用甜菜红素来加以补充，来作为香肠的着色剂及亚硝酸盐的清除剂。另外随着人们生活水平的提高具有特殊功能的保健食品也具有广阔的市场具有抗氧化性和抗癌的作用甜菜红素可以应用于该类产品的研发与生产。

由于甜菜色素的保健价值日益被人们所熟知，加上其较高的酸碱稳定性，近年来被越来越看好开发成天然食用色素用于食品工业。甜菜色素的开发符合食品添加剂国际需求潮流——安全、保健的功能型食品添加剂。红甜菜来源的甜菜色素（甜菜红素）的需求占全球每年对食用色素的需求量的 10% 以上。而甜菜黄素由于含有特殊氨基酸，被赋予独特于甜菜红素的理化性质和保健价值，将成为食品中补充氨基酸的重要来源。但目前市场上还没有商品化的甜菜黄素销售，原因一是来源较少，二是其弱稳定性。

二、功能强化（功能食品）

Mosquera 等 [64] 研究表明富含甜菜红素的组分比富含甜菜黄素的组分具有更高的抗氧化活性和酚类含量。Butera 等 [65] 也曾得到相同的结论，同时他们肯定了纯甜菜苷在清除自由基方面比纯梨果仙人掌黄质更有活性，有研究表明甜菜红素的稳定性是甜菜黄素的三倍。另外，Mohammad 等 [60] 研究表明甜菜碱的体外抗氧化和生物活性比抗坏血酸、白藜芦醇和酚酸更有效。

甜菜红素的基本结构由 β- 氨基甲酸与二羟基苯丙氨酸的缩合（DOPA 循环）组成，其吸收光谱（K_{max}）为 541nm。这种天然色素除了被用来给各种织物、食品、药品等上色，还具有相容的物化性能，可以制作染料敏化太阳能电池。甜菜苷（CI 天然红 33，E- 编号 E_{162}，甜菜苷配基 5-O-β- 葡萄糖苷）是唯一获准用于食品的甜菜色素，它们几乎全部来自红色甜菜作物[66]。这种天然甜菜红素不仅可以作为安全的添加剂来增加食物、药品、化妆品的天然颜色或抗氧化性能，而且因其氧化性可以作为治疗产品，在促进健康和预防高血压、血脂异常、癌症和血管狭窄等疾病方面也具有良好的潜力。

甜菜色素还以甜菜汁和甜菜粉的形式被用作食品、美容剂和药物的天然添加剂。在食品行业，通常运用相对简单的半合成技术，通过在甜菜黄素结构中引入必需氨基酸的方式来给食品（如糖果、糕点等）添加必需的氨基酸；同时也可以为食品涂上亮丽的颜色，从而提高食品的外观。此外，在紫茉莉科植物中，花来源的甜菜黄素具有自发荧光的特征；而甜菜醛氨酸和甜菜红素却没有检测到自发荧光，这一特点为食品行业的食品着色提供了新的可能性。最近甜菜色素的研究表明，红色甜菜根、苋菜、刺梨和红色火龙果中含有的甜菜色素具有抗氧化、抗癌、抗脂血症和抗微生物等药学特性，因此它们在作为功能食品方面具有极大的潜力。

甜菜色素具有着色和护色作用，是天然食品添加剂的重要组成部分。它不仅可以用于改善食品的色泽，而且还可以广泛用于医疗卫生、日用化工产品、化妆品及印染工业等方面的着色。食用色素虽然用量极少，但在食品总质量评价中，色泽评分约占 45%，具有巨大的应用价值。近 30 年来，国内对于甜菜红素的研究有很多报道，主要以理化性质和稳定性两方面的研究居多[67]。一些特殊人群（如婴幼儿）的药品，为使药品具有较好的外观而利于用药婴幼儿的服用，必要时需添加食用色素；同时为了区分药品，有时也需要在制药的过程中添加食用色素，可以采用甜菜红素代替人工合成色素进行有色药品的生产。Kapadia 等发现，甜菜红素可以显著抑制老鼠的皮肤癌和肺癌的发生[68]；Tesoriere 等发现，离体红细胞在甜菜素溶液中培养一段时间，可以明显延迟由于氧化剂异丙基苯过氧化氢物造成的溶血作用[69]；吕晓玲等通过对甜菜红素的研究，最终确定甜菜红素的主要抗氧化成分为甜菜红苷[70]，其次，甜菜红素中含有甜菜碱，对各种肝脏疾病有一定的疗效。人体一些疾病的发生，是由于体内的 LDL 被氧化而引起的，甜菜红素所具有的抗氧化性能够有效地防止 LDL 的氧化，减少人体疾病的发生；研究人员将甜菜红素添加到人们日常饮食中，通过体内试验，发现甜菜红素能有效地阻止血红素的分解以及由铜离子诱导的脂类氧化，从而保证人体的正常代谢；在美国，已有将甜菜红素作为药物主要成分的抗癌药问世，并获得了专利。由于甜菜红素具有以上诸多功效，所以可以将其广泛用于药品、功能食品等的研制和开发。

甜菜黄素主要存在于甜菜等石竹目植物中，由于多种组分并存使得单组分甜菜黄素的提取分离工艺复杂、成本高[71]。随着合成生物学发展，构建工程微生物为甜菜黄素的发酵生产提供了可能。大肠杆菌是异源合成天然产物的重要底盘细胞，具有生长快、培养简单、成本低廉等优势。最近在大肠杆菌中表达醋杆菌多巴双加氧酶基因，外源添加6种胺类物质，合成了相应的甜菜黄素结构决定功能，甜菜中富含蛋白质、果胶质、有机酸、甜菜碱、酰胺、还原糖和氨基酸，还有钾、钠、镁等盐类。因其富含多种活性物质，具备很强的抗氧化性，同时也可以阻止血红素的分解和脂类物质的氧化，可以有效地防止LDL的氧化，减少人体疾病的发生[52]，同时也可以帮助消化，改善内脏功能，降血糖，降血压，降血脂，预防肿瘤，减缓肌肉疲劳、增加细胞含氧量等功能。因此开发甜菜碱类天然色素在食品、化妆、医药等方面有着巨大的应用潜力和市场前景。

三、智能薄膜包装中的应用

消费者要求具有较长保质期的安全食品，于是需要研究人员和食品行业探索食品包装新技术。智能薄膜是一种及时提供有关食品新鲜度和/或变质的信息的包装。这些薄膜监测包装产品的质量以及包装内的条件，如温度、pH、氧气和微生物代谢物。近年来已经开发了几种智能包封，包括pH指示膜，它通过视觉颜色变化提供信息。尽管大多数智能薄膜都是由合成石油产品等不可再生资源生产的，但可生物降解的替代品一直受到广泛关注。生物聚合物（如来自不同来源的多糖和蛋白质）已被探索以制备可生物降解的智能薄膜，因为它们作为聚合物基质具有丰富性、无毒性和生物相容性。

甜菜色素的颜色直接取决于它们作为pH函数的稳定性。它们通常在pH=3~7稳定，最佳pH在4~5。在此pH范围内，甜菜色素呈明亮的蓝红色，随着pH的增加而变成蓝紫色。一旦pH达到碱性，甜菜色素就会通过水解降解，导致黄褐色。从不同来源获得的富含甜菜碱，主要是来源于火龙果皮、新鲜红火龙果实、甜菜根、苋菜叶和面粉和仙人掌果，已被用作智能开发的天然指标薄膜。这些智能薄膜可以基于不同的生物聚合物（如葡甘露聚糖-聚乙烯醇、季铵壳聚糖-鱼明胶、马铃薯淀粉、糠酪聚糖、淀粉-聚乙烯醇、聚乙烯醇、明胶和塔拉胶-聚乙烯醇）并监控新鲜产品（主要是虾、鸡肉和鱼）的质量。具有pH控制功能的智能薄膜可以通过生物聚合物与富含甜菜碱的提取物相结合来配制，并通过流延技术生产。干燥后，智能薄膜可以直接与食品接触或与初级包装材料偶联，与变质过程中释放的化合物相互作用，主要是包装顶部空间中的总挥发性碱性氮（TVBN）。智能薄膜与食物或其顶部空间在特定pH下的相互作用会改变薄膜的颜色，直观地指示产品是新鲜的还是变质的。

基于合成聚合物的活性薄膜是消费者开发以食品保鲜为目标的可持续和环保产品的需求。有一些报道称，含有来自红甜菜根粉的甜菜碱与食品工业中常用的淀粉和合成聚合物，如聚二甲基硅氧烷，用于生产生物弹性体薄膜，以及乙烯醇与来自红甜菜根粉或提取物来生产甜菜碱共聚物。已经开发出用含有甜菜碱的生物基聚合物生产的活性薄膜作为替代品，以减轻食品包装对环境污染的影响，并保持食品的安全性、营养和感官品质。此外，食品副产品，如甜菜根加工的残留物和明胶胶囊残留物可用于开发这些薄膜，有助于提高其可持续性。甜菜碱比维生素C、儿茶素和一些花青素具有更高的抗氧化活性，这是因为它们有更强的电子贡献能力和其结构中的酚羟基。一旦将甜菜碱或富含甜菜碱的提取物掺入薄膜中，它们就可以赋予或有助于薄膜的抗氧化活性，为开发的材料提供有趣的特性，防止食物氧化，避免储存过程中的酸败和营养损失。

参考文献

[1] STRACK D, VOGT T, SCHLIEMANN W. Recent advances in betalain research [J]. Phytochemistry，2003，62（3）：247-269.

[2] VAILLANT F，PEREZ A，DAVILA I，et al. Colorant and antioxidant properties of red-purple pitahaya（*Hylocereus* sp.）[J]. Fruits，2005，60（1）：3-12.

[3] 王春丽，张琳，祖元刚，等. 红甜菜甜菜红素降血脂作用的实验研究 [J]. 食品工业，2011，32（6）：3.

[4] CARLE R，STINTZING F C. Cactus fruits. More than colour [J]. Fruit Processing：Journal for the Fruit Processing and Juice Producing European and Overseas Industry，2006，16：166-171.

[5] LU G，EDWARDS C G，FELLMAN J K，et al. Biosynthetic origin of geosmin in red beets（*Beta vulgaris* L.）[J]. Journal of Agricultural and Food Chemistry，2003，51（4）：1026-1029.

[6] STINTZING F C，HERBACH K M，MOSSHAMMER M R，et al. Color, betalain pattern, and antioxidant properties of cactus pear（*Opuntia* spp.）clones [J]. Journal of Agricultural and Food Chemistry，2005，53（2）：442-451.

[7] CASTELLAR R，OBóN J，ALACID M，et al. Color properties and stability of betacyanins from Opuntia fruits [J]. Journal of Agricultural & Food Chemistry，2003，51（9）：2772.

[8] 张玉霜，许庆轩，李红侠，等. 甜菜色素种类分布和应用研究进展 [J]. 中国农学通报，2015，31（24）：8.

[9] KHAN MI. Plant betalains：Safety，antioxidant activity，clinical efficacy，and bioavailability [J]. Comprehensive Reviews in Food Science and Food Safety，2016，2016，15（2）：316-330.

[10] HATLESTAD G J，SUNNADENIYA R M，AKHAVAN N A，et al. The beet R locus encodes a new cytochrome P450 required for red betalain production [J]. Nature Genetics，2012，44（7）：816-820.

[11] CAI Y，CORKE H. Amaranthus betacyanin pigments applied in model food systems [J]. Journal of Food Science，1999，64（5）：869-873.

[12] HERBACH K M，STINTZING F C，CARLE R. Stability and color changes of thermally treated betanin，phyllocactin，and hylocerenin solutions [J]. Journal of Agricultural & Food Chemistry，2006，54（2）：390-398.

[13] STINTZING F C，CARLE R. Functional properties of anthocyanins and betalains in plants，food，and in human nutrition [J]. Trends in Food Science & Technology，2004，15（1）：19-38.

[14] KEARSLEY M W，RODRIGUEZ N. The stability and use of natural colours in foods：Anthocyanin，*β*-carotene and riboflavin [J]. International Journal of Food Science & Technology，1981，16（4）：421-431.

[15] COHEN E，SAGUY I. Effect of water activity and moisture content on the stability of beet powder pigments [J]. Journal of Food Science，1983，48（3）：703-707.

[16] ATTOE E L，VON ELBE J H. Photochemial degradation of betanine and selected anthocyanins [J]. Journal of Food Science，1981，46（6）：1934-1937.

[17] CZAPSKI J. Heat stability of betacyanins in red beet juice and in betanin solutions [J]. Zeitschrift für Lebensmittel-Untersuchung und Forschung，1990，191（4-5）：275-278.

[18] ALTAMIRANO R C, DRDáK M, SIMON P, et al. Thermal degradation of betanine in various water alcohol model systems [J]. Food Chemistry, 1993, 46(1): 73-75.
[19] 毕见州 . 半枝莲甜菜红素提取物抗氧化及调血脂作用的研究 [D]. 济南：山东大学，2009.
[20] SILVA DE AZEVEDO E, ZAPATA NOREñA C P. External ionic gelation as a tool for the encapsulation and stability of betacyanins from *Bougainvillea glabra* bracts extract in a food model [J]. Journal of Food Processing and Preservation, 2021, 45（9）：e15637.
[21] GANDIA-HERRERO F, JIMENEZ-ATIENZAR M, CABANES J, et al. Stabilization of the bioactive pigment of *Opuntia* fruits through maltodextrin encapsulation [J]. Journal of Agricultural and Food Chemistry, 2010, 58（19）：10646-10652.
[22] GUO Q, ZHANG Z, DADMOHAMMADI Y, et al. Synergistic effects of ascorbic acid, low methoxy pectin, and EDTA on stabilizing the natural red colors in acidified beverages [J]. Current Research in Food Science, 2021, 4: 873-881.
[23] MOLINA G A, HERNáNDEZ-MARTíNEZ A R, CORTEZ-VALADEZ M, et al. Effects of tetraethyl orthosilicate（TEOS）on the light and temperature stability of a pigment from Beta vulgaris and its potential food industry applications [J]. Molecules, 2014, 19（11）：17985-8002.
[24] KHAN M I, GIRIDHAR P. Enhanced chemical stability, chromatic properties and regeneration of betalains in *Rivina humilis* L. berry juice [J]. LWT - Food Science and Technology. 2014, 58（2）：649-657.
[25] VIEIRA TEIXEIRA DA SILVA D, DOS SANTOS BAIãO D, DE OLIVEIRA SILVA F, et al. Betanin, a natural food additive: Stability, bioavailability, antioxidant and preservative ability assessments [J]. Molecules（Basel, Switzerland）, 2019, 24（3）：24030458.
[26] REYNOSO R, GINER T, DE MEJIA E G. Safety of a filtrate of fermented garambullo fruit: biotransformation and toxicity studies [J]. Food and Chemical Toxicology, 1999, 37（8）：825-830.
[27] KRANTZ C, MONIER M, WAHLSTRöM B. Absorption, excretion, metabolism and cardiovascular effects of beetroot extract in the rat [J]. Food and Cosmetics Toxicology, 1980, 18（4）：363-366.
[28] LOMBARDELLI C, BENUCCI I, MAZZOCCHI C, et al. A novel process for the recovery of betalains from unsold red beets by low-temperature enzyme-assisted extraction [J]. Foods（Basel, Switzerland）, 2021, 10（2）：236.
[29] GOMEZ-LOPEZ I, LOBO-RODRIGO G, PORTILLO M P, et al. Ultrasound-assisted "green" extraction（uae）of antioxidant compounds（betalains and phenolics）from *Opuntia stricta* var. Dilenii's fruits: Optimization and biological activities [J]. Antioxidants（Basel）, 2021, 10（11）：1786.
[30] LINARES G, ROJAS M L. Ultrasound-assisted extraction of natural pigments from food processing by-products: a review [J]. Frontiers in Nutrition, 2022, 9: 891462.
[31] MARAN J P, PRIYA B. Multivariate statistical analysis and optimization of ultrasound-assisted extraction of natural pigments from waste red beet stalks [J]. Journal of Food Science and Technology, 2015, 53（1）：792-799.
[32] FERNANDO G S N, WOOD K, PAPAIOANNOU E H, et al. Application of an

ultrasound-assisted extraction method to recover betalains and polyphenols from red beetroot waste [J]. ACS Sustainable Chemistry & Engineering，2021，9（26）：8736-8747.

[33] RIGHI PESSOA DA SILVA H，DA SILVA C，BOLANHO B C. Ultrasonic-assisted extraction of betalains from red beet（*Beta vulgaris* L.）[J]. Journal of Food Process Engineering，2018，41（6）：e12833.

[34] LAQUI-VILCA C，AGUILAR-TUESTA S，MAMANI-NAVARRO W，et al. Ultrasound-assisted optimal extraction and thermal stability of betalains from colored quinoa（*Chenopodium quinoa* Willd）hulls [J]. Industrial Crops and Products，2018，111：606-614.

[35] RORIZ C，XAVIER V，HELENO S，et al. Chemical and bioactive features of *amaranthus caudatus* L. flowers and optimized ultrasound-Assisted extraction of betalains [J]. Foods（Basel，Switzerland），2021，10（4）：779.

[36] CARDOSO-UGARTE G A，SOSA-MORALES M E，BALLARD T，et al. Microwave-assisted extraction of betalains from red beet（*Beta vulgaris*）[J]. LWT-Food Science and Technology，2014，59（1）：276-282.

[37] SHARMA A，MAZUMDAR B，KESHAV A. Valorization of unsalable *Amaranthus tricolour* leaves by microwave-assisted extraction of betacyanin and betaxanthin [J]. Biomass Conversion and Biorefinery，2021：01267.

[38] LóPEZ N，PUéRTOLAS E，CONDóN S，et al. Enhancement of the extraction of betanine from red beetroot by pulsed electric fields [J]. Journal of Food Engineering，2009，90（1）：60-66.

[39] VISOCKIS M，BOBINAITĖ R，RUZGYS P，et al. Assessment of plant tissue disintegration degree and its related implications in the pulsed electric field（PEF）–assisted aqueous extraction of betalains from the fresh red beetroot [J]. Innovative Food Science & Emerging Technologies，2021，73：102761.

[40] HERNáNDEZ-AGUIRRE O A，MURO C，HERNáNDEZ-ACOSTA E，et al. Extraction and stabilization of betalains from beetroot（*Beta vulgaris*）wastes using deep eutectic solvents [J]. Molecules（Basel，Switzerland），2021，26（21）：26216342.

[41] CABAS B M，ICIER F. Ohmic heating–Assisted extraction of natural color matters from red beetroot [J]. Food and Bioprocess Technology，2021，14（11）：2062-2077.

[42] 吕思润 . 甜菜红素的提取纯化及其生物活性研究 [D]. 哈尔滨：哈尔滨工业大学 .

[43] 周俊良，沈佳奇，马玉华，等 . 大孔树脂吸附法纯化火龙果皮甜菜色素工艺 [J]. 贵州农业科学，2017，45（4）：112-115.

[44] 周宏璐，王景会 . 甜菜红色素提取，精制，稳定化研究 [J]. 吉林农业科学，2010，35（6）：58-62.

[45] AHMADI H，NAYERI Z，MINUCHEHR Z，et al. Betanin purification from red beetroots and evaluation of its anti-oxidant and anti-inflammatory activity on LPS-activated microglial cells [J]. Public Library of Science，2020，15（5）：e0233088.

[46] FERNANDO G S N，SERGEEVA N N，FRUTOS M J，et al. Novel approach for purification of major betalains using flash chromatography and comparison of radical scavenging and antioxidant activities [J]. Food Chemistry，2022，385：132632.

[47] SUTOR-ŚWIEŻY K，ANTONIK M，PROSZEK J，et al. Dehydrogenation of betacyanins in heated betalain-rich extracts of red beet（*Beta vulgaris* L.）[J]. International Journal of Molecular Sciences，2022，23（3）：1245.

[48] SAWICKI T，TOPOLSKA J，BĄCZEK N，et al. Characterization of the profile and concentration of betacyanin in the gastric content，blood and urine of rats after an intragastric administration of fermented red beet juice [J]. Food Chemistry，2020，313：126169.
[49] TESORIERE L，GENTILE C，ANGILERI F，et al. *Trans*-epithelial transport of the betalain pigments indicaxanthin and betanin across Caco-2 cell monolayers and influence of food matrix [J]. European Journal of Nutrition，2013，52（3）：1077-1087.
[50] ALLEGRA M，FURTMüLLER P G，JANTSCHKO W，et al. Mechanism of interaction of betanin and indicaxanthin with human myeloperoxidase and hypochlorous acid [J]. Biochemical and Biophysical Research Communications，2005，332（3）：837-844.
[51] TALAVéRA S，FELGINES C，TEXIER O，et al. Anthocyanin metabolism in rats and their distribution to digestive area，kidney，and brain [J]. Journal of Agricultural and Food Chemistry，2005，53（10）：3902-3908.
[52] TESORIERE L，ALLEGRA M，BUTERA D，et al. Absorption，excretion，and distribution of dietary antioxidant betalains in LDLs：Potential health effects of betalains in humans [J]. The American Journal of Clinical Nutrition，2004，80（4）：941-945.
[53] KANNER J，HAREL S，GRANIT R. Betalains a new class of dietary cationized antioxidants [J]. Journal of Agricultural and Food Chemistry，2001，49（11）：5178-5185.
[54] CLIFFORD T，CONSTANTINOU C M，KEANE K M，et al. The plasma bioavailability of nitrate and betanin from *Beta vulgaris* rubra in humans [J]. European Journal of Nutrition，2017，56（3）：1245-1254.
[55] FRANK T，STINTZING F C，CARLE R，et al. Urinary pharmacokinetics of betalains following consumption of red beet juice in healthy humans [J]. Pharmacological Research，2005，52（4）：290-297.
[56] ALLEGRA M，TESORIERE L，LIVREA M A. Betanin inhibits the myeloperoxidase/nitrite-induced oxidation of human low-density lipoproteins [J]. Free Radical Research Communications，2007，41（3）：335-341.
[57] AZEREDO H M. Betalains：Properties，sources，applications，and stability–A review [J]. International Journal of Food Science & Technology，2009，44（12）：2365-2376.
[58] SAWICKI T，TOPOLSKA J，ROMASZKO E，et al. Profile and content of betalains in plasma and urine of volunteers after long-term exposure to fermented red beet juice [J]. Journal of Agricultural and Food Chemistry，2018，66（16）：4155-4163.
[59] TESORIERE L，FAZZARI M，ANGILERI F，et al. In vitro digestion of betalainic foods. Stability and bioaccessibility of betaxanthins and betacyanins and antioxidative potential of food digesta [J]. Journal of Agricultural and Food Chemistry，2008，56（22）：10487-92.
[60] KHAN M I. Plant betalains：Safety，antioxidant activity，clinical efficacy，and bioavailability [J]. Comprehensive Reviews in Food Science and Food Safety，2016，15（2）：316-330.
[61] CSERNI G，KOCSIS L. The case of the purple colon [J]. Virchows Archiv，2008，452（6）：703-703.
[62] ROEMMELT A T，FRANCKENBERG S，STEUER A E，et al. Purple

discoloration of the colon found during autopsy: Identification of betanin, its aglycone and metabolites by liquid chromatography–high-resolution mass spectrometry [J]. Forensic Science International, 2014, 240: e1-e6.

[63] ALLEGRA M, IANARO A, TERSIGNI M, et al. Indicaxanthin from cactus pear fruit exerts anti-inflammatory effects in carrageenin-induced rat pleurisy [J]. The Journal of Nutrition, 2014, 144（2）: 185-192.

[64] MOSQUERA N, CEJUDO-BASTANTE M J, HEREDIA F J, et al. Identification of new Betalains in separated betacyanin and betaxanthin fractions from Ulluco（*Ullucus tuberosus* Caldas）by HPLC-DAD-ESI-MS [J]. Plant Foods for Human Nutrition, 2020, 75（3）: 434-440.

[65] BUTERA D, TESORIERE L, DI GAUDIO F, et al. Antioxidant activities of Sicilian prickly pear（*Opuntia ficus indica*）fruit extracts and reducing properties of its betalains: Betanin and indicaxanthin [J]. Journal of Agricultural and Food Chemistry, 2002, 50（23）: 6895-6901.

[66] DELGADO-VARGAS F, JIMéNEZ A, PAREDES-LóPEZ O. Natural pigments: Carotenoids, anthocyanins, and betalains—Characteristics, biosynthesis, processing, and stability [J]. Critical Reviews in Food Science and Nutrition, 2000, 40（3）: 173-289.

[67] 王长泉，刘涛，王宝山. 植物甜菜素研究进展 [J]. 植物学通报，2006，23（3）：302-311.

[68] KAPADIA G J, TOKUDA H, KONOSHIMA T, et al. Chemoprevention of lung and skin cancer by *Beta vulgaris*（beet）root extract [J]. Cancer Letters, 1996, 100（1-2）: 211-214.

[69] TESORIERE L, BUTERA D, PINTAUDI A M, et al. Supplementation with cactus pear（*Opuntia ficus-indica*）fruit decreases oxidative stress in healthy humans: A comparative study with vitamin C [J]. The American Journal of Clinical Nutrition, 2004, 80（2）: 391-395.

[70] 吕晓玲，王玉平，周平，等. 甜菜红色素主要成分抗氧化能力 [J]. 食品研究与开发，2009，（6）：39-43.

[71] CELLI G B, BROOKS M S L. Impact of extraction and processing conditions on betalains and comparison of properties with anthocyanins—A current review [J]. Food Res Int, 2017, 100: 501-509.

第七章

叶绿素的制备及应用

第一节 概述

叶绿素是一类绿色色素，主要存在于高等植物和其他能进行光合作用的生物体内。叶绿素种类丰富，主要包括叶绿素 a、叶绿素 b、叶绿素 c、叶绿素 d、叶绿素 f 和原叶绿素和细菌叶绿素等含镁卟啉化合物。其中，原叶绿素是合成叶绿素的前体物质。叶绿素 a 和叶绿素 b 两种是在食品领域常见的两种叶绿素 [1]，两者在热或酸性条件下会分别降解为脱镁叶绿素 a 和脱镁叶绿素 b，叶绿素 a 和叶绿素 b 均可溶于乙醇等极性溶剂之中，不溶于水，因此一般可以用丙醇，甲醇等试剂对其进行提取。叶绿素 c、叶绿素 d、叶绿素 f 主要存在于藻类中进行光合作用 [2,3]；原叶绿素是合成叶绿素的前体物质；细菌叶绿素是指光合细菌（如紫色细菌）的色素，作用类似于高等植物中的叶绿素。

一、食物来源

高等植物叶片是主要的叶绿素食物来源。富含叶绿素的食物主要有地瓜叶、菠菜、生菜、油麦菜、小白菜、豌豆尖、油菜、韭菜、茼蒿、黄瓜、龙须菜、芦荟、木薯叶等（表 7-1）。植物类型和叶片成熟度决定了叶绿素的质量和含量。叶片成熟度越高，叶绿素 a 和总叶绿素含量越高 [1]。脱镁叶绿素则广泛存在于高等植物、藻类植物、苔藓类以及具有光合作用能力的细菌当中。

表 7-1　主要植物中叶绿素含量　　单位：mg/g

植物名称	种属	叶绿素 a 含量	叶绿素 b 含量	总叶绿素含量	资料来源
地瓜叶	旋花科番薯属	4.1 ± 0.55	1.4 ± 0.09	4.8 ± 0.34	Li M 等 [4]
木薯叶	大戟科木薯属	2.7 ± 0.12	0.9 ± 0.04	3.4 ± 0.16	Limantara 等 [5]
菠菜	藜科菠菜属	3.1 ± 0.17	1.1 ± 0.08	4.4 ± 0.12	Ozkan G 等 [6]
生菜	菊科莴苣属	1.5 ± 0.21	0.3 ± 0.09	1.6 ± 0.26	Aguero M V 等 [7]
油麦菜	菊科属	2.1 ± 0.31	0.7 ± 0.06	2.8 ± 0.27	Limantara 等 [5]
油菜	十字花科芸薹属	1.17 ± 0.36	0.4 ± 0.08	1.6 ± 0.11	Dogru A[8]
小白菜	十字花科芸薹属	2.8 ± 0.45	1.0 ± 0.05	3.9 ± 0.07	Limantara 等 [5]
黄瓜	葫芦科黄瓜属	0.8 ± 0.05	0.7 ± 0.09	1.4 ± 0.17	Song H 等 [9]

二、天然分布

通过高光谱成像方法可以观察到在叶片上，天然叶绿素主要分布在叶脉两侧，叶片边缘和基部含量较低。在衰老或损伤植物叶片中，叶绿素则主要集中在叶片未失绿位置。在细胞内，叶绿体存在于叶片表皮光合细胞中的质体中，大部分叶绿素分布在叶绿体的类囊体薄膜上，细胞液中也含有少量叶绿素[10]。

三、化学结构和理化性质

在天然叶绿素中，叶绿素 a 和叶绿素 b 形式主要由 C7 官能团、—CH_3 和—CHO 基团差异导致（图 7-1）。脱镁叶绿素则主要是叶绿素中卟啉环结构中具有活性的 Mg^{2+} 易被 H 取代而形成。

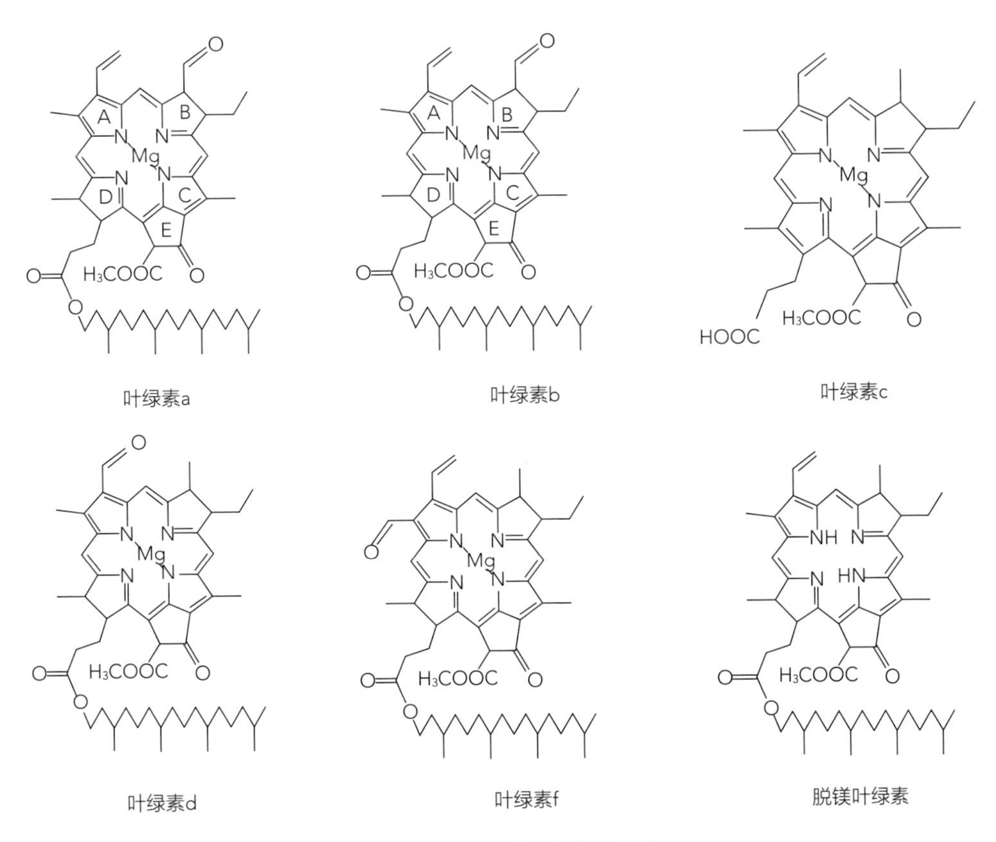

图 7-1　主要叶绿素分子结构

（一）物理性质

叶绿素 a 是具有金属光泽的黑蓝色粉末状物质，在乙醇溶液中呈蓝绿色，并有深红色荧光。叶绿素 b 为深绿色，其乙醇溶液呈绿色或黄绿色，有红色荧光。叶绿素 a 和叶绿素 b 都具有旋光活性，在热或酸性条件下会降解为黑褐色的脱镁叶绿素 a 和黄褐色的脱镁叶绿素 b。

（二）可溶性

叶绿素 a 和脱镁叶绿素 a 均可溶于乙醇、乙醚、苯和丙酮等溶剂，不溶于水，而纯叶绿素 a 和脱镁叶绿素 a 仅微溶于石油醚。叶绿素 b 和脱镁叶绿素 b 也易溶于乙醇、乙醚、丙酮和苯，纯叶绿素 b 和脱镁叶绿素 b 几乎不溶于石油醚，也不溶于水[11]。因此，丙酮、甲醇、乙醇、乙酸乙酯等极性溶剂能完全提取天然叶绿素。

（三）吸光性

通过使用紫外 - 可见分光光度法评估样品的吸收光谱来确定叶绿素的吸光性。叶绿素 a 在 665nm 和 430nm 处有峰值吸光度，叶绿素 b 在 620nm 和 470nm 处有峰值吸光[12]。脱镁叶绿素在 670nm 和 412nm 处有峰值吸光。在 440nm 波段，叶绿素 a 的比吸收系数略大于脱镁叶绿素；在 670、675nm 波段，叶绿素 a 的比吸收系数约为脱镁叶绿素的 3 倍[13]。

（四）稳定性

叶绿素稳定性较差，长期贮藏则需避光，在光照条件下，叶绿素需要对光能进行转化，即在光线照射下转为激发态，在强光下容易反应分解掉。相反，叶绿素在黑暗条件下超过 7d 没有明显降解。此外，Sn^{2+}、K^{+} 和 Fe^{3+} 等金属离子对叶绿素稳定性也具有影响。在光照条件下，叶绿素浓度在 Sn^{2+}、K^{+} 和 Fe^{3+} 溶液中显著降低至 $< 10\%$，而在黑暗条件下无显著差异。但是，无论在黑暗还是光照条件下，Fe^{3+} 溶液中的叶绿素浓度降低幅度均最大，表明 Fe^{3+} 接触会引起叶绿素降解。因此，叶绿素长期贮藏需避免铁容器[14]。

影响叶绿素稳定性的主要因素如下：

（1）光、氧　使卟啉环分解，发生不可逆褪色。

（2）酶　在叶绿素酶的直接作用下，植醇酯键水解导致叶绿素褪色；在蛋白酶（破坏脂蛋白）、酯酶、果胶酯酶（水解果胶）、脂氧合酶（氧化叶绿素）、过氧化物酶等酶的间接作用下，叶绿素会降解褪色。

（3）酸、热　叶绿素对碱稳定，但对酸不稳定。例如，腌制常导致蔬菜菜叶色泽变暗，而加热则可使植物中有机酸析出；因此，叶菜蒸煮不宜加盖，易于有机酸挥发，从而保持叶菜色泽。相对而言，酸、热等环境下，叶绿素 b 比叶绿素 a 稳定。在酸性环境中，卟啉环中的镁可被 H 取代形成去镁叶绿素，呈褐色，当用铜或锌取代 H，其颜色又变为绿色。此种金属络合叶绿素较为稳定，在光下不褪色，也不为酸所破坏，可用作浸制植物标本保存。

第二节 叶绿素的有益功效

一、抗氧化、保护心血管作用

叶绿素作为天然色素，具有抗氧化和抗突变等功能特性（表 7-2），受到叶绿素结构和构型影响。Fernandes 等 [15] 发现叶绿素 b 系列表现出更高的氧化活性，表明 C7 上的醛基在抗氧化中存在未知作用。Ferruzzi 等 [16] 则发现叶绿素 a 作为自由基淬灭剂的效果是叶绿素 b 的 3 倍。此外，脱镁叶绿酸等非金属叶绿素通过其固有的离子螯合能力以及卟啉结构发挥抗氧化能力，其 DPPH 自由基催化活性、还原能力和羟自由基清除活性高于金属叶绿素 [17]。

（一）油脂抗氧化

在光照条件下，叶绿素在亲脂性环境中具有促氧化活性；而在黑暗环境下，叶绿素对油脂自动氧化则具有抗氧化作用。卟啉是叶绿素抗氧化活性的基本化学结构。叶绿素不分解氢过氧化物，而是通过作为氢供体减少自由基来打破油脂氧化的链式反应 [18]。

$$ROO\cdot + CHL \rightarrow ROO{:}^{(-)}CHL^{(+)}\cdot$$

$$ROO{:}^{(-)}CHL^{(+)}\cdot + ROO\cdot \rightarrow \text{非活性物质}$$

注：ROO·：过氧游离基。

过氧化值是衡量脂质氧化初始阶段过氧化物和氢过氧化物浓度的重要指标。暴露在光下的植物油中的过氧化值随时间增加，光照有效地诱导了油脂地初级氧化。而叶绿素作为光敏剂吸收光能，在光照条件下受到电子激发，使能量转移到氧分子上形成高能单氧分子，从而促进植物油脂氧化，同时叶绿素被光氧化分解。油脂中叶绿素浓度越高，过氧化值越大。但在黑暗环境中，叶绿素对油脂的自动氧化具有抗氧化作用，使过氧化值基本不变，但过氧化物总量减少。

（二）体内抗氧化

叶绿素的平面结构具有捕获诱变剂能力，可降低细胞中有害化合物的可用性 [19]。主要包括两种可能机制：直接自由基清除活性和解毒途径的代谢活化。在细胞中，不同活性氧（ROS）的形成增加会引起“氧化窘迫”，在分子层面上表现为脂肪、蛋白质以及 DNA 的损伤。同时，ROS 还会于 DNA 反应产生碱基自由基，进而引起 DNA 链的断裂。叶绿素作为 DNA 氧化保护剂可通过清除自由基来减少人类淋巴细胞中单链 DNA 断裂；此外，叶绿素衍生物是细胞抗氧化过程中主要酶活性的有效增强剂，能降低肾脏和心脏中蛋白质氧化应激生成的羰基含量 [20]。叶绿素在哺乳动物细胞中可以保护基因诱导物，与游离巯基反应而触发基因转录 [21]。脱镁叶绿酸等叶绿素代谢物则可以激活参与脂肪酸代谢的核视黄醇 X 受体，可改变胰岛素和葡萄糖信号，从而缓解高血糖症、高甘油三酯血症和高胰岛素血症和肥胖等慢性疾病[22,23]。

二、抗菌作用

叶绿素作为一种表面活性剂，在化学结构上类似于血红蛋白，可刺激组织促进二氧化碳和氧气的快速交换，增加生物体对抗生素的敏感性。例如，用水溶性叶绿素治疗慢性感染伤口，发现组织外观健康，表明叶绿素抑制了葡萄球菌、链球菌和乳酸杆菌的生长[24]。叶绿素类无环单不饱和二萜醇——叶绿醇，同样也显示出对结核分枝杆菌和金黄色葡萄球菌的良好抗菌活性[25]。而脱镁叶绿素则可通过清除细胞中自由基来抑制诱导型一氧化氮合酶的表达，并减少一氧化氮的产生，且未显示任何细胞毒性，是一种非常有潜力的抗炎剂[22]。

近年来，由于抗生素耐药性的不断增加，含有叶绿素及其衍生物配方具有安全、高效的细菌灭活能力，抗微生物光动力疗法（PACT）对细菌进行光依赖性灭活控制细菌感染是目前非常具有前景的治疗方法之一[26]。叶绿素作为光敏剂，在光激发时，叶绿素分子的电子从基态转移到激活的单重态，然后电子与氧相互作用，能量转移到分子氧上，形成高活性单线态氧（$^1O_2$），从而去除感染微生物[27,28]。如卟啉的PACT功效易受克服革兰阴性菌外膜的影响，因此目前基于卟啉的革兰阴性菌光敏化常常与其他抗菌或膜失稳治疗相结合[29]。但需注意的是，光动力疗法引入细胞后可能会发生不同程度的损伤并导致细胞死亡[30]。

三、抗癌作用

叶绿素还可以预防癌症，降低致癌物引起基因突变的能力（表7-2）。其抗癌机制可能是通过叶绿素卟啉环共享的pi-cloud直接与其他平面环状分子结合来拦截具有平面结构的致癌分子，从而防止其在生物体中成为致癌物[31]。例如，研究表明麦草和绿色蔬菜的叶绿素提取物具有抑制苯并芘和甲基胆蒽的致癌作用，降低致癌物可能导致的基因突变。血红素加氧酶1和胆绿素还原酶是血红素分解代谢和胆红素形成中的关键酶，其浓度与癌症发病率直接呈负相关[32]。叶绿素在胰腺癌细胞系中以剂量依赖性方式（10~125μmol/L）可抑制血红素加氧酶mRNA表达和酶活性，并显著影响线粒体/全细胞活性氧产生、改变还原性谷胱甘肽与氧化性谷胱甘肽的比例等胰腺癌细胞氧化还原环境，从而减缓癌细胞产生增殖。其中，小鼠研究结果表明，叶绿素a可显著减小移植裸鼠胰腺肿瘤的大小[33]。光动力疗法也是一种具有前景的癌症治疗新疗法。叶绿素等光敏剂在有氧条件下与低强度可见光结合产生细胞毒性剂，可针对性地使肿瘤细胞失去活性并避免对正常细胞产生副作用和毒性[34]。此外，补充富含叶绿素食物能对抗肥胖等慢性疾病、糖尿病和某些类型的癌症。叶绿素及其各种衍生物对各种饮食和环境诱变剂的体外抗突变活性对抗癌起着重要作用。研究表明，富含叶绿素的提取物能够有效抑制高脂肪饮食诱导的肥胖。体重增加或减少、维持体重与肠道微生物群的多样性和高脂饮食诱导的失调有关，叶绿素提取物可改善胃肠健康，并最终调节其对身体的有益影响。

表 7-2 叶绿素的有益健康功效

叶绿素	有益功效	作用机制	资料来源
叶绿素	油脂抗氧化	卟啉结构（30mg/kg）	Szydlowska-Czerniak A 等[18]
叶绿素	体内抗氧化	自由基清除 代谢活化 （100~300mg）	Fahey J W 等[21]
叶绿素及衍生物	抗菌（葡萄球菌、链球菌、乳酸杆菌、沙门菌）	抗生素协同（<0.03mg/L）	Sharma 等[22]
叶绿素	抗癌（胰腺癌等）	卟啉结构（10~125μmol/L）	Chernomorsky 等[31,33,34]
叶绿醇	抗结核分歧杆菌、抗金黄色葡萄球菌	损伤微生物膜蛋白（10mg/L）	Ryu 等[25,35]

四、其他功效

叶绿素在抗辐射、治疗口腔疾病、抗药品副作用等医药方面也具有重要作用。例如，在医学领域，叶绿醇是一种极好的免疫刺激剂，显示出抗伤害感受和抗氧化活性以及抗炎和抗过敏作用在长期记忆诱导和激活先天性和获得性免疫方面优于许多商业佐剂[35]。

在抗辐射损伤方面。研究显示，食用绿色蔬菜可显著降低暴露于致死剂量 X 射线下的大鼠死亡率。深绿色西蓝花比淡绿色卷心菜能提供更多的抗辐射保护，当食用两种或两种以上的绿色蔬菜时，对辐射的正抵抗力增大。叶绿素也已用于脓溢和文森特心绞痛等引起的口腔感染控制。

第三节 叶绿素的提取和纯化

一、传统提取方法

叶绿素广泛存在于绿色植物中，因此可食用植物、荨麻、草或苜蓿、蚕粪甚至桑叶中都能通过传统方法提取叶绿素[36]。叶绿素 a 和叶绿素 b 不溶于水，但易溶于乙醇和甲醇，叶绿素的固液萃取通常使用丙酮或醇溶剂，提取率约为30%（乙醇提取1h）[11]。传统的高亲水性和疏水性溶剂不能增加叶绿素提取量。叶绿素传统提取步骤可分为：样品预处理→干燥→溶剂提取→过滤→蒸发→叶绿素。详细过程为：

（1）提取之前，将新鲜植物组织干燥去除水分，使样品不受微生物影响，从而延长植物组织保质期。

（2）干燥　植物色素提取过程中第一个操作。

（3）提取　将溶剂与干燥样品混合，结合热、压力、微波或超声波等辅助手段，减少提取时间并获得较高提取产率。

（4）过滤　用溶剂分离固体残余生物质和液体植物色素。通常使用滤纸分离液体和固体。

（5）蒸发　用旋转蒸发器在适当温度下从混合物中去除所有溶剂。

在此阶段，温度的选择对于确保色素不会与溶剂一起蒸发至关重要[37,38]。任何提高溶剂-溶质（植物色素）互作扩散和溶解的因素也有助于缩短提取时间，提高工艺效率[36]。通常情况下，叶片越老，纤维含量越高，提取过程越复杂，叶绿素提取率越低[39]。

二、创新提取方法

（一）基于表面活性剂和表面活性离子液体的提取

为了提高叶绿素提取和纯化过程的可持续性，根据叶绿素疏水性，Martins等[40]认为使用普通表面活性剂和表面活性离子液体的水溶液可以在植物和大型藻类中提取叶绿素过程中更有效地破坏组织细胞，增加叶绿素的溶解度。例如，使用250mmol/L[N1，1，14]Br水溶液提取15 min，野生藻类叶绿素提取率可提高到约25%，最大提取产量为5.96mg/g[41]。在25℃下，使用十六烷基氯化吡啶水溶液提取30min，能获得较好的叶绿素提取得率[同时获得0.104%（质量分数）叶绿素a和0.022%（质量分数）叶绿素b]和选择性（叶绿素a/b比值为4.79）[42]。

（二）超声波辅助萃取

叶绿素萃取通常使用有毒试剂丙酮作为提取溶剂，而溶剂辅助超声技术则可降低叶绿素萃取过程中有毒溶剂的危害[43]。超声辅助萃取会产生振动作用，能够有效地破坏高密度细胞，加强细胞内物质的释放、扩散及溶解，有助于提高粗提取物提取率。由于效率高、所需时间短，超声波辅助萃取受到广泛关注[44]。例如，藻类在30~40℃下提取60~120min，叶绿素最大回收率为17.15μg/mL，与传统的工艺萃取法相比，效率可提高15%~18%。

（三）超临界/亚临界流体萃取

超临界流体由于其高密度和扩散系数、低黏度和表面张力而具有非常高的溶解度，因此，超临界/亚临界流体萃取技术是一种高效且环保的叶绿素提取方法[45]，具有不产生废物、萃取时间短、自动化和溶剂消耗低等优点。提取产物具有可持续性、抗菌特性以及低环境风险[29]。例如，叶绿素传统提取主要使用液体溶剂，需要蒸发、浓缩、高温干燥等过程，而超临界/亚临界二氧化碳（CO_2）萃取可在低温下进行，能有效防止溶解组分因受热而降解。正常条件下，无须加热即可直接分离 CO_2 和溶解组分，获得无溶剂的叶绿素提取物。此外，通过优化超临界流体流速、温度、时间、压力以及助溶剂比例和类型等可提高叶绿素提取率，从藻类中使用超临界流体在 40MPa 和 55℃下提取叶绿素产量最高为 115.43μg/g[29]。在温度 56℃、提取时间 3.6h、压力 39MPa、乙醇浓度为 10% 的条件下，菠菜中叶绿素最高产量可达 50%[46]。

三、提取物的纯化

固相萃取是一种通过从液体基质中吸附化合物来纯化化合物的技术。基于叶绿素衍生物与离子交换树脂的四甲基铵官能团之间的分子间和离子相互作用，从而在树脂上吸附，利用强碱性阴离子树脂，可有效快速地吸附纯化叶绿素[47]。Amin 等[43]采用超高效液相色谱耦合质谱仪对回收的叶绿素粗提物馏分进行分析，叶绿素 b 和总叶绿素的浓度分别增加 3.1 倍和 1.7 倍。Cuong 等[48]则用薄层色谱法纯化经 96% 乙醇提取的叶绿素粗提物，获得叶片中叶绿素含量最高为（0.563 ± 0.003）μg/mL。

第四节 叶绿素的氧化降解与稳定化

一、叶绿素的氧化降解

叶绿素的氧化或降解主要取决于叶绿素分子的化学性质（图 7-2）[49]。游离叶绿素非常不稳定，对光、热和酶等都非常敏感[50]。在热处理过程中，叶绿素蛋白复合体中的蛋白质因变性而导致叶绿素与蛋白质分离生成游离叶绿素。同时，细胞组织破坏，细胞膜通透性增加，脂肪水解为脂肪酸，蛋白质分解产生硫化氢和脱羧产生的二氧化碳等导致 pH 降低。在 pH=9.0 时，叶绿素对热非常稳定；而当 pH=3.0 时，稳定性却很差。pH 降低促进了植物细胞中脱镁叶绿素的生成，并进一步生成焦脱镁叶绿素，致使食物颜色由绿色向橄榄绿到褐色转变，且这种转变在水溶液中是不可逆的[50]。叶绿素 a 比叶绿素 b 发生脱镁反应的速度更快，这是因为叶绿素 b 卟啉环内的正电荷相对更多，从而增加了脱镁难度，使之比叶绿素 a 更稳定[51]。

酶促变化导致叶绿素降解过程有直接作用和间接作用两类。叶绿素酯酶直接以叶绿素为底物的酶（chlorophyllase），催化叶绿素和脱镁叶绿素植醇酯键水解而分别产生脱植基叶绿素和脱镁脱植基叶绿素。叶绿素酯酶的最适温度在 60~82.2℃内，80℃以上

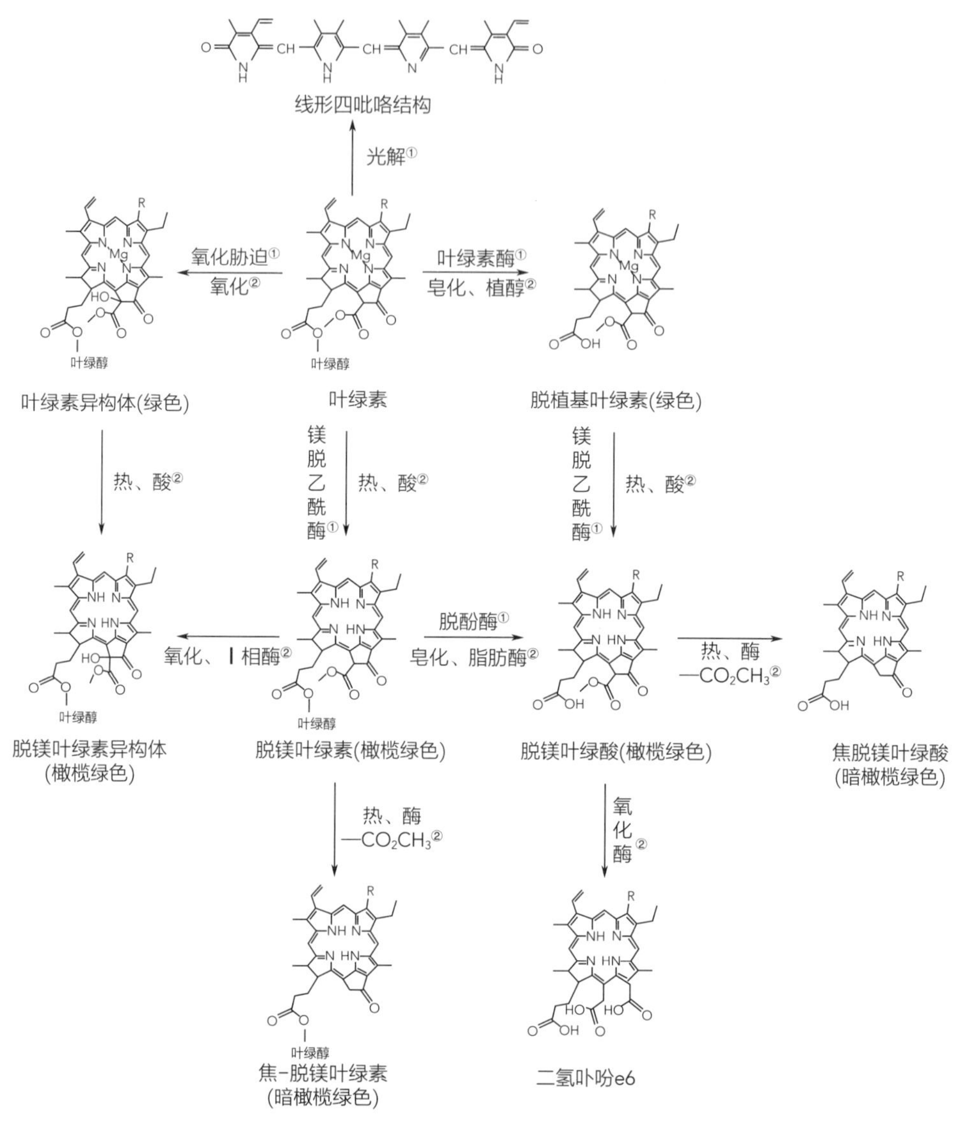

图 7-2 叶绿素的氧化降解

注：①植物中的氧化代谢；②加工过程或哺乳动物中的氧化代谢。

其活性开始下降；达到 100℃时，叶绿素酯酶活性完全丧失。起间接作用的酶有脂酶、蛋白酶、果胶酯酶、脂氧合酶、过氧化物酶等。脂酶和蛋白酶主要是破坏叶绿素脂蛋白复合体，使叶绿素失去脂蛋白的保护而更易被破坏；果胶酯酶的作用是将果胶水解为果胶酸，从而降低 pH 而使叶绿素脱镁；脂氧合酶和过氧化物酶的作用是催化食品底物氧化，氧化过程中产生的一些物质会引起叶绿素的氧化分解[50]。

叶绿素 a 完全降解形成焦脱镁叶绿酸 a，以及氧化反应增加、151—OH 内酯和 132—OH 叶绿素衍生物显著增加。对于叶绿素 a 系列色素而言，氧化反应主要影响脱镁叶绿素化合物，而对于叶绿素 b 系列色素，氧化主要影响叶绿素和脱镁叶绿素结构。此外，脱镁叶绿酸 a 更耐氧化。烹调等加工过程诱导了焦脱镁叶绿素 a 的形成，但没有诱导焦脱镁素 b 的形成[49]。Rudra 等[52]研究结果表明，烹饪过程中形成脱镁叶绿酸 c 含量非常低。表明叶绿素 c 比叶绿素 a 更难被叶绿素分子中的氢取代镁。由于叶绿素 c1 结构中的双键以及卟啉环中的不饱和排列，该叶绿素衍生物在平面卟啉环中的 π- 电子密度较低，因此比其他系列叶绿素化合物更稳定。蒸煮绿色叶菜中叶绿素的损失不仅取决于所采用的烹调方法，最主要是取决于蔬菜的类型。叶绿素从植物中萃取出来后在贮藏加工中会发生光分解。有氧条件下，叶绿素或卟啉类化合物遇光可产生单线态氧和羟基自由基，与叶绿素的四吡咯进一步反应生成过氧化物和自由基，最终导致卟啉环分解和颜色消失。叶绿素光解的过程始于亚甲基开环，并形成线形四吡咯结构，主要产物是甘油及少量乳酸、柠檬酸、琥珀酸和丙二酸。

二、叶绿素的稳定化手段

（一）金属离子取代

温度和 pH 是影响叶绿素稳定性的最重要因素。例如，在 pH ＜ 7.0 且温度大于 60℃下，叶绿素 a 和叶绿素 b 将变为脱镁叶绿素等无镁离子的衍生物。因此，为了保持叶绿素稳定性，可以将叶绿素转化为金属叶绿素衍生物，其具有与天然叶绿素相似的绿色，但对酸和热更稳定。叶绿素转化为金属叶绿素衍生物的原理是基于无镁叶绿素衍生物与锌离子或铜离子之间的反应，形成脱镁叶绿素锌或焦脱氟叶绿素锌。在这种稳定化过程中，叶绿素卟啉环中天然存在的 Mg^{2+} 被锌、铜等二价阳离子取代，形成绿色的金属叶绿素络合物[53]。但长时间加热和强酸条件会导致形成棕色脱镁叶绿酸和焦脱镁叶绿酸。在稀碱溶液里，叶绿素可发生皂化反应生成叶绿素酸（盐）、甲醇和叶绿醇，但是碱性过强则会加速脱酯反应使叶绿素分解[53,54]。与 Mg^{2+}、Zn^{2+} 和 K^{+} 相比，在 20℃、pH=4 的葡萄泥中添加 Cu^{2+}，叶绿素保留率能达到 50% 以上。在 pH=5 和 110℃下，用 3×10^{-4} $ZnCl_2$ 处理潘丹叶 15min，会导致潘丹叶中形成绿色的锌叶绿素衍生物，如锌脱镁叶绿素和锌焦脱镁叶绿素[43]。因此，用金属离子稳定绿叶植物中的叶绿素将有助于提高植物功能特性，从而增加其作为天然着色剂和功能成分应用于食品工业中的商业价值。

（二）高温瞬时杀菌

高温瞬时杀菌可以显著降低植物性食品在加工过程中绿色色泽的破坏程度，同时可以钝化过氧化物酶、多酚氧化酶和与叶绿素降解相关酶，以及灭杀微生物等[55]。脂肪氧合酶与异味产生、颜色丧失等有关。脂质氧化会产生氢过氧化物和自由基，从而破坏蔬菜叶绿素，导致叶绿素降解[56,57]。酚类过氧化物酶则会导致叶绿素失绿变白。然而，Gaur 等[50]认为，高温瞬时杀菌处理虽能有助于保持叶绿素，但经过长时间贮藏后，食品中的

pH 仍然会下降，叶绿素在光、热和酸等环境中发生脱镁和氧化反应，需要采取其他方法进一步稳定叶绿素。

（三）高静水压处理

高静水压（HHP）可以抑制叶绿素酶和多酚氧化酶的活性，从而提高绿叶蔬菜叶绿素稳定性和色泽质量。在极端环境（酸性和 100℃高温）下，HHP 可以促进叶绿素聚集，增强叶绿素稳定性、耐酸和耐热能力。Wang 等 [58] 结果表明，HHP 处理能较好地保持菠菜色泽 *a* 值和 *L* 值，保持叶绿素含量，且 HHP 处理能使储存过程中菠菜保绿效果优于热处理，且随着 HHP 压力等级增加（200~600MPa），保绿效果更加明显。Li 等 [59] 表明，HHP 协同 NaCl 处理叶绿素溶液，能使叶绿素稳定性和保留率最高能达到 80% 以上。

第五节 叶绿素的消化、吸收和代谢

一、消化和吸收

叶绿素的消化和吸收近年来得到了众多科学家的关注。过去，由于叶绿素及其衍生物通常在动物和人类粪便中还能被发现，因此，传统上认为叶绿素无法被消化吸收。这可能是由于体外早期胃肠消化中胰脂肪酶含量较低，脂溶性叶绿素消化较少，叶绿素保留率较高。然而，体外胃肠消化和 Caco-2 人类细胞模型下首次发现了叶绿素衍生物（脱镁叶绿素），表明叶绿素能被消化吸收（图 7-3）。然而，体外消化过程中叶绿素的转化受胃酸和胃蛋白酶、胰脂肪酶等酶影响，导致叶绿素脱金属和异构化，产生相应的脱镁叶绿素衍生物。例如，菠菜泥中有 5%~10% 的叶绿素衍生物可以被人体肠道细胞消化吸收，而 90%~95% 叶绿素衍生物则会在结肠中积累。Gandul-Rojas 等 [60] 认为叶绿素衍生物与肠道微生物群的相互作用，会引起更多的叶绿素代谢物产生。肠道微生物群负责发酵未经胃肠道消化和内源性碳水化合物分解 [61]。肠道中微生物发酵过程能增加短链脂肪酸（SCFA）、乙酸、丙酸和丁酸等生理活性分子，而高含量的丙酸和丁酸能改善肠道屏障功能、调节原发性炎症和维持人体健康。

吸收叶绿素衍生物同样也具有生理意义。例如，肠内分解的脱镁叶黄素 a 和脱镁叶黄素 b 等生物分子具有显著抗氧化能力，其活性可与抗氧化剂丁基羟基甲苯相媲美，因此也是一种有效的天然抗氧化剂 [62]。叶黄素等无镁叶绿素同样具有高抗氧化活性，能螯合金属反应离子并清除自由基，从而防止 DNA 氧化损伤和脂质过氧化 [63]。

二、代谢

叶绿素主要通过淋巴运输到体内，随门静脉运输到肝脏进行代谢再循环，并缓释到全身循环，不溶性和未吸收的叶绿素衍生物则在粪便中排泄（图 7-3），动物研究表明，摄入的叶绿素只有 1%~3% 被吸收，而大部分以代谢物形式排泄出体外[64]。根据动物实验结果，Hsu 等[65]分析出叶绿素 a、叶绿酸 a 以及脱镁叶绿素 a 和脱镁叶绿酸 a 等叶绿素衍生物可以在兔子肝脏中积累。肝脏则可能是通过氧化反应产生脱镁叶绿酸异构体，并进一步氧化、打开脱镁叶绿酸的第五环形成二氢卟吩[66]。不过，虽然人类和啮齿动物由于消化酶不能分解叶绿素中的酯键，使其难以摄入叶绿素产生植酸等植物醇代谢物，但瘤胃微生物群可以水解游离植酸从而释放植酸供其吸收[67]。

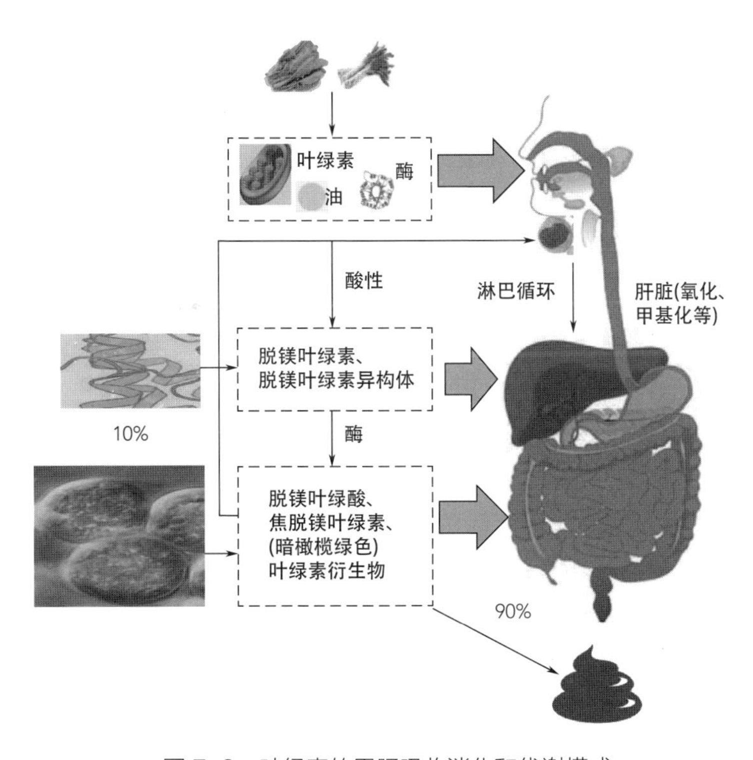

图 7-3 叶绿素的胃肠吸收消化和代谢模式

第六节 叶绿素在食品和功能食品中的应用

一、作为食品着色剂

叶绿素是主要的绿色着色剂之一。其中，叶绿素铜钠盐作为一种天然叶绿素，已被国际有关卫生组织批准用于食品上。我国也批准允许使用，并列入《国家食品安全标准 食品添加剂 叶绿素铜钠盐》（GB 26406—2011），已在果冻、蔬菜罐头、糖果、饮料、果蔬汁类饮料、焙烤食品、配制酒等产品中广泛使用（表 7-3）。FAO/WHO 则规定叶绿素铜钠盐可用于一般干酪、酸黄瓜（建议用量 0.03%）、冷饮（建议用量 0.01%）等食品生产中[68]。叶绿素铜复合物等则通常被添加到食用橄榄内来增加绿色。此外，由溶剂共同提取获得的植物叶绿素和类胡萝卜素（主要是叶黄素和 β- 胡萝卜素）混合物通常作为黄褐色颜料，用于果酱、果冻、糖果、冰激凌等食品生产中。此外，莴苣等新鲜蔬菜的货架销售中，通过使用叶绿酸则能改善并保护蔬菜的天然绿色[68]。此外，叶绿素通过抑制代谢过程中产生硫化物，从而对脚臭、腋臭以及由于消化不良引起的口臭等有良好的除臭作用。因此，叶绿素广泛用于口香糖中，以增强口臭消除效果。

表 7-3 叶绿素在食品和功能食品中的应用

叶绿素	应用	作用原理	添加剂量	参考文献
叶绿素铜钠（钾）盐	果冻、罐头、饮料、面包、饼干等	食品着色剂	＜ 0.5g/kg	Mohammad 等[36]
叶绿素铜	稀奶油、胶基糖果、糕点等	食品着色剂	＜ 10mg/kg	Mohammad 等[36]
叶绿酸	莴苣	着色剂	10mg/L	Viera 等[68]
叶绿素铜钠	叶绿素铜钠胶囊	抗急、慢性肝炎	20mg/ 粒	Suryavanshi S 等[70]

二、功能强化（功能食品）

叶绿素可以作为催化剂中的氢供体。在有钴脱氢酶存在和光作用下，可以还原维生素 C。叶绿素还因含有大量碱性物质和矿物质，因此可以调节人体酸碱平衡甚至起降血糖的功效，其降血糖效果可与胰岛素媲美[67]。水溶性叶绿素则具有抗透明质酸酶活性，能够抑制透明质酸酶活性低至 10μg/mL，在局部化妆品和个人护理产品中用作抗衰老药[69]。此外，叶绿素衍生物可以调节内源性异生素解毒系统，对各种 I 期细胞色素（CYP）450 具有非特异性抑制。叶绿素铜钠盐同时也是一种常见的膳食补充剂，有液体和粉末两种形式，具有促进除臭、伤口愈合、肾健康等功能作用（表 7-3）。叶绿素铜钠盐还能降低癌前菌的生物活性并加速排泄致癌物，从而诱导促进肝功能恢复，促使血液的谷草、转氨酶活性趋于正常，改善肝功能；增强肝细胞功能的抵抗力，加速受损害的肝细胞的修复与再生，使肝肿大明显的缩小或消失；改善造血功能，消除血管壁运动神经障碍，强化肝炎后遗症的治疗作用。包含叶绿素铜钠盐的叶绿素铜钠胶囊则可用于急、慢性肝炎和白细胞减少症[36,70]。叶绿素及其衍生物对人类肠道病毒感染表现出显著的广谱抗病毒活性。虽然，作为抑制剂的叶绿素不能阻断病毒附着步骤，但能够在附着病毒，以阻断肠道进入宿主细胞。因此，叶绿素作为病毒抑制剂可治疗或预防人类肠道病毒感染[71]。

参考文献

[1] RENARD C M G C. Extraction of bioactives from fruit and vegetables：State of the art and perspectives [J]. LWT-Food Science and Technology，2018，93：390-395.

[2] NüRNBERG D J，MORTON J，SANTABARBARA S，et al. Photochemistry beyond the red limit in chlorophyll f-containing photosystems [J]. Science，2018，360（6394）：1210-1213.

[3] BüCHEL C. Light harvesting complexes in chlorophyll c-containing algae [J]. Biochimica et Biophysica Acta（BBA）- Bioenergetics，2020，1861（4）：148027.

[4] LI M，JANG G Y，LEE S H，et al. Comparison of functional components in various sweet potato leaves and stalks [J]. Food Science and Biotechnology，2017，26（1）：97-103.

[5] LIMANTARA L，DETTLING M，INDRAWATI R，et al. Analysis on the chlorophyll content of commercial green leafy vegetables [J]. Procedia Chemistry，2015，14：225-231.

[6] ÖZKAN G，ERSUS BILEK S. Enzyme-assisted extraction of stabilized chlorophyll from spinach [J]. Food Chemistry，2015，176：152-157.

[7] AGUERO M V，BARG M V，YOMMI A，et al. Postharvest changes in water status and chlorophyll content of lettuce（*Lactuca sativa* L.） and their relationship with overall visual quality [J]. Journal of Food Science，2008，73（1）：S47-S55.

[8] DOGRU A，CAKIRLAR H. Effects of leaf age on chlorophyll fluorescence and antioxidant enzymes activity in winter rapeseed leaves under cold acclimation conditions [J]. Brazilian Journal of Botany，2020，43（1）：11-20.

[9] SONG H，LI Y，XU X，et al. Analysis of genes related to chlorophyll metabolism under elevated CO_2 in cucumber（*Cucumis sativus* L.） [J]. Scientia Horticulturae，2020，261：108988.

[10] BORSUK A M，BRODERSEN C R. The spatial distribution of chlorophyll in leaves [J]. Plant Physiology，2019，180（3）：1406-1417.

[11] MORTENSEN A. Carotenoids and other pigments as natural colorants [J]. Pure and Applied Chemistry，2006，78（8）：1477-1491.

[12] CINQUE G，CROCE R，HOLZWARTH A，et al. Energy transfer among CP29 chlorophylls：Calculated forster rates and experimental transient absorption at room temperature [J]. Biophysical Journal，2000，79（4）：1706-1717.

[13] FIEDOR L，KANIA A，MYSLIWA-KURDZIEL B，et al. Understanding chlorophylls：Central magnesium ion and phytyl as structural determinants [J]. Biochimica Et Biophysica Acta-Bioenergetics，2008，1777（12）：1491-1500.

[14] MUNAWAROH H S H，FATHUR R M，GUMILAR G，et al. Characterization and physicochemical properties of chlorophyll extract from *Spirulina* sp. [J]. Journal of Physics：Conference Series，2019，1280（2）：022013.

[15] FERNANDES A S，NOGARA G P，MENEZES C R，et al. Identification of chlorophyll molecules with peroxyl radical scavenger capacity in microalgae *Phormidium autumnale* using ultrasound-assisted extraction [J]. Food Research International，2017，99：1036-1041.

[16] FERRUZZI M G，BöHM V，COURTNEY P D，et al. Antioxidant and antimutagenic activity of dietary chlorophyll derivatives determined by radical

scavenging and bacterial reverse mutagenesis assays [J]. Journal of Food Science, 2002, 67（7）: 2589-2595.

[17] RODRIGUEZ-AMAYA D B. 2-Carotenes and xanthophylls as antioxidants [M]//SHAHIDI F. Handbook of Antioxidants for Food Preservation. Woodhead Publishing. 2015: 17-50.

[18] SZYDLOWSKA-CZERNIAK A, TULODZIECKA A, MOMOT M, et al. Physicochemical, antioxidative, and sensory properties of refined rapeseed oils [J]. Journal of the American Oil Chemists Society, 2019, 96（4）: 405-419.

[19] ZHAN R, WU J, OUYANG J. *In vitro* antioxidant activities of sodium zinc and sodium iron chlorophyllins from pine needles [J]. Food Technology and Biotechnology, 2014, 52（4）: 505-510.

[20] PéREZ-GáLVEZ A, VIERA I, ROCA M. Carotenoids and chlorophylls as antioxidants [J]. antioxidants（Basel, Switzerland）, 2020, 9（6）: 9060505.

[21] FAHEY J W, STEPHENSON K K, DINKOVA-KOSTOVA A T, et al. Chlorophyll, chlorophyllin and related tetrapyrroles are significant inducers of mammalian phase 2 cytoprotective genes [J]. Carcinogenesis, 2005, 26（7）: 1247-1255.

[22] KANG Y-R, PARK J, JUNG S K, et al. Synthesis, characterization, and functional properties of chlorophylls, pheophytins, and Zn-pheophytins [J]. Food Chemistry, 2018, 245: 943-950.

[23] SHARMA V, SMOLIN J, NAYAK J, et al. Mannose alters gut microbiome, prevents diet-induced obesity, and improves host metabolism [J]. Cell Reports, 2018, 24（12）: 3087-3098.

[24] ZAKRZEWSKI A, PURKIEWICZ A, JAKUĆ P, et al. Effectiveness of various solvent-produced thyme（*Thymus vulgaris*）extracts in inhibiting the growth of *Listeria monocytogenes* in frozen vegetables [J]. NFS Journal, 2022, 29: 26-34.

[25] DE MORAES J, DE OLIVEIRA R N, COSTA J P, et al. Phytol, a diterpene alcohol from chlorophyll, as a drug against neglected tropical disease *Schistosomiasis mansoni* [J]. PLoS Neglected Tropical Diseases, 2014, 8（1）: e2617.

[26] ANAS A, SOBHANAN J, SULFIYA K M, et al. Advances in photodynamic antimicrobial chemotherapy [J]. Journal of Photochemistry and Photobiology C: Photochemistry Reviews, 2021, 49: 100452.

[27] STOJILJKOVIC I, EVAVOLD B D, KUMAR V. Antimicrobial properties of porphyrins [J]. Expert Opinion on Investigational Drugs, 2001, 10（2）: 309-320.

[28] WAINWRIGHT M, MAISCH T, NONELL S, et al. Photoantimicrobials-Are we afraid of the light? [J]. Lancet Infectious Diseases, 2017, 17（2）: E49-E55.

[29] KRüGER M, RICHTER P, STRAUCH S M, et al. What an escherichia coli mutant can teach us about the antibacterial effect of chlorophyllin [J]. Microorganisms, 2019, 7（2）: 7020059.

[30] CIEPLIK F, DENG D, CRIELAARD W, et al. Antimicrobial photodynamic therapy - What we know and what we don't [J]. Critical Reviews in Microbiology, 2018, 44（5）: 571-589.

[31] CHERNOMORSKY S, SEGELMAN A, PORETZ R D. Effect of dietary chlorophyll derivatives on mutagenesis and tumor cell growth [J]. Teratogenesis Carcinogenesis and Mutagenesis, 1999, 19（5）: 313-322.

[32] ZUCKER S D, HORN P S, SHERMAN K E. Serum bilirubin levels in the

US population: Gender effect and inverse correlation with colorectal cancer [J]. Hepatology, 2004, 40 (4) : 827-835.

[33] VAŇKOVá K, MARKOVá I, JAŠPROVá J, et al. Chlorophyll-Mediated changes in the redox status of pancreatic cancer cells are associated with its anticancer effects [J]. Oxidative Medicine and Cellular Longevity, 2018, 2018: 4069167.

[34] ZHANG X, ZHAO Y, XU J, et al. Modulation of gut microbiota by berberine and metformin during the treatment of high-fat diet-induced obesity in rats [J]. Scientific Reports, 2015, 5: 14405.

[35] RYU K R, CHOI J Y, CHUNG S, et al. Anti-scratching behavioral effect of the essential oil and phytol isolated from *Artemisia princeps* Pamp. in mice [J]. Planta Medica, 2011, 77 (1) : 22-26.

[36] MOHAMMAD AZMIN S N H, SULAIMAN N S, MAT NOR M S, et al. A review on recent advances on natural plant pigments in foods: functions, extraction, importance and challenges [J]. Applied Biochemistry and Biotechnology, 2022, 194 (10) : 4655-4672.

[37] GENGATHARAN A, DYKES G A, CHOO W S. Betalains: Natural plant pigments with potential application in functional foods [J]. LWT-Food Science and Technology, 2015, 64 (2) : 645-649.

[38] OJHA K S, AZNAR R, O' DONNELL C, et al. Ultrasound technology for the extraction of biologically active molecules from plant, animal and marine sources [J]. Trac-Trends in Analytical Chemistry, 2020, 122: 115663.

[39] ROMERO-GUZMAN M J, VARDAKA E, BOOM R M, et al. Influence of soaking time on the mechanical properties of rapeseed and their effect on oleosome extraction [J]. Food and Bioproducts Processing, 2020, 121: 230-237.

[40] MARTINS M, ALBUQUERQUE C M, PEREIRA C F, et al. Recovery of chlorophyll a derivative from Spirulina maxima: Its purification and photosensitizing potential [J]. ACS Sustainable Chemistry & Engineering, 2021, 9 (4) : 1772-1780.

[41] MARTINS M, FERNANDES A P M, TORRES-ACOSTA M A, et al. Extraction of chlorophyll from wild and farmed *Ulva* spp. using aqueous solutions of ionic liquids [J]. Separation and Purification Technology, 2021, 254: 117589.

[42] FERREIRA A M, LEITE A C, COUTINHO J A P, et al. Chlorophylls extraction from spinach leaves using aqueous solutions of surface-active ionic liquids [J]. Sustainable Chemistry, 2021, 2 (4) : 764-777.

[43] AMIN M, CHETPATTANANONDH P, KHAN M N, et al. Extraction and quantification of chlorophyll from *Microalgae Chlorella* sp. [J]. IOP Conference Series: Materials Science and Engineering, 2018, 414: 012025 (012027 pp.) -012025 (012027 pp.) .

[44] PARNIAKOV O, APICELLA E, KOUBAA M, et al. Ultrasound-assisted green solvent extraction of high-added value compounds from microalgae *Nannochloropsis* spp [J]. Bioresource Technology, 2015, 198: 262-267.

[45] KWARTININGSIH E, RAMADHANI A N, PUTRI N G A, et al. Chlorophyll extraction methods review and chlorophyll stability of katuk leaves (*Sauropus androgynous*) [J]. Journal of Physics: Conference Series, 2021, 1858: 012015(012017 pp.) -012015 (012017 pp.) .

[46] MORCELLI A, CASSEL E, VARGAS R, et al. Supercritical fluid (CO_2+ethanol) extraction of chlorophylls and carotenoids from *Chlorella sorokiniana*: COSMO-SAC assisted prediction of properties and experimental approach [J]. Journal of CO2

Utilization，2021，51：101649.
[47] VAZ B M C，MARTINS M，DE SOUZA MESQUITA L M，et al. Using aqueous solutions of ionic liquids as chlorophyll eluents in solid-phase extraction processes [J]. Chemical Engineering Journal，2022，428：131073.
[48] CUONG D. Antioxidant chlorophyll purification from maize leaves by liquid-to-liquid extraction method [J]. Journal of Drug Delivery and Therapeutics，2020，10：152-158.
[49] CHEN K，ROCA M. Cooking effects on chlorophyll profile of the main edible seaweeds [J]. Food Chemistry，2018，266：368-374.
[50] G RUDRA S，SHIVHARE U，AHMED J，et al. Degradation of chlorophyll during processing of green vegetables：A review [J]. Stewart Postharvest Review，2001，2：14.
[51] JAMALI JAGHDANI S，JAHNS P，TRäNKNER M. Mg deficiency induces photo-oxidative stress primarily by limiting CO_2 assimilation and not by limiting photosynthetic light utilization [J]. Plant Science：An International Journal of Experimental Plant Biology，2021，302：110751.
[52] RUDRA S G，SARKAR B C，SHIVHARE U S. Thermal degradation kinetics of chlorophyll in pureed coriander leaves [J]. Food and Bioprocess Technology，2008，1（1）：91-99.
[53] NAGINI S，PALITTI F，NATARAJAN A T. Chemopreventive potential of chlorophyllin：A review of the mechanisms of action and molecular targets [J]. Nutrition and Cancer-an International Journal，2015，67（2）：203-211.
[54] ZHENG Y，SHI J，PAN Z，et al. Effect of heat treatment，pH，sugar concentration，and metal ion addition on green color retention in homogenized puree of Thompson seedless grape [J]. LWT-Food Science and Technology，2014，55（2）：595-603.
[55] HUMPHREY A M. Chlorophyll as a color and functional ingredient [J]. Journal of Food Science，2004，69（5）：C422-C425.
[56] GöKMEN V，SAVAŞ BAHçECI K，SERPEN A，et al. Study of lipoxygenase and peroxidase as blanching indicator enzymes in peas：Change of enzyme activity，ascorbic acid and chlorophylls during frozen storage [J]. LWT - Food Science and Technology，2005，38（8）：903-908.
[57] ZHANG C，HU C，SUN Y，et al. Blanching effects of radio frequency heating on enzyme inactivation，physiochemical properties of green peas（*Pisum sativum* L.）and the underlying mechanism in relation to cellular microstructure [J]. Food Chemistry，2021，345：128756.
[58] WANG R，WANG T，ZHENG Q，et al. Effects of high hydrostatic pressure on color of spinach puree and related properties [J]. Journal of the Science of Food and Agriculture，2012，92（7）：1417-1423.
[59] LI F，ZHOU L，CAO J，et al. Aggregation induced by the synergy of sodium chloride and high-pressure improves chlorophyll stability [J]. Food Chemistry，2022，366：130577.
[60] GANDUL-ROJAS B，GALLARDO-GUERRERO L，ISABEL MINGUEZ-MOSQUERA M. Influence of the chlorophyll pigment structure on its transfer from an oily food matrix to intestinal epithelium cells [J]. Journal of Agricultural and Food Chemistry，2009，57（12）：5306-5314.
[61] LI Y，CUI Y，HU X，et al. Chlorophyll supplementation in early life prevents

diet-Induced obesity and modulates gut microbiota in mice [J]. Molecular Nutrition & Food Research，2019，63（21）：e1801219.

[62] LANFER-MARQUEZ U M，BARROS R M C，SINNECKER P. Antioxidant activity of chlorophylls and their derivatives [J]. Food Research International，2005，38（8-9）：885-891.

[63] FERNANDES A S，NASCIMENTO T C，PINHEIRO P N，et al. Insights on the intestinal absorption of chlorophyll series from microalgae [J]. Food Research International，2021，140：110031.

[64] TURKMEN N，POYRAZOGLU E S，SARI F，et al. Effects of cooking methods on chlorophylls，pheophytins and colour of selected green vegetables [J]. International Journal of Food Science and Technology，2006，41（3）：281-288.

[65] HSU C Y，YEH T H，HUANG M Y，et al. Organ-specific distribution of chlorophyll-related compounds from dietary spinach in rabbits [J]. Indian Journal of Biochemistry & Biophysics，2014，51（5）：388-395.

[66] VIERA I，CHEN K，RIOS J J，et al. First-pass metabolism of chlorophylls in mice [J]. Molecular Nutrition & Food Research，2018，62（17）：201800562.

[67] LI Y，LU F，WANG X，et al. Biological transformation of chlorophyll-rich spinach（*Spinacia oleracea* L.）extracts under in vitro gastrointestinal digestion and colonic fermentation [J]. Food Research International，2021，139：109941.

[68] VIERA I，PéREZ-GáLVEZ A，ROCA M. Green natural colorants [J]. Molecules（Basel，Switzerland），2019，24（1）：24010154.

[69] MCCOOK J P，DOROGI P L，VASILY D B，et al. *In vitro* inhibition of hyaluronidase by sodium copper chlorophyllin complex and chlorophyllin analogs [J]. Clinical，cosmetic and investigational dermatology，2015，8：443-448.

[70] SURYAVANSHI S V，GHARPURE M，KULKARNI Y A. Sodium copper chlorophyllin attenuates adenine-induced chronic kidney disease via suppression of TGF-beta and inflammatory cytokines [J]. Naunyn-Schmiedeberg’s archives of pharmacology，2020，393（11）：2029-2041.

[71] LIU Z，XIA S，WANG X，et al. Sodium copper chlorophyllin is highly effective against enterovirus（EV）A71 infection by blocking its entry into the host cell [J]. 2020，6（5）：882-890.

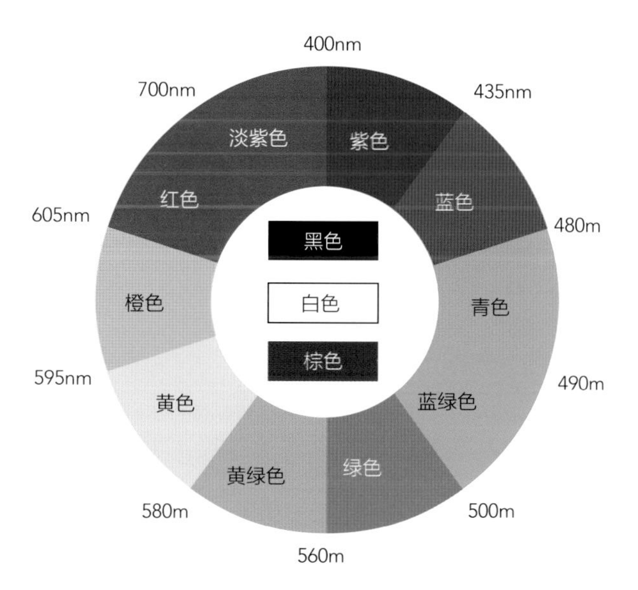
400nm
435nm
480m
490m
500m
560m
580m
595nm
605nm
700nm
紫色
蓝色
青色
蓝绿色
绿色
黄绿色
黄色
橙色
红色
淡紫色
黑色
白色
棕色

色轮图（表 1-2）